国家科技支撑计划重大项目"全球环境变化应对技术研究与示范"之
"全球环境变化人文因素的检测与分析技术研究"课题(2007BAC03A11)资助

中国碳排放的历史与现状

葛全胜 方修琦 等 编著

内容简介

本书从气候系统稳定和社会发展双重需求的视角,对我国历史土地利用/覆盖变化及化石燃料消费引起的碳排放量进行了国际对比分析,并从生产和需求关联的角度,分析了当前我国在生产、消费和国际贸易等方面所产生的碳排放,评估了我国对全球碳排放的责任、未来碳排放需求和减排潜力,提供了相应对策建议。本书可供全球变化、地学、能源和环境经济等领域的研究人员、管理者和学生参考。

图书在版编目(CIP)数据

中国碳排放的历史与现状/葛全胜等编著. —北京:气象出版社,2011.1
ISBN 978-7-5029-5142-9

Ⅰ.①中… Ⅱ.①葛… Ⅲ.①二氧化碳-排放-研究-中国 Ⅳ.①X511

中国版本图书馆 CIP 数据核字(2010)第 249820 号

Zhongguo Tanpaifang de Lishi yu Xianzhuang

中国碳排放的历史与现状

葛全胜　方修琦　等　编著

出版发行:气象出版社	
地　　址:北京市海淀区中关村南大街 46 号	邮政编码:100081
总 编 室:010-68407112	发 行 部:010-68409198
网　　址:http://www.cmp.cma.gov.cn	E-mail:qxcbs@cma.gov.cn
责任编辑:李太宇　林　海	终　　审:周诗健
责任技编:吴庭芳	
印　　刷:北京中新伟业印刷有限公司	
开　　本:787 mm×1092 mm　1/16	印　　张:12.5
字　　数:334 千字	
版　　次:2011 年 1 月第 1 版	印　　次:2011 年 1 月第 1 次印刷
印　　数:1~2000 册	定　　价:40.00 元

本书如存在文字不清、漏印以及缺页、倒页、脱页等,请与本社发行部联系调换

前 言

全球环境变化（Global Environmental Change）是由自然和人为因素引起的，影响地球系统功能的全球尺度的变化。全球环境变化在改变人类赖以生存的资源环境的同时，也对社会经济产生深刻的影响。在人类-自然耦合系统（或称社会生态系统）中，人文因素（包括人口、制度、文化、经济和人类行为等）中的许多方面是构成人类社会发展的基本要素，它们既深刻地影响气候变化，也受气候变化的制约。阐明个体与社会群体如何驱动局地、区域和全球尺度上发生的环境变化，这些变化的影响，以及如何减缓和响应这些变化，是全球环境变化的人文因素（Human Dimensions of Global Environmental Change：HDGEC）研究的宗旨和任务所在。

在全球环境变化研究中，碳、水、食物和健康是事关全球可持续发展的四大研究主题，因此，由国际地圈-生物圈计划（IGBP）、国际全球环境变化人文因素计划（IHDP）、世界气候研究计划（WCRP）和生物多样性计划（DIVERSITAS）四大国际全球环境变化研究科学计划联合成立的"地球系统科学联盟"（ESSP）推出了4大联合研究计划：即"全球碳计划（GCP）"、"全球环境变化与食物系统"（GECAFS）、"全球水系统计划"（GWSP）和"全球环境变化与人类健康"（GECHH）。

作为四大研究主题之一的碳对地球系统和人类系统均是至关重要的。碳在海洋和陆地生命系统与大气、水圈和地圈之间的运动与转换是地球上生命活动的基本过程之一，也是连接地球各个圈层的一个主要环节。碳循环是调节地球系统的状态和功能的一个关键过程。另一方面，当今人类系统是一个靠巨大的物质和能量流动支撑的系统，为维持现代人类社会的正常运转，就不可避免地要造成一定数量的碳排放（主要来源于人类大量使用化石燃料和土地利用变化），因此，人为碳排放是社会经济发展过程中的一个副产品，发达国家的发展历史表明，任何国家在其从不发达到发达的发展过程中，均会不可避免地出现一个人均能耗和CO_2排放快速增长的时期，例如，20世纪世界各国人均CO_2累计排放与GDP值呈较高的正相关关系。工业革命以来的200年间，加速的工业化（化石燃料的燃烧和工业过程）和土地利用变化使全球碳循环过程变得复杂化，特别是大量的化石碳进入了全球碳循环过程，自然状态下全球碳循环过程中的收支平衡遭到破坏。工业革命以来全球大气CO_2浓度已从工业化前约

280 ppmv*，增加到 2009 年的 387 ppmv，增幅达 38.21%。在当前人类活动所导致的碳排放中，化石燃料的燃烧和工业过程约占 80%～85%，土地利用变化占 15%～20%。

为维持人类社会运转而产生的大量碳排放不仅造成了碳的生物地球化学过程的改变，而且可能在改变全球环境。以政府间气候变化专门委员会（IPCC）为代表的国际主流观点认为，人为排放的 CO_2 等温室气体导致大气的温室效应增强，很可能是 20 世纪的全球变暖的主要原因，且若不及时采取有效措施控制温室气体排放，21 世纪全球平均气温将上升 2℃ 以上，可能给人类带来非常严重的不利影响，甚至是灾难性的后果。尽管上述认识在科学上还有很大的不确定性，但从 1992 年的《联合国气候变化框架公约》，到 1997 的《京都议定书》，再到 2009 年的哥本哈根气候变化大会，这一尚存争议的科学认识已部分地被转化为政治共识，并通过各种传播媒介为社会公众广泛接受，成为国际社会及各国制定气候政策和处理气候变化国际事务的出发点，同时也成为一部分政治家在国际政治、外交博弈中使用的工具，气候变化由此从一个科学问题演变为当今世界面临的主要政治和经济问题之一。

基于人类活动导致全球气候变化的科学认识及政治共识，当前国际社会主张采取"无悔"行动，减少温室气体排放以减缓全球变暖进程，即在一定时段内将大气温室气体浓度控制在某个适当的浓度水平之内，以避免全球气温超过危险的"阈值"水平。根据《联合国气候变化框架公约》所确定的"共同但有区别的责任"的原则和《京都议定书》所确定的第一承诺期减排目标，部分发达国家已率先开始采取减排行动。虽然围绕减排问题，特别是 2012 年第一承诺期结束后的减排义务的国际政治、外交博弈从未停止，且有愈演愈烈之势，但国际社会减排的行动还是在艰难地向前推进，其总体趋势不会逆转。

为维持气候系统稳定，避免全球气候系统出现危险的变化，使人类免受气候变化的危害，需要对未来的碳排放量进行限制，也是当代人的权利和责任。然而，气候变化问题的复杂性在于，人类—自然耦合系统的稳定是自然和社会的双重稳定，人们在应对气候变化过程中不能损害或剥夺人类的生存权与发展权，气候变化问题既是环境问题，更是发展问题。从人类系统的角度来看碳排放与全球变暖问题，必须正视人类生存和发展对碳排放的客观需求，正确认识和理解碳在人类经济系统中的流动过程及其影响因素。基于气候系统稳定目标所确定的排放标准与基于满足社会生存需求目标所确定的排放标准需要彼此兼

---

* 1 ppmv＝1×10^{-6}

顾，正视并妥善处理两者之间的矛盾，过分地强调其中的任何一方都是不可取的，无限制地强调社会系统的需求同样可能使得地球系统难以承受，同样过分地强调满足气候稳定的排放空间而牺牲社会发展的需求也可能会危害社会系统的维持和发展。

对碳排放目标的不同设定，决定着未来的碳排放空间及发展空间。在国际气候变化谈判中，围绕如何确定具体的控制目标浓度、如何确定各国具体的减排目标问题上的激烈斗争，核心是如何对未来排放和发展空间进行界定和分配。基于"共同但有区别的责任"原则，发达国家在减排问题上需要承担更大的责任，其目前的减排承诺和所采取的减排措施可以看做是其履行历史责任和降低现代超量排放的具体体现；而对发展中国家，其经济的快速增长所需要的碳排放增长空间应得到保障。

基于以上认识，本书对我国碳排放的历史和现状进行了分析。全书共分为6章。第1章从人类系统的角度探讨了全球气候变化与碳排放的关系，评价了国际上主要温室气体排放评价指标，估算了气候系统稳定目标下的碳排放水平和未来社会发展需求的人均社会生存碳排放水平。第2章分别评估了我国过去300年土地利用与土地覆被变化引起的碳排放量和过去150年化石燃料消费引起的碳排放量，并从不同角度将我国的历史碳排放进行了国际对比。第3、4、5章从满足人类个体或社会消费需求出发，分别从产业活动、居民生活消费和进出口贸易的角度分析了我国碳排放的现状，探讨了导致我国碳排放总量快速增长的主要影响因素。第6章预估了我国经济发展的碳需求，分析了实现2020年减排40%~45%的主要路径及其减排潜力，归纳了36项全民节能减排行为。鉴于各章因讨论问题侧重点的不同，而在数据分类和相关参数的使用过程中存在一定差异，本书在附录部分提供了相关的换算和对比表。此外，附录还提供了主要国家碳排放指标、减排承诺情况，以及36项全民节能减排行为等信息，以供参考。

本书是国家科技支撑计划重大项目"全球环境变化应对技术研究与示范"之"全球环境变化人文因素的检测与分析技术研究"（2007BAC03A11）课题的研究成果，其中的部分内容已在相关的刊物上发表。各章的作者均为课题相关专题的主要成员，彭希哲、刘卫东、方修琦、程邦波、曲建升和魏本勇在书稿的组织和编辑过程中做了大量具体工作，刘俊整理了附录中的部分数据。

葛全胜[*]
2010年11月

---

[*] 葛全胜，中国科学院地理科学与资源研究所副所长，研究员，博士生导师。

目　录

前　言

第1章　全球气候变化与碳排放 …………………………………………… (1)
1.1　气候变化的科学认识与政治共识 ………………………………… (1)
1.2　人类活动影响下的全球碳循环过程 ……………………………… (7)
1.3　碳排放责任认定与排放权分配 …………………………………… (13)
1.4　气候系统稳定目标下的碳排放空间 ……………………………… (19)
1.5　富裕生活水平的人均基本生存碳排放需求 ……………………… (23)
主要参考文献 …………………………………………………………… (35)

第2章　中国碳排放的历史演变 …………………………………………… (38)
2.1　过去300年土地利用与土地覆被变化引起的碳排放 …………… (38)
2.2　1900年以来化石燃料消费引起的碳排放 ………………………… (46)
2.3　碳排放历史的国际对比 …………………………………………… (49)
2.4　主要结论 …………………………………………………………… (59)
主要参考文献 …………………………………………………………… (60)

第3章　中国的产业活动与碳排放 ………………………………………… (62)
3.1　中国产业结构的演变 ……………………………………………… (62)
3.2　能源消费与碳排放的影响要素评价 ……………………………… (71)
3.3　我国工业能源活动碳排放的因素分解 …………………………… (75)
3.4　中国的主要高耗能与高排放部门生产链 ………………………… (81)
3.5　国内产业碳排放的区域差异 ……………………………………… (86)
主要参考文献 …………………………………………………………… (90)

第4章　中国城乡居民消费碳排放 ………………………………………… (93)
4.1　我国居民生活用能碳排放测算与分析 …………………………… (93)
4.2　我国居民消费品载能碳排放测算与分析 ………………………… (103)
4.3　西部欠发达地区农村居民碳排放的案例研究 …………………… (115)
主要参考文献 …………………………………………………………… (120)

第5章　中国进出口贸易中的隐含碳排放 ………………………………… (121)
5.1　中国进出口贸易发展概况 ………………………………………… (121)
5.2　中国进出口贸易碳排放的变化 …………………………………… (128)
5.3　国际产业分工对中国国际贸易碳排放的影响 …………………… (146)
主要参考文献 …………………………………………………………… (155)

第6章 中国减排的途径与潜力 ································· (157)
    6.1 未来中国社会经济发展的碳排放需求 ······················ (157)
    6.2 影响减排的各个方面 ································· (163)
    6.3 实现我国 2020 年减排目标的主要路径及其减排潜力 ··········· (167)
    6.4 36 项全民节能减排行为及其减排潜力 ····················· (174)
    6.5 主要经济体减排温室气体途径及其启示 ···················· (177)
    主要参考文献 ··· (183)

附录 ··· (184)
    附录 1　本书中若干单位和系数的换算 ······················ (184)
    附录 2　人均累积碳历史排放的两种计算方法 ················· (185)
    附录 3　部门分类的合并对比表 ··························· (187)
    附录 4　36 项全民节能减排行为的单体效益与全国总体效益 ······ (190)

第1章 全球气候变化与碳排放*

　　地球正在经历以全球变暖为突出标志的全球变化。以政府间气候变化专门委员会(IPCC)为代表的国际主流观点把20世纪的全球变暖与人类的碳排放联系在一起,认为人类活动所导致的地球系统碳循环变化是导致全球变暖的原因。丁仲礼等(2009a)归纳这一理论由三个主要环节组成:(1)大气CO_2浓度从工业革命前的280 ppmv升至450~550 ppmv后,全球平均气温可能将上升2~3℃;(2)若全球平均气温上升2℃以上,将可能给人类带来重大影响;(3)世界各主要国家必须立即采取各种行动,减缓全球变暖,使2050年CO_2排放量降低到1990年排放水平的50%,且越早采取行动,损失越小(IPCC,2007a;Stern,2007)。

　　上述理论的核心基础是气温对大气CO_2浓度的高度敏感性,以及地球表层系统在适应气温变化时的极度脆弱性,其最终目标是通过减少或控制化石能源的使用量减缓全球增暖的速度。尽管科学界对这一理论还存在一定的争议,但从1992年的《联合国气候变化框架公约》(UNFCCC),到1997年的《京都议定书》(KP),再到2009年的哥本哈根气候变化大会,上述科学认识已被部分地转化为政治共识,并为社会公众广泛接受和传播,同时也成为一部分政治家在国际政治、外交博弈中使用的工具,气候变化由此从一个科学问题演变为当今世界面临的主要政治和经济问题之一(丁仲礼等,2009a;葛全胜,方修琦,2010)。

　　温室气体排放主要来源于社会经济发展过程中的能源消费和对土地覆盖的改变。因此,减排温室气体问题本质上是经济社会如何发展的问题,需要从人文发展的角度看待碳排放需求,区分碳排放责任。

1.1 气候变化的科学认识与政治共识

1.1.1 全球变暖的主流科学认识

　　IPCC第四次评估报告(AR4)指出,最近100 a(1906—2005年)全球平均地表温度上升了0.74±0.18℃,近50 a的线性增温速率为0.13℃/(10 a),过去50 a升温率几乎是过去100 a的2倍(图1.1),1850年以来最暖的12个年份中有11个出现在近期的1995—2006年。1961年以来的观测结果表明,全球海洋温度的增加已延伸到至少3000 m深度,海洋已经并且正在吸收80%以上增加到气候系统的热量,这一增暖引起海水膨胀,并造成海平面上升。在大陆、区域和海盆尺度上已观测到气候系统的长期变化,包括北极温度与冰的变化,降水量、海水盐度、风场以及干旱、强降水、热浪和热带气旋强度等极端天气方面的变化(IPCC,2007;秦大河等,2007)。世界12位科学家在2009年12月哥本哈根气候变化大会前夕撰写的《气候变化:全球风

---

* 执笔:葛全胜、方修琦、程邦波、殷培红、戴君虎、曲建升。

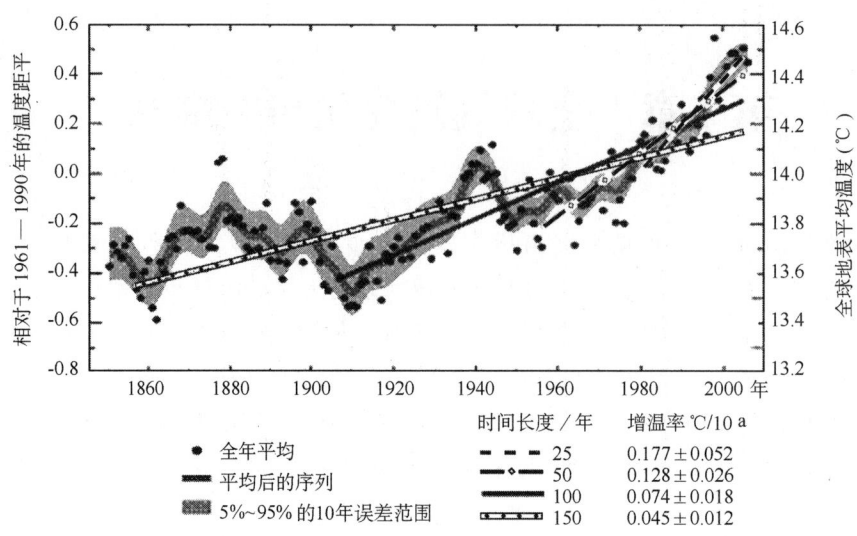

图1.1 工业革命以来全球地表平均温度变化(IPCC,2007a)

险、挑战与决策》的综合报告称(Richardson et al.,2009),最近的观测表明,一些气候指标的变化已经接近IPCC预测范围的上限;许多关键的气候指标,已经超越了当代社会与经济发展所允许的自然变异范围。这些指标:包括全球平均地表温度、海平面上升速度、全球海洋温度、北极海冰面积、海洋酸化程度和极端气候事件频次。其中,海平面的上升速度远快于IPCC的预测,而海洋吸收的热量也高出之前IPCC第三次评估报告(TAR)的50%(图1.2)。

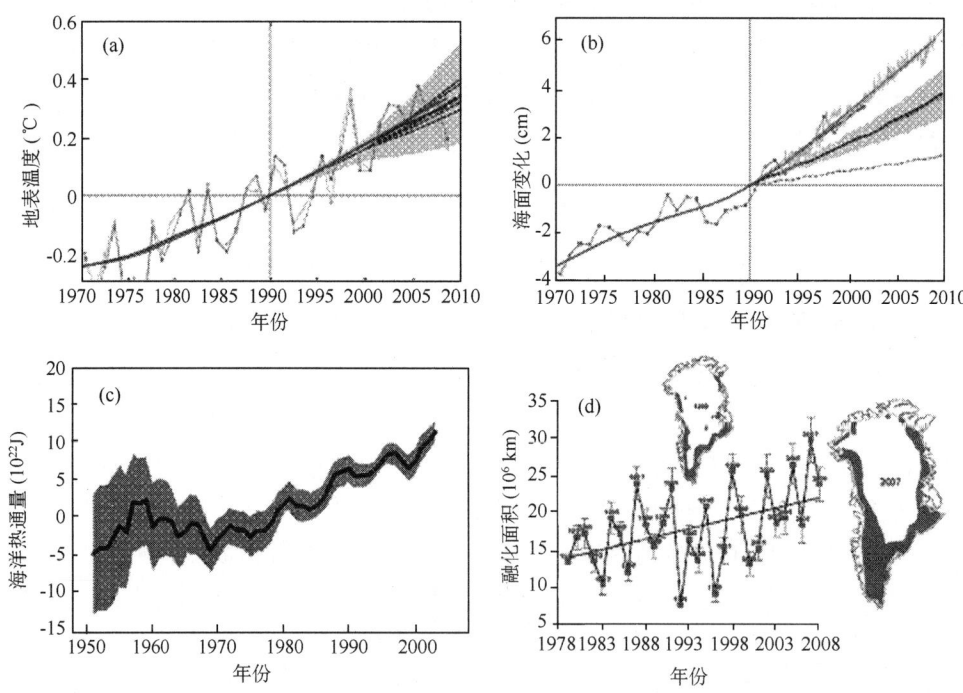

图1.2 全球平均地表温度变化(相对于1990年)(a)、海平面变化(相对于1990年)(b)、1951年以来的海洋热通量变化(c)以及格陵兰冰盖的表层融化面积变化(d)(引自 Richardson et al.,2009)

人类活动导致大气 CO_2 等温室气体浓度的不断升高,被认为"很可能"是全球气候变暖的主要原因(IPCC,2007a),最近 50 a 气候变化主要是由人类活动驱动这一结论的可信度已由原来 66% 的最低限提高到目前的 90%(图 1.3)。IPCC 第四次评估报告指出,1750 年以来,由于人类活动的影响,全球大气二氧化碳(CO_2)、甲烷(CH_4)和氧化亚氮(N_2O)浓度显著增加,目前总浓度已远远超出了根据冰芯记录得到的工业化前几千年内的浓度值(图 1.4)。CO_2 是最重要的人为温室气体,全球大气 CO_2 浓度已从工业化前约 280 ppmv,增加到 2008 年的 385.2 ppmv(WMO,2009),2009 年达到 387.35 ppmv(Tans,2010);自工业化以来,化石燃料的使用是大气 CO_2 浓度增加的主要原因(IPCC,2007a)。同时,全球大气中 CH_4 浓度值已从工业化前的 715 ppb* 增加到 2008 年的 1797 ppb(WMO,2009),是距今 650 ka 以来的最高值,观测到的 CH_4 浓度的增加很可能源于人类活动,农业和化石燃料的使用是其重要来源。全球大气中 N_2O 浓度值也已从工业化前约 270 ppb 增加到 2008 年的 321.8 ppb(WMO,2009),约超过 1/3 的 N_2O 源于人类活动,农业活动是其主要的来源之一(IPCC,2007a)。

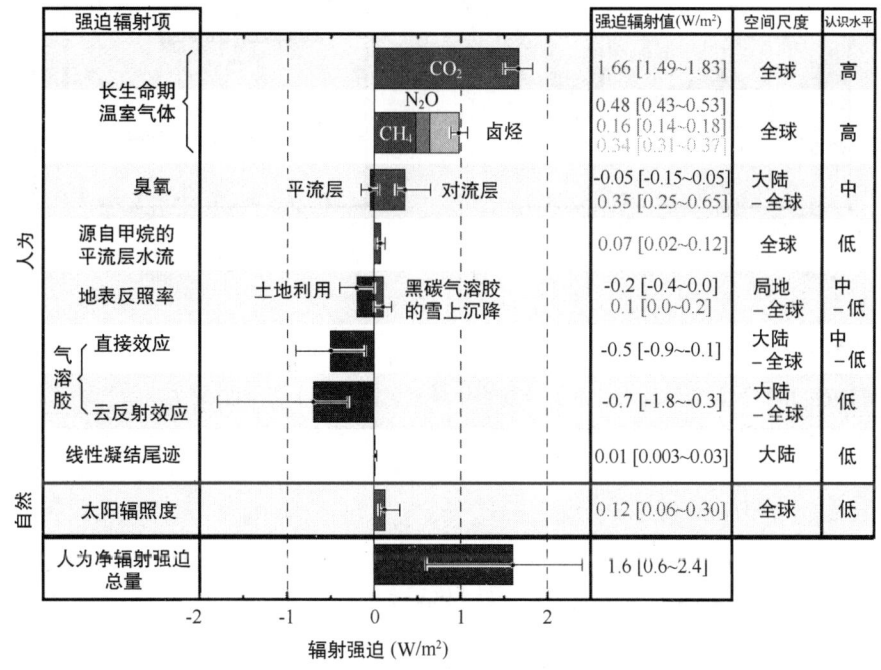

图 1.3　2005 年各种因子和物理构成的全球平均的辐射强迫(RF)和它们 90% 的信度区间。右边一栏说明最佳估计和信度区间(RF 值)、强迫的典型地理范围(空间尺度)和表明科学信度水平的科学认识水平(LOSU)。图中给出了 CH_4、N_2O 和卤烃的误差,也给出了净的人为辐射强迫及其范围。由于一些因子的非对称的不确定性范围,通过每一项的直接相加得不到最佳估计和不确定性范围;这里给出的值是用蒙特卡罗(Monte Carlo)方法得到的。这里没有包括其他的强迫因子,这些因子被认为只有非常低的科学认识水平。火山气溶胶尽管是一种另外的自然强迫形式,但由于它们的突发性质而没有在这里予以考虑。线状飞机尾迹云范围没有包括飞行对云的其他可能影响(IPCC,2007a)。

＊ 1 ppb=1×10^{-9}

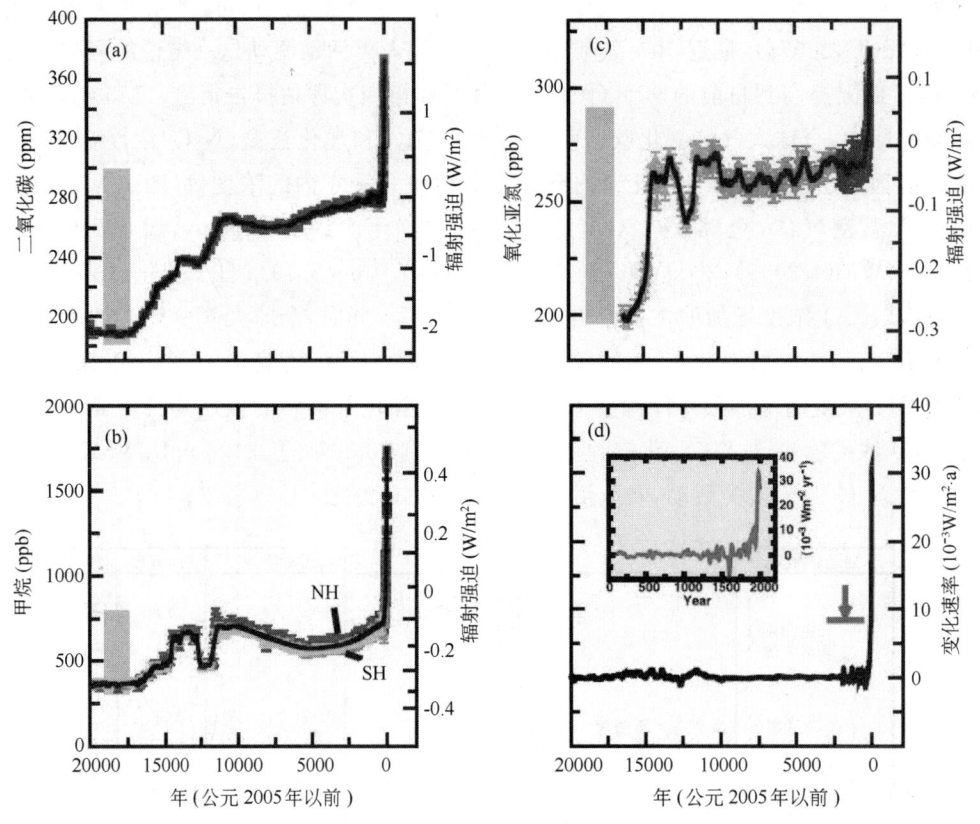

图 1.4 温室气体浓度和辐射强迫变化:(a)二氧化碳(CO_2);(b)甲烷(CH_4);(c)氧化亚氮(N_2O);(d)根据南极和格陵兰冰和积雪资料及直接的大气观测资料重建的过去 2 万年里这些温室气体总辐射强迫的变化率。灰色柱表示重建的过去 65 万年的自然变率范围。辐射强迫变化率(d)是通过对浓度资料的样条拟合来计算的。冰芯资料所覆盖的年代际范围从快速积雪地点(如南极洲的 Law Dome)的 20 年变化到缓慢积雪地点(如南极洲的 Dome C)的 200 年。箭头表示 CO_2、CH_4 和 N_2O 的人为信号被相应于缓慢积雪地点 Dome C 的条件平滑掉后所产生的辐射强迫变化率的峰值。(d)中出现在 1600 年左右的辐射强迫负变化率可能是源自 Law Dome 记录中大约 10ppm 的 CO_2 浓度降低(IPCC,2007a)。

IPCC(2007a)的评估认为,如果对目前气候变暖的趋势不加以有效控制,未来全球变暖将进一步加剧,到 21 世纪末温度将上升 1.1～6.4℃。如果未来全球平均气温升高超过 2℃ 的阈值,人类社会可能面临灾难性的危险(图 1.5),突出地表现为海平面上升、物种灭绝、极端天气事件频率增加、热带传染病北上、全球粮食短缺、水资源供应不足、地区冲突增加等。Richardson 等(2009)认为,发生这些风险的可能性在增大。

1.1.2 作为政治共识的科学认识

1990 年以来,IPCC 的四次评估报告不断地强化以上对全球变暖的科学认识,成功地使其成为国际社会的主流观点。鉴于气候变化可能导致的危险,在联合国主导下,在欧盟等发达国家不遗余力的推动下,上述科学认识已被部分地转化为政治共识。

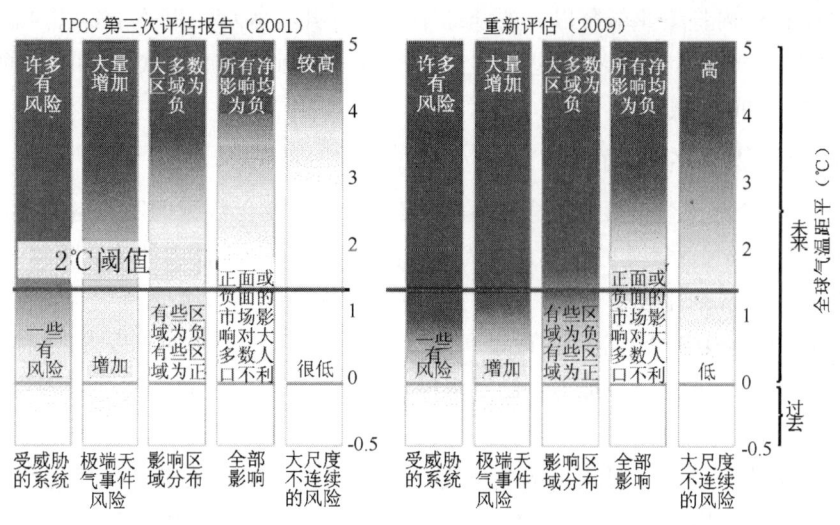

图 1.5　全球平均温度升高的潜在影响(引自 Richardson et al.，2009)

(0 度值相当于 1990 年的平均温度，-0.6 度代表工业革命前的平均温度；直线是 2℃阈值)

1992 年，《联合国气候变化框架公约》将气候变化主要归因于人类活动，同时明确提出工业化发达国家应负主要责任，并基于共同但有区别的责任原则，确定发达国家率先减排，而对发展中国家没有提出量化的减排要求。

1997 年，《京都议定书》进一步明确了附件一国家在第一承诺期的减排量和时间表。

此后，"2℃阈值"，即将全球增暖幅度控制在较工业革命前高 2℃以内，成为 IPCC 继"人类活动导致全球变暖"之后，强力提出的又一标志性观点(IPCC，2007a)。近年来，以欧盟为代表的国际力量不遗余力地推崇和倡导"2℃阈值"的理念，广泛营造"维护这一阈值就是对人类负责，挑战这一阈值就是对人类犯罪"的舆论环境，虽然国际气候学领域对这一问题远未达成共识，但这并没有阻挡住其被作为政治共识列入 2009 年的《哥本哈根协议》中，并作为全球减排努力的参考目标。该协议虽没有法律约束力，但"2℃阈值"道德标杆已经树立起来，难以撼动(葛全胜等，2010a)。

在哥本哈根大会已初步使 2℃阈值从科学结论转化为政治共识之后，下一个可能被推动成为政治共识的科学认识将是 IPCC 给出的升温 2℃对应的 450 ppmv 的温室气体 CO_2 浓度控制目标。IPCC(2007a)综合了诸多研究结果后，给出了 CO_2 浓度增加导致的地表温度增加的区间值和最佳估值(表 1.1)，并认为，为了避免升温可能对人类和生态系统带来的灾难性影

表 1.1　CO_2 浓度变化对应的全球地表温度增幅(IPCC，2007a)

平衡 CO_2 当量(ppmv)	最佳估值(℃)	区间(℃)
350	1.0	0.6~1.4
450	2.1	1.4~3.1
550	2.9	1.9~4.4
650	3.6	2.4~5.5
750	4.3	2.8~6.4
1000	5.5	3.7~8.3
1200	6.3	4.2~9.4

响,需要在 21 世纪内将工业革命以来的全球平均温度升高幅度控制在 2℃ 以内。为此,需要使 2050 年大气 CO_2 当量浓度不超过 450 ppmv。为达到此目标,人类活动产生的碳排放在 2050 年必须较 1990 年减半。

1.1.3 科学认识上的不确定性

20 世纪后期全球气候变暖是不争的事实,但由于气候变化数据的不完备和对气候变化机制认识的有限性,对气候变化的科学认识尚远未达到如 IPCC 所描述的确定程度,其不确定性仍很大。尽管对气候变化政治议题的高度关注大大淡化了对气候变化科学认识不确定性的争论,但作为国际社会及各国制定气候政策和处理气候变化国际事务的出发点,这种科学认识上的不确定性是不容被轻视的。有关气候变化科学认识的不确定性可归纳为以下几个主要方面(葛全胜等,2010a,2010b)。

第一,与 20 世纪全球变暖相关的气候变化事实。它影响到关于自然变化和人类活动对 20 世纪变暖贡献的判断。主要的不确定性表现为:(1)过去 2000 年是否存在"中世纪暖期"(MWP)和"小冰期"(LIA),即 20 世纪暖期是否可能为百年尺度或千年尺度暖期的重现(图1.6A);(2)20 世纪温暖程度是否为过去千年最大,即其是否超过了过去千年自然变化的幅度;(3)20 世纪增温趋势是否停滞,即如何看待不同研究对过去 10 年全球温度变化做出的"全球变暖停滞"和"依然呈明显上升"两种不同的判断(图1.6B)。前两点主要与历史气候变化重建结果的不确定性有关,第三点则反映了即使现代观测数据也存在着不确定性。

第二,对温室效应机理的认识。它关系到将全球变暖归因于人类活动的理论基础,即"气温对 CO_2 浓度的敏感性",2℃ 阈值能否与 450 ppmv 大气 CO_2 浓度挂钩也与此有关。主要的不确定性表现在:(1)温室效应机理,即大气中 CO_2 等温室气体浓度增加(增强的温室效应)对增温贡献的显著程度;(2)温室气体排放与气温变化的关系,即从辐射强迫变化到温度变化气候敏感度参数的不同取值对定量评估温室气体排放对气温变化贡献的影响。(3)水汽对温室效应及增温的贡献,即如何评价气温增加与水汽含量的反馈作用。

第三,气候模式的模拟能力。作为气候变化研究的主要工具,模式的模拟能力直接影响到对气候变化归因的判断,同时也影响到未来预估情景的可靠性。主要的不确定性表现在:(1)目前模式的模拟结果与实际观测结果比较,仍存在较大差距(图1.6C)。(2)模式本身的缺陷,由于科学认知水平有限,目前人类对于气候系统中各种物理、化学和生物过程的参数化的认识仍存在较大不确定性,对地球辐射能量平衡、云、降水等模拟所用参数的理解有待提高。

第四,2℃ 阈值。与 2℃ 阈值对应的容许温室气体浓度决定着人类未来减排的上限目标。主要的不确定性表现在:(1)2℃ 阈值的物理意义是什么,2℃ 是否为气候系统发生质变的一个临界点(tipping point),超过 2℃ 阈值对人类社会的影响是否是灾难性的;(2)控制达到 2℃ 阈值对应的大气峰值 CO_2 浓度是否为 450 ppmv,这与气温对 CO_2 浓度敏感性有关,也与自然变化的影响有关。

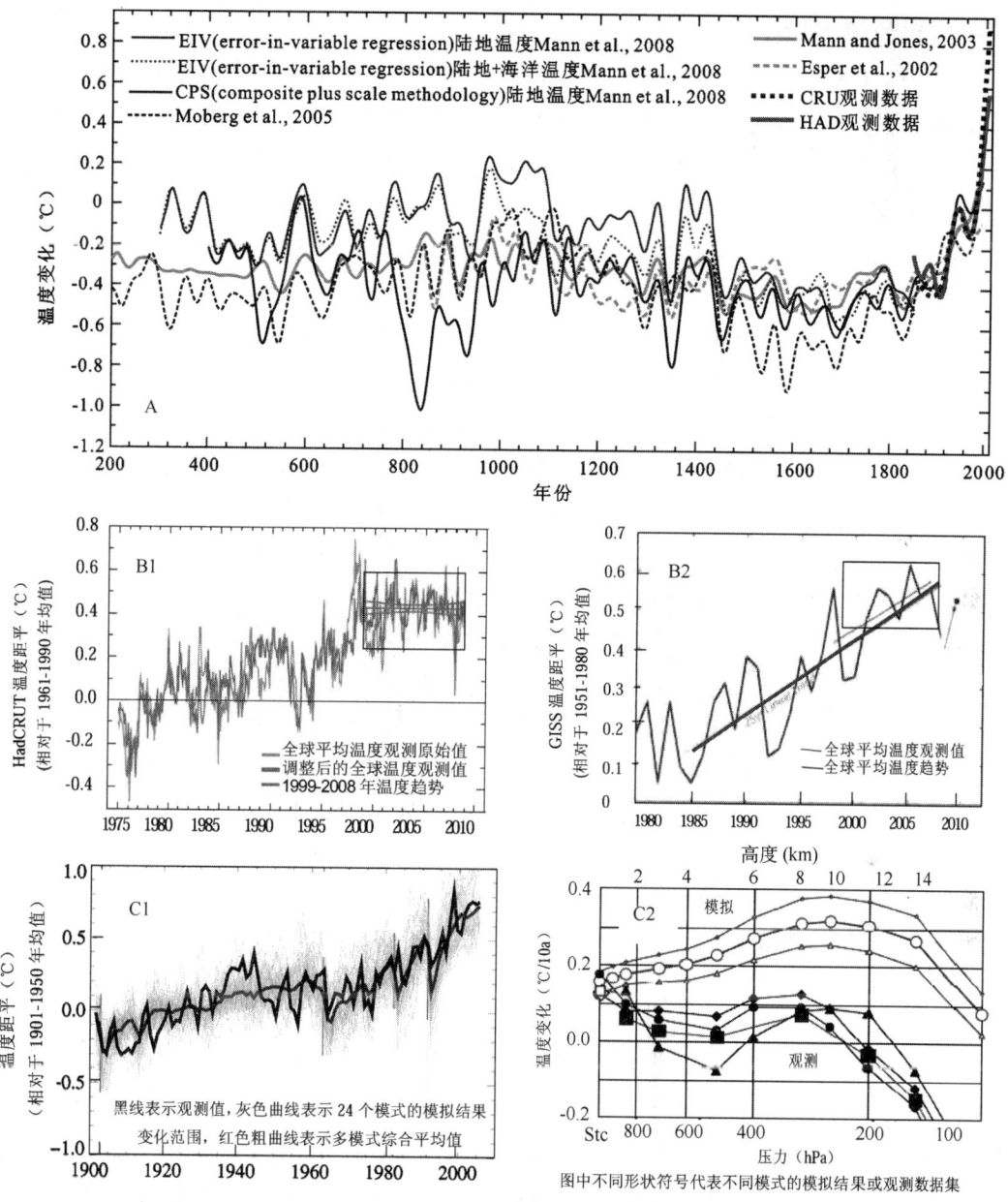

图 1.6 气候变化认识不确定性举例

A:过去 2000 年是否存在"中世纪暖期"或"小冰期"(Allison et al.,2009);B:过去 10 年全球温度"变暖停滞"(B1)(Knight et al.,2009)和"依然呈明显上升"(B2)(Allison et al.,2009);C:模式模拟与观测结果的差异(C1 为全球温度距平(IPCC,2007a),C2 为气温随高度变化(Douglass et al.,2007)

1.2 人类活动影响下的全球碳循环过程

基于人类碳排放与气候变化的因果联系,认识和解决气候变化问题需要更好地理解各种人类活动的碳排放及其产生的原因。

1.2.1 自然碳循环

碳是地球上最重要的生命元素之一,是生命体的主要组成部分。碳也是地球上最重要的环境地球化学元素之一,在地球演化的历史长河中,扮演着十分重要的角色。全球碳循环是指碳在岩石圈、水圈、大气圈和生物圈之间,以 CO_3^{2-}、HCO_3^-、CO_2、CH_4、CH_2O(有机碳)等形式相互转换和运移的过程。

大气、陆地和海洋是地球系统中自然碳循环的三个主要子系统(图1.7)。在冰期—间冰期时期或人类活动明显干预之前,全球碳循环仅仅存在于陆地、海洋和大气组成的有机系统中,受气候变化和其自身内部动力控制或驱动。如海洋碳循环中最重要的两个过程是物理泵和海洋生物泵。物理泵使得海气界面的气体得以交换,并将 CO_2 从海表向深海输送,通过气体交换从大气进入海洋的 CO_2 的多少取决于风速和穿越气海界面的分压差;生物泵则反映了浮游生物通过光合作用吸收碳及其向深海和海底沉积物的输送过程(陈泮勤,2004)。

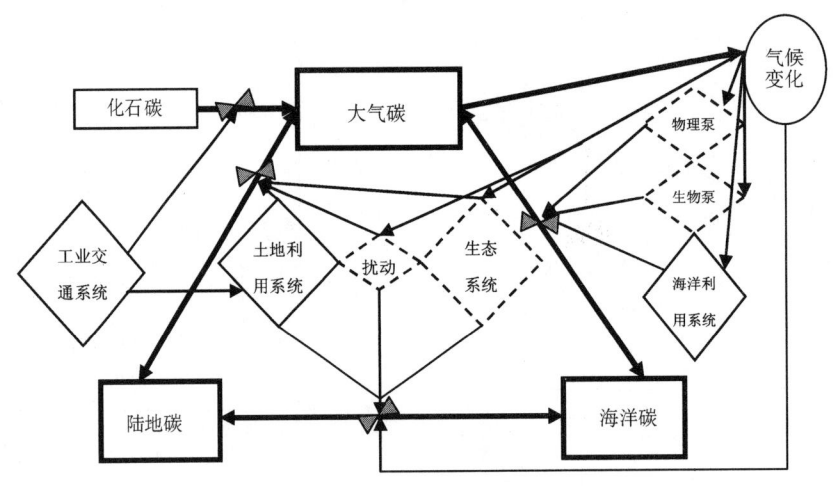

图1.7 全球碳循环简图(GCP,2003)

陆地碳循环主要受生态系统生理过程与结构间的相互作用影响。植物吸收大气 CO_2 和 H_2O 经光合作用形成总初级生产力,为生态系统提供能量。经过植物自身呼吸消耗部分有机物并释放 CO_2,剩余的有机物构成生态系统净初级生产力(NPP),NPP 的积累形成陆地植被生物量碳库。生物量在异养呼吸的作用下分解部分有机物并释放 CO_2,剩余的有机物和土壤,及凋落层的碳库积累,构成生态系统净生产力(NEP)。NEP 在自然和人类活动的干扰下导致陆地生态系统的碳排放。光合作用对碳的同化和呼吸作用(包括植被呼吸和土壤呼吸)对碳的释放之间的平衡决定陆地生态系统与大气之间碳的净交换(陈泮勤,2004)。

在万年时间尺度上,地球系统的上述三个子系统之间的碳交换量呈周期波动,大气的 CO_2 浓度随着全球冰期—间冰期的变化在 $180\sim280$ ppmv 之间呈周期性规则变化。在几十年至千年尺度上,大气 CO_2 浓度相当稳定,平均为 280 ppmv,变幅仅 10 ppmv(图1.4)。

1.2.2 人类活动对碳循环的影响

人类活动使自然状态下的碳平衡遭到破坏。一般认为,化石燃料的燃烧及工业过程和土地利用方式的改变是人类改变全球碳循环的两种主要途径。工业革命以来的 200 年间,加速的工业化(化石燃料的燃烧和工业过程)和土地利用变化使全球碳循环过程变得复杂化,人类活动导致的碳排放破坏了自然状态下的碳平衡,已经严重影响了全球碳循环过程(图 1.8)。目前,燃烧化石燃料和工业排放产生的 CO_2 占排入大气中 CO_2 总量的 80%～85%,人类土地利用方式变化占 15%～20%。人为碳排放使全球大气 CO_2 浓度从工业化前的约 280 ppmv 增加到 2009 年的 387.35 ppmv。

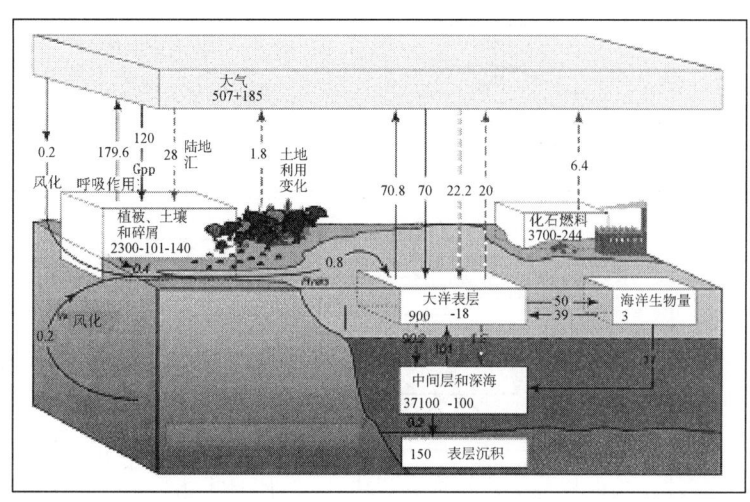

图 1.8 1990 年代全球碳循环(年通量 GtC/年)(实线代表工业革命前的自然通量,虚线代表人为通量)。说明:陆地系统净损失-39 GtC 是根据化石燃料燃烧排放的总量减去大气中的增量再减去海洋的储存量推算而得,植被、土壤和碎屑物部分的-140 GtC 损失代表土地利用变化排放的总量,而陆地生物圈碳汇为 101 GtC (61～141 GtC)。与大气的净人为交换量来自 IPCC AR4 表 7.1 的第五列,总通量一般有 ±20% 以上不确定性,而在包含河流输送、分化和海洋埋藏等项之后,各分量的通量数值则保持平衡。GPP 是陆地总初级生产量,自 1750 年以来的大气碳含量和所有的通量截止到 1994 年(IPCC,2007a)。

1.2.3 碳在人类经济系统中的流动

人类燃烧化石燃料和改变土地利用所导致的温室气体排放,都是在社会经济发展过程中产生的。为维持人类社会的正常运转,不可避免地要造成一定数量的碳排放,正是这些排放,维持着现今人类社会的正常运转,因此,需要从人类需求的角度,认识碳在人类经济系统中的流动过程及其影响因素。

如果将人类经济系统看做一个封闭系统,不考虑国际进出口贸易,可得到简化的人类经济系统中非土地利用活动的碳排放流过程(图 1.9)。

人类经济系统中的碳排放主要来源于能源活动和工业过程两个方面。能源活动(化石燃料燃烧)是人类经济系统中最主要的碳排放源,其中水能、核能、太阳能等属于清洁性能源,基本没有碳排放,与碳排放相关的能源流主要是煤炭、石油和天然气三种化石燃料的燃烧。工业生产过程的 CO_2 排放主要来源于水泥、石灰、钢铁、铝、硝酸、已二酸等生产,其中水泥生产(制造水泥熟料过程中产生的 CO_2)是工业生产过程中最大的非能源 CO_2 排放源。

能源是社会经济系统运转的基础,据统计(CDIAC,2010),1751—2007年全球化石燃料燃烧和水泥生产产生的碳排放从3 MtC/年增加到了8310 MtC/年(图1.10),其中化石能源的使用占绝了大部分,2007年全球8310 MtC的排放中,95.46%(7933 MtC)来自化石燃料燃烧(图1.10)。人类通过采掘煤炭、石油和天然气三种一次化石能源而使碳进入人类经济系统的能源活动,在提供等量热能的情况下,燃煤、燃油、燃气排放的CO_2量比值为1∶0.813∶0.561,煤炭将排放更多的CO_2(王伟中等,2002)。

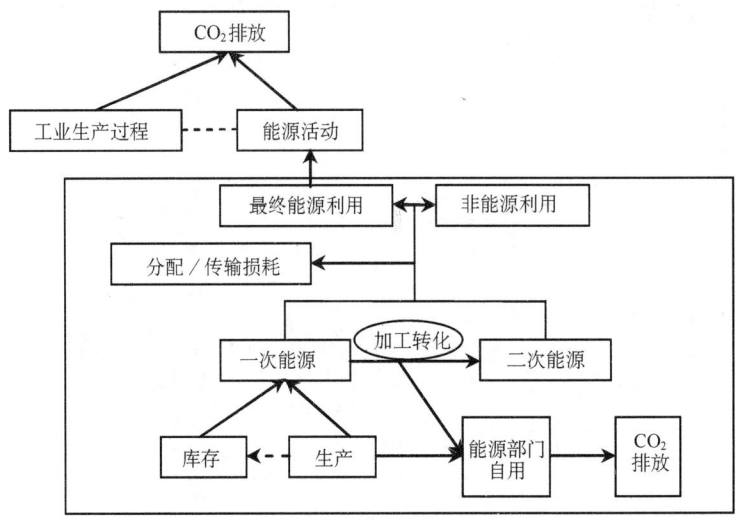

图1.9 人类经济系统中的碳流动过程

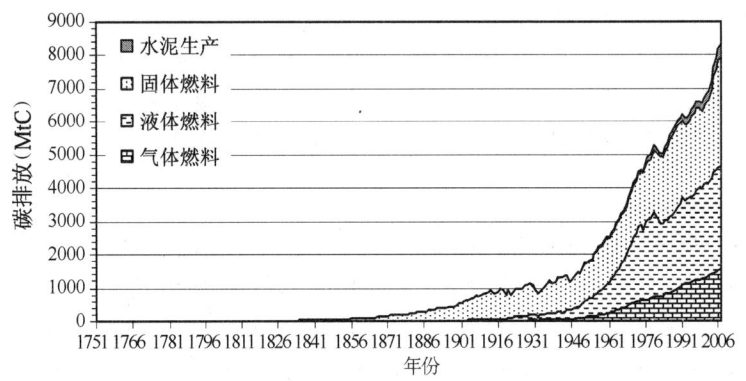

图1.10 1751—2007年全球化石燃料燃烧和水泥生产产生的碳排放量(CDIAC,2010)

化石能源在进入社会经济系统后,随着能源的加工使用碳主要按两条路径转移:一条是能源加工转化、燃料提取和制备的工业过程,一次能源经过加工转化而形成二次燃料产品(二次能源),如石油产品、电力、热力、燃气、及其他加工转化产品等。由于能源部门对燃料的自用需求,部分碳经燃烧形成CO_2排放到大气中,这其中包括生产由于分配/传输而损耗的二次能源的碳排放,如电力、天然气等网络传输和分配中的损耗,高炉、焦炉气及石油产品在管道配送中的可能损耗等,在全球总排放中,电力生产中的能源排放所占比例最大且逐年升高(图1.11),2004年电力行业的直接排放占全球总CO_2排放的27%(IPCC,2007c)。

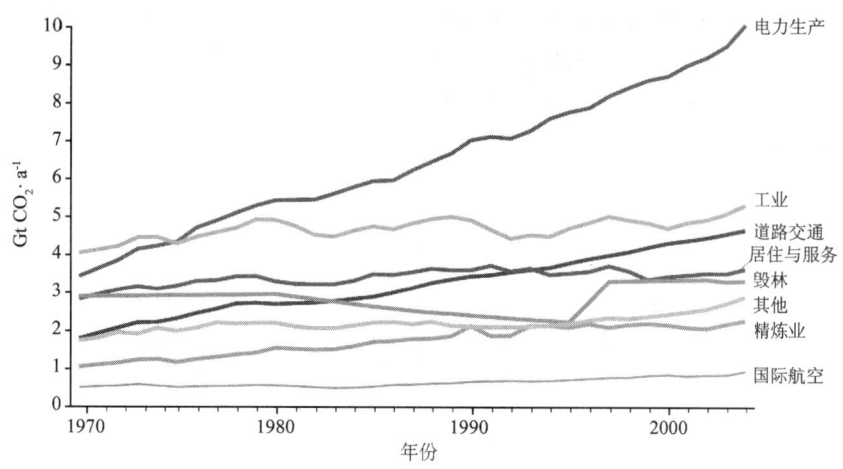

图 1.11　1970—2004 年分行业的直接 CO_2 排放（IPCC，2007c）

第二条途径是最终供应的能源（一次能源和二次能源）用于满足最终消费需求而产生碳排放，消费需求的结构及数量的多少会影响碳排放流总量，最终消费需求将决定能源的总供应量，从而影响碳源总量。最终消费又包含能源利用和非能源利用消费两部分，能源利用是其中最重要的能源消费需求部分，也是最主要的 CO_2 排放源，它又分为三组：工业部门、运输部门和其他部门（农业、商业和公共事业、居民消费和其他），在消费部门中，工业排放所占比重最大，道路交通增长显著已超过居住与服务业，仅次于工业（图 1.11）。燃料的非能源利用消费主要是指作为制造非燃料产品的原料，以及利用燃料的物理属性（如润滑剂、润滑脂）和溶剂属性等的消费量，这部分消费量未燃烧产生 CO_2 排放。

碳通过能源利用进入行业部门后，在各行业能源利用过程中产生的直接碳排放以隐含碳的形式附着于各行业部门形成的产品之中，而后还将在部门间生产技术联系的影响下，在部门行业间转移，即按照产品生产制造的生命周期转移流动，每个最终产品的隐含碳排放是其全生命周期中各环节隐含碳排放的总和。生产技术不仅通过影响能源利用效率、能源加工转化效率、分配/传输损耗率等途径影响碳的流动转移，也会影响工业生产过程中的单位产品生产的碳排放系数，从而影响工业生产过程中的 CO_2 排放。

在人类社会经济系统中，不同国家和地区的商品贸易还导致碳以能源产品或各非能源行业产品进出口贸易的形式在不同国家及地区之间流动。能源产品贸易中，出口的能源产品既包括一次燃料的直接出口，也包括一次燃料产品经加工转化为二次燃料后的再出口；而出口的能源产品可能用于能源利用，也可能用于非能源利用。其他行业的产品的进出口意味着生产制造该产品的隐含碳也在国家或区域间发生了转移。如果一个国家生产的碳排放总量大于该国消费的碳排放总量，则意味着这一国家通过国际进出口贸易替其他国家或地区排放了碳。

1.2.4　不同国家和地区对全球碳排放的贡献

现代人类社会系统是一个靠巨大的物质和能量流动支撑的系统，人为碳排放（主要来源于人类大量使用化石燃料和土地利用变化）是社会经济发展过程中的一个副产品，碳排放的多少与经济发展水平之间存在密切的关系，20 世纪，世界各国人均 CO_2 累计排放与 GDP 值呈较高的正相关(图1.12)。发达国家发展的历史表明,任何国家在其从不发达到发达的发展过程中,均会不可避免地出现一个人均能耗和CO_2排放快速增长的时期,如美国1901—1910年的人均CO_2排放增长率平均为5.04%,德国在1947—1957年为9.89%,日本在1960—1970年达11.98%(丁仲礼等,2009b)。

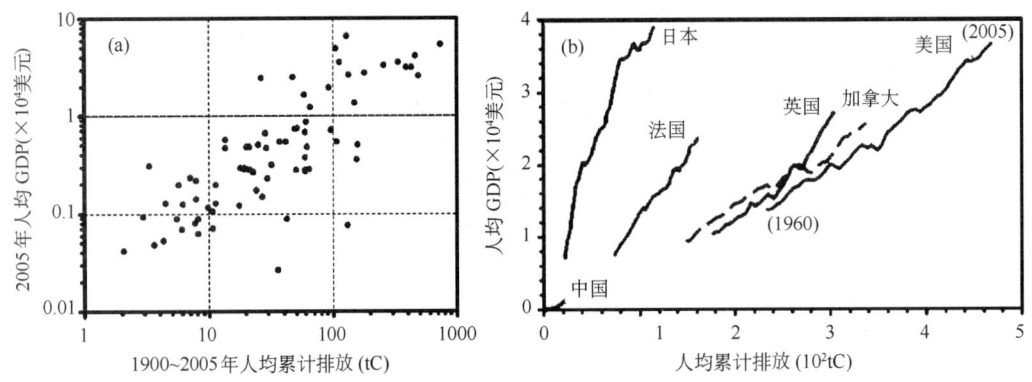

图1.12 人均累计排放与人均GDP的关系(丁仲礼等,2009b)

(a)各国1900—2005年人均累计排放与2005年人均GDP的关系;(b)6个大国人均累计排放增长与人均GDP增长之间的关系

不同时期世界各主要国家和地区因发展水平不同对全球碳排放的贡献也存在差异(图1.13)。按全球10大区划分,1850—1900年,全球因土地利用变化和化石燃料燃烧引起的碳排放总量从0.55 GtC升至1.26 GtC。在这一时期,欧洲和美国是主要排放国家和地区,1900年欧洲和美国对全球碳排放的贡献分别是37%和28%,其他国家和地区汇总贡献35%。1900—1950年,受战争影响,各国家和地区碳排放变化表现出较大的波动性,但总体上因各国工业化进程加快,全球碳排放总量比此前明显增加,至1950年,全球碳排放总量较1900年增加约1倍,达到2.50 GtC。其中,美国和欧洲分别占当年总碳排放的27%和18%,南亚和东南亚、中国、拉丁美洲和前苏联等国家和地区分别占当年总排放的13%、12%、9%和8%。20世纪50年代之后,随着全球工业化进程进一步加快,碳排放急剧增加。2005年全球碳排放总量为1950年的3.60倍,增至9.00 GtC。在这一阶段,美国和欧洲碳排放增加势头仍然非常迅猛,前苏联地区1950—1989年间碳排放有较大增幅,而在1990年后碳排放快速增加。2005年,美国和中国土地利用变化和化石燃料燃烧引起的碳排放量均占全球的17%,南亚和东南亚、欧洲和拉丁美洲地区占全球的比例分别为15%、12%和11%。

目前大气中所人为增加的CO_2是工业革命以来长期人为排放累计的结果。因此,从历史累计排放和人均历史累计排放的角度看,世界各国的差异更为明显(表1.2)。1900—2005年,全球化石燃料使用引起的历史累积碳排放总数为302.50 GtC,其中美国为86.86 GtC,占全球历史累积排放的28.71%;欧洲为74.02 GtC,占全球历史累积排放的24.47%;中国历史累积排放总数为26.13 GtC,仅占全球历史累积排放总数的8.64%。1900—2005年,美国、欧洲和中国的人均历史累积排放分别是293.84 GtC/人,142.80 GtC/人和20.06 GtC/人,此间美国

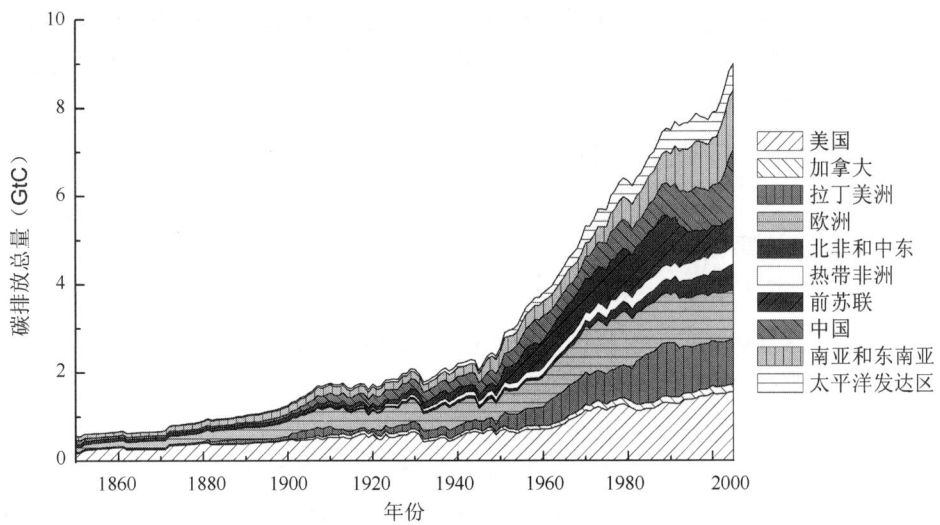

图 1.13　1850—2000 年世界主要国家和地球因土地利用变化和化石燃料燃烧引起碳排放总量变化

和欧洲的人均历史累积排放分别是中国的 14.66 倍和 7.13 倍。

表 1.2　"G8＋5"国家各国国别排放指标对比

国家	2005 年化石燃料排放量（GtC）	1900—2005 年化石燃料累积排放量（GtC）	2005 年人均化石燃料排放（tC/人）	1900—2005 年人均累积排放量（tC/人）
美国	1.5929	86.8481	5.389	293.84
英国	0.1483	15.1447	2.462	251.46
法国	0.1069	7.9885	1.756	131.23
德国	0.2208	16.8682	2.677	204.54
意大利	0.1276	4.9876	2.178	85.10
加拿大	0.1527	6.5922	4.725	204.02
日本	0.3388	13.1340	2.652	102.79
俄罗斯	0.4133	25.2022	2.887	176.05
中国	1.5310	26.1250	1.174	20.04
印度	0.3848	7.8263	0.352	7.15
巴西	0.0954	2.5166	0.513	13.53
南非	0.1113	3.8623	2.374	82.37
墨西哥	0.1202	3.4020	1.166	33.00
全球	7.6143	302.5037	1.170	46.20

注：人口数据来源于世界银行网络数据库：http://data.worldbank.org/indicator/SP.POP.TOTL。
　　碳排放数据来源于 CDIAC 网络数据库：http://cdiac.ornl.gov/trends/emis/meth_reg.html。
　　对于俄罗斯历史碳排放占前苏联的份额利用世界资源研究所 WRI 提供的方法计算。
　　人均历史累积碳排放算法为各国 1900—2005 年累积碳排放总量除以 2005 年人口。

1.3　碳排放责任认定与排放权分配

　　减少温室气体排放以减缓全球变暖进程已成为国际社会及各国制定气候政策和处理气候变化国际事务的出发点。人类活动所导致的温室气体排放来自于维持人类社会发展的需求，CO_2 排放权就是生存权与发展权。因此，对碳排放责任的不同认定，决定着未来的碳排放空间

(即排放权)和减排目标。控制温室气体排放本质上是个经济社会如何发展的问题,为减缓全球变暖而采取减排措施必然关系到不同国家之间、不同行业之间、不同人群之间的利益调整和再分配(丁仲礼等,2009a,2009b)。即使忽略有关温室气体排放与全球变暖问题在科学上的不确定性,每个国家所作出的减排决策也必定是综合权衡环境权和发展权、全球责任和国家利益的结果。

1.3.1 排放责任认定的原则

公平、公正地认定减排责任及相应的温室气体排放权是国际气候保护制度设计和国际气候变化谈判中两个相互联系但又有不同的核心问题。国际社会围绕如何认定人类活动所导致的碳排放的责任和如何分配容量有限的 CO_2 排放空间存在着激烈的争论,争论的核心是对"公平"的不同理解,每种观点以一种或几种形式的公平为其理论基础。其中代表性的观点包括:(1)分担平等,主张各国有权拥有现有的温室气体排放权或以现有的温室气体排放水平为基准等比例减排;(2)效率平等,主张以单位经济产出(GDP)或单位能耗的温室气体排放量作为分配依据;(3)权利平等,主张按人均或人均历史累计温室气体排放量分配排放份额;(3)基本生存权平等,主张按人均平等分配维持基本生活水平基本生存排放。此外,还有一种观点反对向任何个人或国家分配排放权(Vanderheiden,2008)。

构建气候保护制度首先要进行责任界定,除了道义责任外,国际谈判最终结果是将这种责任认定以国际条约、公约的形式赋予其相应的法律地位。防止"伤害"、保障基本人权是一般法律的基本原则之一,基于"过失"和人权理论认定应负的法律责任,此原则同样适用解决气候变化问题。出于全球人类安全和自身国家利益考虑,国际社会对减排责任界定比较容易达成共识,突出表现为全世界190多个国家和地区签订了《联合国气候变化框架公约》(UNFCCC),基本认定了"历史上和目前全球温室气体排放的最大部分源自于发达国家"的"共同但有区别"的责任框架。

1) 全球公共物品使用的"零和"原则

温室气体排放限额分配的本质为全球公共物品的分配。环境经济学将地球系统所能承载的、有限的人为温室气体排放总量视为一种全球公共物品,明晰私有产权是避免公共物品上演"公地悲剧"的一种方法。因其有限性,尤其是稀缺性,决定了一部分人多占用,另一部分人就要少占用。因此,公平使用稀缺公共物品需要遵循"零和"原则,即一些国家人均排放的增加只可能通过减少其他国家的排放来抵消。当稀缺导致多占者危及少占者生存时,多占者就必须让出一部分排放权。

2) 伤害补偿原则与历史责任认定

由于温室气体是一种长寿命的大气滞留物,界定历史责任尤为重要。目前人类及地球系统所受到的温室气体的伤害是历史上首先完成工业化的国家的排放所致。因此,应以一个时间节点(基准年)为界,按照不同国家人均历史累计排放比例确定历史责任的大小,无条件承担相应减排责任,如支付减缓、适应所需的资金、技术投入份额,并对所造成的伤害进行补偿等;基准年以后,根据"共同而有区别的责任和各自能力"原则,以预防伤害为目的,界定不同国家的现实责任,并通过"紧缩和趋同"的策略,分阶段接近地球系统可接受的排放阈值。

3) 平等的基本生存权与现实责任认定

与保护气候责任相对应的是温室气体排放权,温室气体排放权是人类生存权利的具体表现形式之一,温室气体排放(或 CO_2 排放)是生命存在的先决条件之一。人均方式分配体现了权利平等的伦理观和普遍人权的思想,即地球上每一个公民都平等地分享温室气体排放权,这种排放权与人的基本生存权利密切相关。因此,Leigh(2008)认为这是"一种事实上的基本的分配公平"。在享有一定权利基础上界定相应责任,必然就是保护气候稳定人人有责。

4) 责任认定的难点

由于温室气体是一种"长寿命"的大气滞留物,稳定气候的温室气体浓度阈值的不确定性以及高碳耐用品贴现期的问题,使得温室气体排放空间这一公共物品的分配遇到时间尺度的难题。发达国家当代人的排放现状水平,很大程度上是历史上高排放的结果,如果依据现状估算排放责任和限额分配,掩盖了其历史上的排放所造成的后果;另一方面,到未来高碳耐用品超过贴现期,比如房屋和道路超过使用年限后,还要重新开始建设,由此产生新的碳排放再叠加上温室气体在大气中的寿命期,形成了复杂的、循环关联的时间链,由此引发的问题是,究竟以哪个时间节点的排放量作为国家分配的标准,才能够既体现承担历史责任,又满足未来经济需求,同时能够防止"气候系统受到危险的人为干扰"?特别是经济预期和需求、技术进步等对排放空间需求影响的不确定性,很难用现状准确推断未来的情景,而且限额分配方式下全球排放空间一旦分配完毕,后来者显然要以更高成本进入限额体系,甚至因稀缺程度增加而抑制了后来者的发展。在各国经济发展水平和预期差异悬殊的情况下,这无疑对合理分配不同时阶段排放量提出了更高要求。此外,设定多长的配额使用期,相对"短寿命"的政府管理机构能够有多久远的政策预见能力和执行力?所有这些问题都为温室气体这类公共物品的分配带来前所未有的理论和现实性挑战。当然也有许多环境经济学家和公共政策学者并不认为分配公共物品是必然和唯一的解决办法,他们把全球公共物品当做是"全球自由拥有的资源"或"全球的非财产"(Bromley,1991),或者是"人类共同遗产"(Baslar,1998),也即这种全球公共物品应当不受个人、团体、民族或国家控制,或被其拥有为自然资源,因而反对"圈占"全球公共物品。

确定维持气候系统稳定为目标的碳排放标准所面临的困难还在于对气候变化科学认识的不确定性。由于对与20世纪全球变暖相关的气候变化事实认定的和温室效应机理认识的分歧、以及气候模式的模拟能力的局限,使得对自然变化和人类活动对20世纪变暖贡献的判断、气候系统稳定的温度阈值及其对应温室气体浓度等关键科学问题的认识仍存在相当的不确定性。国际社会公认的气候系统稳定的排放目标浓度在科学界尚无公认的定论,更没有成为政治共识。

对碳排放标准的不同设定,决定着未来的碳排放空间及减排目标。对自然-人类耦合系统(社会生态系统)而言,需要同时满足地球系统的稳定与人类社会系统的可持续双重目标。以地球系统为出发点所定出的排放标准代表了维持气候系统稳定的排放空间,以人类社会系统为出发点所定出的排放标准代表社会生存需求可接受的排放空间,两者需要彼此兼顾,过分地强调其中的任何一方都是不可取的,无限制地强调社会系统的需求可能使得地球系统难以承受,同样过分地强调满足气候系统稳定排放空间而牺牲社会发展的需求也可能会危害社会系统的维持和发展。

确定满足人类系统可持续需求的排放标准,需要区分基本生存排放和奢侈性排放(或为过度排放)。基本生存排放既包括生理生存排放(survival emissions),也包括维持社会经济正常运转所需基本社会生存排放(subsistence emissions)。拥有相等的基本生存排放量是每个人的权利。超过基本生存排放的国家,现实责任具体体现为减排责任,不侵犯发展中国家的发展权尤其是生存权,同时强调禁止用履行历史责任的支付费用抵消现实责任中的减排责任;而未超过基本生存排放的国家,现实责任表现为接受平等的全球人均排放份额的排放约束条件,通过提升发展质量(提高碳生产率或降低碳排放强度)控制碳排放增速,保障生存和发展权。依据平等和公平的原则,生活水平较高的发达国家很难放弃已经形成的生活方式,对于生活水平低的国家肯定不会满足现状,要比照现实中较高生活标准,我们也没有权利限制这种"攀比"。但是,地球有限的承载力无法满足人人都享有目前发达国家的生活水平,同时也因为人的生活水平一旦提高到一定水平就难以倒退回低水平状态。因此,问题的难点首先在于如何理解和确定基本生存排放量,即究竟将人均温室气体排放基准设定为多大才能够为多数国家接受(社会可接受水平);其次是如何解决社会可接受水平的基本生存排放量与气候系统稳定水平的排放量之间的矛盾。

1.3.2 碳排放责任的认定与分担方法

1) 生产者负责

目前 IPCC 公布的国家碳排放数据是依据基于领土责任的"污染者付费原则"(Polluters Pays Principle)计算的,这也是目前认定一国具体的碳排放责任通常遵循的原则。"污染者付费原则"是由经济合作与发展组织(OECD)环境委员会于 1972 年首次提出的,其核心是要求所有污染者都必须为其造成的污染支付费用。一直以来,国际社会,尤其 OECD 国家基本采用此原则作为环境政策制定的基本依据。"污染者付费原则"的主要优点是可以通过增加污染生产者的生产成本(外部成本内部化),降低污染生产者的自身利益的方式,遏制企业进一步污染环境,刺激企业采取有效措施降低污染。就碳排放而言,即要求生产者为生产产品产生的全部碳排放"买单"。然而,这一方法仅考虑了被研究国家国界内与每个部门直接相关的 CO_2 排放,只反映了其国家边界内的温室气体排放量,并没有考虑对外贸易引起的隐含碳转移。如果一个国家只是进口在其国界外制造的商品来代替国内生产,就可以"避免"大量的温室气体排放;而为其他国家生产商品的国家就不得不为这部分出口的 CO_2 排放"买单",这显然有失公平。因而,污染者付费原则只是一条环境外部性内在化的途径,是一种制度安排,并不等同于污染者具有完全的环境责任(王金南等,2006)。另外,生产核算原则要求生产者为提供能源、商品和服务产生的 CO_2 排放负责,即 CO_2 排放全部分配到其实际排放过程中,例如工业生产、能源生产和居民的燃料使用。这就意味着与能源生产部门相关的排放是 CO_2 排放中的显著部分,而这些部门只是简单地将燃料转换为供工业、居民等需要的有用能源,这显然也忽视了部门间的碳转移。

以"生产者负责"为基础的一国碳排放的计算,还可能对气候变化协议的执行效力产生消极影响(Wyckoff and Roop,1994;Khrushch,1996;Schaeffer and Leal de Sá,1996;Lenzen,

1998)。这种影响是附件Ⅰ国家(主要是发达国家)可能对非附件Ⅰ国家(主要是发展中国家)产生"碳泄漏"。如果温室气体排放政策只是关注附件Ⅰ国家的国内市场,这些国家就可能简单的通过将部分商品(最可能的是能源和碳密集商品)从非附件Ⅰ国家进口以代替国内生产的方式"虚假地"减少它们国内温室气体排放,那么全球碳排放的减少可能为零,甚至不减反增,因为发展中国家的能源利用效率较低而碳排放强度较高。

Wyckoff 和 Roop(1994)通过对 6 个最大的 OECD 国家 1984—1986 年进口制造产品隐含碳的评估,警告说许多国家的温室气体政策是基于减少国内温室气体排放的角度控制排放的,这对于那些明显以进口满足国内消费的国家而言很可能是无效的。Schaeffer 和 Leal de Sá(1996)通过研究巴西 1970—1992 年的进出口贸易发现,发达国家通过进口商品满足国内消费需要的方式向发展中国家转移 CO_2 排放。Rhee 和 Chung(2006)通过分析日韩贸易对 CO_2 排放的影响方式和影响程度,探讨了附件Ⅰ国家和非附件Ⅰ国家之间可能存在的碳泄漏问题。结果表明,作为非附件Ⅰ国家的韩国具有比附件Ⅰ国家日本更高的能源密集型生产结构;虽然韩国在日韩贸易中处于逆差(贸易平衡净进口),但韩国出口日本的 CO_2 排放超过了日本出口到韩国的排放,即韩国在与日本双边贸易中处于隐含碳净出口地位。

2) 消费者负责

考虑到以生产端为基础的碳排放核算原则的不利影响,以消费端为基础的核算原则被提出,它要求消费者为最终使用的能源、商品和服务的 CO_2 排放负责(即使这些商品和服务是从国外进口的),即"消费者负责原则"。这种方法将分配给发展中国家较低的排放责任,而给发达国家较高的排放责任,这是更加公平的,而且可以避免生产活动从具有排放限制的国家向发展中国家(几乎没有排放限制)的转移,从而防止发达国家向发展中国家的"碳泄漏"发生。Munksgaard 和 Pedersen(2001)在讨论一个开放的经济体系中,谁该为商品贸易的 CO_2 排放问题负责时指出,在核算一个国家的 CO_2 排放时,应采用"消费核算原则",将进口的非能源商品中的隐含 CO_2 排放包含进来,这样也可以减少贸易 CO_2 净出口国家对于减排协议的抵制。他们还指出,将 CO_2 排放目标基准年确定在国家排放受贸易平衡显著影响的年份是非常不合理的。Peters 及其合作者从理论、实证及政策意义方面分别对"生产者负责"和"消费者负责"原则进了对比分析,指出以生产者为基础核算各国的温室气体排放量,会导致发达国家向发展中国家的"碳泄漏"。在后京都时代的国际谈判中,应考虑以"消费者"为基础来核算各国的排放量,以减少碳泄漏,这也有利于环境友好技术的扩散等(Peters,2008;Peters and Hertwich,2008a,2008b)。

然而,以"消费者负责"为原则的核算方法也存在弊端,它可能降低发展中国家创造更加清洁和有效的生产过程的积极性;且若从消费角度出发,生产者可能也不会主动地去减少排放;消费者虽然在理论上有责任制定最好的策略和政策去选择那些积极减少温室气体排放的生产者,但由于缺少充分的刺激或者政策约束,且没有实际的消费限制,消费者也不可能在意他们的环境责任(Bastianoni et al.,2004)。

3) 责任共担

为了协调"生产者负责"和"消费者负责"原则的不足,一些研究开始强调"共同负责"原则。

如,Bastianoni 等(2004)提出的"附加碳排放"方法,即消费者和生产者共同为某一产品从最初生产到最终消费过程中的碳排放负责。具体过程简化为,假定在产品"生产消费链"中存在三个独立系统:A、B和C(可以是不同的国家或者同一生产消费链中的不同过程),分别代表最初生产者、中间加工者和最终消费者。三个系统各自的排放为50、30和20单位量。如果按照IPCC采用的"地域责任法",则三者对总的100单位碳排放需负责的量分别为50、30、20单位;如果按照"消费者负责法",则三者负责的量分别为0、0、100单位;而按照"附加碳排放法"的分配思想,系统A对50单位的排放负有责任,系统B对80单位的排放负有责任,而系统C对总的100单位的排放都负有责任(单位总数达到230)。因而最终A、B、C三者对总的100单位排放应负责的量分别为:100×50/230=22;100×80/230=35;100×100/230=43。这种方法不仅可以鼓励消费者选择具有更好环境保护措施的生产者,也可以刺激生产者主动地去减少自身的排放。但该研究只给出了一个简单的例子,并没给出具体的责任分配计算方法。之后,Gallego 和 Lenzen(2005)及 Lenzen 等(2007)从生态足迹的视角出发,通过对产品生命周期评估方法的分析,对产品各个时期的环境责任进行了区分,提出了一种定量的计算"共同责任"的数学方法,以对生产者和消费者共同承担的环境责任进行分配。不过,该研究中消费者的责任主要指消费环节产生的污染,如汽车尾气、生活废水等。

1.3.3 国际主要温室气体排放评价指标

温室气体排放评价指标的产生源于对计算各国温室气体减排义务的需求,最初的评价见于《联合国气候变化框架公约》下各国温室气体排放量的计算。在温室气体排放评价中,国际上出现了国别排放指标、人均排放指标、单位GDP排放指标、国际贸易排放指标等,形成了从多个角度评价各国温室气体排放状况的指标体系(张志强等,2008)。

(1)国别排放指标:即比较各国排放总量。20世纪90年代,基于国家和地区排放总量的温室气体排放指标及评价结果一度为全球气候政策框架的确立和减排义务的分配起到了极为关键的作用。目前所施行的《联合国气候变化框架公约》及其《京都议定书》就是在1990年各国温室气体排放量的基础上,确定了发达国家与经济转型国家在2008—2012年间实现全球温室气体排放总量在1990年的基础上削减5.2%的目标。

(2)人均排放指标:即比较各国排放总量按人口平均后的排放量。由于发达国家先于发展中国家几十年甚至上百年开始工业化进程,且发展中国家人口众多,因此发达国家的人均温室气体排放量总体上要高于发展中国家(表1.2)。

(3)单位GDP排放指标:又称作GDP的二氧化碳排放强度(系数)。将减排活动与经济的发展相结合,是美国在2001年退出《京都议定书》后所提出的《晴朗天空与全球气候变化行动》的《京都议定书》减排替代方案的核心思想,即在不损伤经济增长能力的情况下,降低单位GDP温室气体排放强度。根据对各国单位GDP排放量的评估,可以获得各国工业化程度和能源效率的一般性信息,单位GDP排放量越低,则工业化程度和能源效率越高。

(4)国际贸易排放指标:温室气体的排放行为最终是服务于人类的社会经济活动,各种活动所产生的温室气体主要附着于服务和产品上。在服务和商品的流通过程中,碳成本也随之转移。在产品的国际贸易中,碳成本会随着产品的流通而发生转移,应该计算在服务和产品最终消费者的身上。

(5) 人均历史累计排放（工业化累积人均排放）指标：为构建一种既能反映工业化发展历程、工业化以来温室气体累积排放总量，又能反映历史排放、当代人承担的环境变化成本的新指标体系，有学者提出了人均历史累计排放指标，反映各国工业化进程的温室气体累积排放的当代人均量，以较为全面、公正地反映当前不同国家历史累积排放的情况，以及各个国家历史累积排放给当代人造成的环境负担成本的真实情况，刻画历史上排放量多而现在经济状况好的发达国家经济奇迹的环境成本，从而有利于确定面向未来所有人和人群公平发展的排放空间的分配格局，特别是为历史上累积排放量少、而现在排放量逐步加大的发展中国家争取发展的平等权利（表 1.2）。

(6) 人均单位 GDP 排放量指标：将温室气体排放量、经济总量、人口数量纳入一个评价体系，来评价人均 GDP 增长的温室气体排放情况。以人均 GDP 指标制定二氧化碳减排方案的方法又叫支付能力法。

(7) 消费排放量指标：基于消费的温室气体排放评价指标——消费排放量可以相对公平地衡量全球温室气体的排放责任。消费排放量指标首先需要建立一个包含所有生产和生活中的产品和服务的温室气体排放系数；其次，需要量化某个对象（个人或团体、地区）在某一时段（如 1 年）内所消费的所有产品和服务；再次，需要将所有的消费乘以各自的温室气体排放系数求得各项消费的温室气体排放量，最后将所有的消费排放量累加即可获得总的消费排放量。尽管目前全面评估消费排放量还面临方法上的困难，但建立这样的一个标准体系是非常有必要的，它不仅可以为评价温室气体排放责任服务，而且可以为将来的碳税机制建立和低碳经济模式的确立提供重要的支撑。

(8) 生存排放量指标：生存排放量指标的建立需要确定全球人口的基本生存与发展所需的温室气体排放量，但要建立这一指标可能面临较大的难度，包括：来自发达国家的反对、指标确立的科学性与公平性、排放目标实现的约束力等。基于这一减排目标的减排部署无疑可能是最为激进的减排方案，在实践上也可能较难实现，但从理念的角度，公众和政府应该知道最低的生存排放量需要多少，在未来的多少年，生存排放量可能会有多少。这对制订和实施自愿性或强制性减排计划都会有所帮助。

1.4 气候系统稳定目标下的碳排放空间

1.4.1 气候系统稳定目标下的总碳排放及人均排放空间

气候系统稳定目标下的人均排放量是基于地球系统的气候维持稳定的温室气体排放量的人均分配。由于对气候变化问题科学认识上的不确定性，目前对保持气候系统稳定的温室气体排放量尚无科学界公认的定论。目前，以 IPCC 为代表的关于气候系统稳定目标下排放空间的主张是：若全球平均气温上升 2℃以上，将可能给人类带来重大影响；为避免这一重大影响，须将大气 CO_2 浓度控制在 450 ppmv（IPCC，2007a）。在过去的 20 多年里，国际上已出现的多个减排方案，它们基本都是从保持气候系统稳定的排放空间出发，以 IPCC 的预估结果为依据。

2005 年,大气 CO_2 浓度达到约 380 ppmv,按照 2050 年 CO_2 浓度控制在 450 ppmv 的目标,2006—2050 年的 45 年间大气 CO_2 浓度还可增加 70 ppmv。本研究参照丁仲礼等(2009b)的方法,根据大气 CO_2 浓度与人为碳排放量的关系,估算了人为 CO_2 的排放空间。

大气 CO_2 浓度每增加 1 ppmv,增加碳的质量约为 $1.52×10^{-6}×(12/44)×5.12×10^{15}=2.12×10^9$ t(12 是 C 的原子量,44 是 CO_2 的分子量,12/44 表示 CO_2 中碳的含量),即 2.12 GtC。这样,2006—2050 年增加 70 ppmv 的 CO_2 浓度,意味着大气圈将总共增加 148.4 GtC。2000—2006 年期间,人类排放到大气圈的 CO_2,平均有 54% 为海洋和陆地生态系统吸收,留在大气中的占人类排放的 46%。如果假定 2050 年前这一比例保持不变,则在 450 ppmv 的排放目标人类 CO_2 的总排放空间 322.61 GtC,即为 1182.90 $GtCO_2$。以 2005 年全球 65.15 亿人口计,相当于人均 1.1 tC/年。人类的 CO_2 排放由化石燃料排放和土地利用排放两大部分组成。根据 CDIAC 的资料,过去 50 年来土地利用产生的 CO_2 年排放量,虽有一定的年际变化,但变率不大,基本处在 1.25~1.70 GtC 之间,1998—2007 年的年均排放为 1.48 GtC。假定从 2006 年到 2050 年,每年通过土地利用排放的 CO_2 为 1.50 GtC,则 45 年内将总共排放 67.50 GtC,那么 2006—2050 年人类可通过化石燃料消费获得的 CO_2 排放空间为 255.11 GtC,即为 935.40 $GtCO_2$。以 2005 年全球人口计,相当于人均 0.87 tC/年,或 3.19 tCO_2/年(表 1.3)。

表 1.3 大气温室气体浓度 450 ppmv 目标下 2006—2050 年碳排放空间

项目		量值	备注(丁仲礼等,2009b)
温室气体浓度增量		70 ppmv	2005 年大气温室气体浓度为 380 ppmv
大气圈碳总量增加量		148.4 GtC	2.12 GtC/ppmv
人类可排量	总量	322.61 GtC	留在大气中的排放为 46%
	人均	1.1 tC/年	以 2005 年全球 65.15 亿人口计
化石能源可排量	总量	255.11 GtC	扣除土地利用排放 1.5 GtC/年
	人均	0.87 tC/年(3.19 tCO_2/年)	以 2005 年全球 65.15 亿人口计

1.4.2 七个代表性国际减排方案对未来排放空间的分配

丁仲礼等(2009c)对比了七个代表性的国际方案(表 1.4),其中五个为减排方案,两个为排放空间分配方案,它们分别为:(1)发表在 IPCC 第四次评估报告中的 IPCC 方案;(2)由 G8 国家(美国、英国、法国、德国、意大利、加拿大、日本和俄罗斯)在 2009 年 7 月的意大利峰会上提出的 G8 方案;(3)联合国开发计划署(UNDP)方案;(4)OECD(经济合作和发展组织)方案;(5)由澳大利亚的研究人员 Ganaut 提出的方案(简称"Ganaut 方案");(6)由来自美国、荷兰、意大利的几位科学家共同提出的方案(简称"CCCPSM 方案");(7)由丹麦的研究人员 Sorensen 提出的方案(简称"Sorensen 方案")。减排目标的设定和减排责任的分担本质是排放配额(主要是化石能源燃烧的排放量)的分配,气候变化谈判的焦点是其公平性应是基本分配原则,但上述主要由发达国家提出的方案中均掩盖着极大的不公平,主要表现在以下方面(丁仲礼等,2009c)。

表 1.4 七个控排方案的预期限额分配(丁仲礼等,2009c)

方案	2050年预期浓度(ppmv)	2006—2050年全球排放总量(GtC)	2006—2050年人均累计排放量(tC)(以2005年人口计)	
			发达国家	发展中国家
IPCC	450	255.11	附件1国家:63.31～80.10	非附件1国家:29.32～33.36
G8国家	444.81	231.21	发达国家:88.00	发展中国家:26.45
UNDP	464.31	321.06	发达国家:86.34	发展中国家:42.90
OECD	452.97	268.78	OECD国家:102.78	金砖四国:30.19;其他国家:23.57
Gaunaut	457.51	289.70	发达国家:81.68	发展中国家:38.14
CCCPSM	432.87(2030年)	222.50(2004—2030年)	美国:120.83[a] 美国以外的经合组织:62.06[a]	中国:39.85[a] 中国以外的非经合组织19.80[a]
Sorensen	507.46(2100年)	486.27(2000—2100年)	美国:178.74[b]	中国:31.76[b] 印度:16.79[b]

注:a)以2003年人口计的2004—2030年人均累计排放量,b)基于预测人口的逐年人均排放量,未按不变人口重新计算。

第一,这7个方案都没有考虑各国历史排放的巨大差别。大气CO_2浓度从工业革命前的270 ppmv左右提高到2005年的380 ppmv,约60%的贡献来自2005年人口不到全球15%的27个发达国家。

第二,这7个方案都没有考虑发展中国家与发达国家几十年、上百年的发展差距,在设定高峰排放年时大都把全球高峰排放年设定在2020年,即大部分发展中国家都须从2020年开始减排,而发达国家开始减排只比发展中国家早5～8年。

第三,这7个方案在分配减排比例时没有考虑基准年各国排放量的巨大差别。IPCC方案和UNDP方案把1990年设为基准年,该年27个发达国家的人均排放量为3.23 tC,发展中国家则为0.67 tC,相差4.8倍,即使以2000年为基准年,两者差别还有5.4倍。

第四,这7个方案都分配给发达国家比发展中国家更多的未来排放权。在2006—2050年排放权的分配上,发达国家的人均排放权是发展中国家的2～6倍之多。如,按照G8方案,以2005年不变人口计,发达国家(按经合组织中的27个高收入国家计),2006—2050年的人均排放量为88.00 tC,是发展中国家的3.3倍。

第五,这7个方案各自述有明显的倾向性立场。CCCPSM方案由美国学者为主提出,它在"公平原则"下计算出美国在2004—2030年间的人均排放权是中国的3倍,是中国以外其他发展中国家的6.7倍,比其他经合组织国家也要高1.9倍。由澳大利亚学者提出的Ganaut方案,尽管在长期减排目标上,澳大利亚减排幅度最大,但在中期减排目标上比其他发达国家都低。这个方案以2001年的基准,该年澳大利亚的人均排放是欧盟25国的2.04倍、日本的1.78倍,加之中期减排的难度大于长期,因而该方案相对有利于澳大利亚。丹麦学者提出的Sorensen方案采用"未来趋同"途径,首先,这个趋同到2100年左右才能达到,因此十分有利于当前高排放的西欧等发达国家。G8方案和OECD方案由发达国家提出,偏向发达国家集团。即使本应该采用中性、公正的立场IPCC方案和UNDP方案都非但没有考虑历史上形成的巨大排放差别,还要在今后排放权分配上继续扩大这种差别。

1.4.3 基于人均历史累计排放的责任认定与未来排放空间分配

碳减排指标的确定需要同时兼顾"共同而有区别的责任"原则和公平正义准则,强调"区别"的基础主要是各国历史排放的巨大差别。相比较而言,人均历史累计排放指标最能体现"共同而有区别的责任"原则和公平正义准则(刘燕华等,2008;丁仲礼等,2009b)。丁仲礼等(2009b)以人均累计排放为指标,对世界人口大于30万的国家和地区1900—2005年的排放历史做了定量计算,结果表明:在此期间,27个发达国家的人均累计排放为251.17 tC,发展中国家为33.13 tC,相差7.58倍;以国家计,美国的人均累计排放为467.88 tC,澳大利亚为140.32 tC,中国为24.14 tC,印度为10.79 tC。与中国1900—2005的人均累计排放(24.14tC)相比,美国为中国的19.4倍,英国为12.6倍,法国为6.7倍,日本为4.8倍(图1.14)。

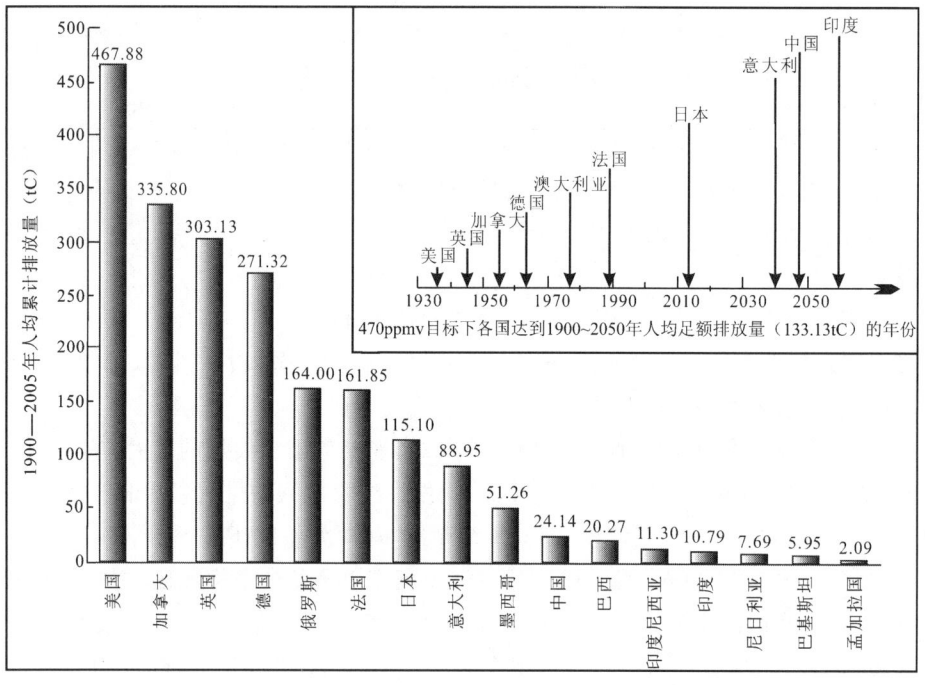

图1.14 G8国家与发展中人口大国1900—2005年人均累计碳排放与以2050年470 ppmv为标准达到1900—2050年人均足额排放的年份(据丁仲礼等,2009b编绘)

如果以人均累计碳排放指标分配每个国家在1900—2050年排放限额,在2050年将大气CO_2浓度控制在470 ppmv的情况下,多数发达国家已用完其1900—2050年排放总配额,其中美国达到足额人均累计排放的时间是在1936年,英国在1945年,德国在1963年,加拿大在1955年,澳大利亚在1977年、法国在1989年(图1.14),这些国家即使今后实现其提出的大幅度减排目标,它们在2006—2050年的人均排放量上还会大大高于发展中国家;而包括中国、印度在内的许多发展中国家和地区,人口占世界人口的3/4以上,由于历史上人均累计排放低,其排放总量尚有较大的排放空间,预计中国在2047年前后,印度在2050年之后达到达到人均足额排放(丁仲礼等,2009b)。

1.5 富裕生活水平的人均基本生存碳排放需求

与以气候系统稳定为目标所确定的总碳排放及人均排放空间不同,基本生存碳排放量是根据社会系统可持续的需求来确定的。目前对基本生存碳排放的概念的界定和具体标准尚无一致的认识。从社会发展的不同历史阶段看,人均基本生存碳排放量是一个随时间变化的量,它取决于人们的生活水平和社会的运行成本,依社会经济和技术发展水平而定。而在同一历史时期,尽管各国实际的人均排放因经济水平的不同而存在显著的差异,地球上每一个公民平等地分享温室气体排放权,享有同等生活标准是人类基本人权的具体表现。

1.5.1 生存排放概念的界定及最低生存排放的估算

基本生存碳排放量是以满足人类系统的可持续需求目标的最低排放量。印度新德里的科学与环境中心(Centre for Science and Environment)最早提出个人生存所必需的温室气体最小排放量,即"生存排放"概念,并进一步要求,如印度一样的发展中国家应该拥有发展的权利,在所定义的生存排放阈值之上增加它们的人均温室气体排放量,或享有一定的奢侈性排放(Vanderheiden,2008)。从印度学者的表述可以看出,其所提出的生存排放实际是指生理生存排放(survival emissions),这种排放的全球差异应当很小。但是作为社会人,仅考虑生理排放是不够的,其生存排放除生理生存排放外还应当包括社会生存排放(subsistence emissions)。社会生存排放维持社会经济正常运转所必需的排放,它取决于社会生活成本,包括一定的电力消费和公共服务等,其大小因各国社会经济条件不同而存在差异。对给定的社会经济条件而言,维持社会经济正常运转所必需的碳排放称为基本生存排放。"基本生存排放"可定义为生理生存排放和基本社会生存排放两部分之和,"人均基本生存排放"是维持社会可持续的人均碳排放量,确定人均温室气体排放量既要考虑人的生理生存的排放需求,也要考虑社会生存的基本排放需求。超出基本生存排放的部分,则可定义为过度排放或奢侈排放。超过基本生存排放标准的国家/个人需要承担相应的排放责任,而在达到国际社会公认的人均基本生存排放水平之前,其排放的权利是应得到保障的,不应强制承担任何排放责任。

联合国给出的人类发展指数(human development index,HDI)是一个全面的衡量人类生活和生存环境的可测量的综合性指标,也是目前进行国际对比研究常用的指标。该指数介于0~1之间,分数越高表明该国家或地区发展程度越高,其大小与研究区的人均GDP,人均教育水平以及平均寿命有关(公式1.1)。

人类发展指数(HDI)HDI=1/3(预期寿命指数)+1/3(教育指数)+1/3(GDP指数)   (1.1)

根据人类发展指数值的大小,把世界各国的人类发展水平分为低、中等、高和极高四类。对2006年人类发展报告中公布的人类发展指数分类统计结果显示(表1.5),四类国家和地区在经济收入、身体健康以及受教育程度上都有很大的区别;发展水平高的国家或地区在经济收入、人口身体健康程度以及受教育程度上都明显高于发展水平低的国家或地区。

将2007年数据完整的174个国家的人均碳排放与HDI做散点图(图2.15),从总体上看,包含经济、社会和人文发展综合信息的各国"人类发展水平"与该国的人均排放显著相关,人均碳排放量随着人类发展指数的增大而增加,人类发展指数相对较高的国家或地区人均碳排放量相对较多。利用对数模型 $y=a\ln(x)+b$ 拟合世界各国的人均碳排放和人类发展指数之间的统计关系,拟合方程的方差解释量 0.71,显示世界各国的发展程度与人均碳排放有很好的相关性。进一步分析图 1.15 可以看出,处于低人类发展水平(HDI<0.5)阶段国家的人均碳排放差异很小,而从中等发展水平到极高发展水平,在同一发展水平上不同国家之间的人均碳排放存在明显差异,且发展水平愈高差异程度愈大。

表 1.5 人类发展指数(HDI)分类表

分类类别	HDI 数值范围	包括国家或地区数	人均 GDP 范围 (PPP US$)	出生预期寿命(年)	用于教育的开支 (PPP US$)
极高人类发展水平	0.900 及以上	38	22765~101057	73	314~3780
高人类发展水平	0.800~0.899	45	7041~29723	67	93~978
中等人类发展水平	0.500~0.799	75	904~30627	58	7~406
低人类发展水平	低于 0.500	24	525~2827	46	4~150

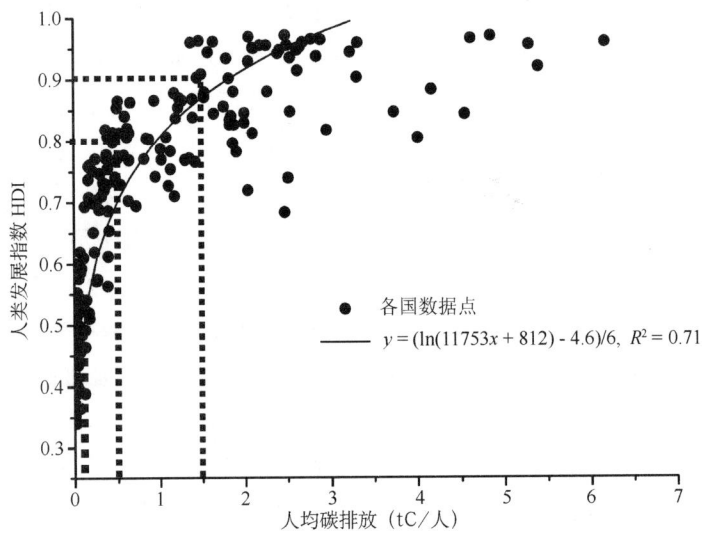

图 1.15 人类发展指数与人均排放量关系示意图

基于上述人类发展指数与人均碳排放的关系,可以对现代最低人均生存排放水平进行估算。各国的人均排放既包括生理生存排放,也包括社会生存排放和生存排放之外的奢侈排放,鉴于全球基本生理生存排放的差异很小,处于低人类发展水平(HDI<0.5)阶段国家人均碳排放水平相似性,反映这些国家不仅生理生存排放水平相似,而且社会排放水平差异也不大,可以近似地看做为其社会生存排放。因此,在低人类发展水平情况下的人均碳排放水平代表了社会运转的最低人均生存排放水平。根据模型,取低发展水平和中等发展水平临界值(大体相当于温饱水平)(HDI=0.5)对人均碳排放量进行估算,得到当 HDI=0.5 时,人均碳排放=0.10 tC/人,即在满足温饱水平所需的最低人均生存排放约为 0.10 tC/人。

图 1.15 还揭示社会生存排放需求随着发展水平的提高而增大的特点。在中等人类发展水平与高人类发展水平分界位置(HDI=0.8)的最低人均碳排放为 0.5 tC/人左右,而在高人

类发展水平与极高人类发展水平分界处(HDI=0.9)的最低人均碳排放不低于 1.5 tC/人。而在同一发展水平上不同国家之间人均碳排放量之间的差异随发展水平提高而增大,反映出不同国家社会生存排放成本或奢侈排放程度的巨大差异。

1.5.2 富裕生活水平人均基本生存碳排放需求的估算方法

发达国家现有的相对高生活水平是以其长期以来的高人均碳排放水平为基础的,各国现有的碳排放量体现了其维持目前生活水平的社会需求。这一排放量中包括了基本生存排放和一定程度的奢侈性排放,不同的发达国家在人均基本生存排放部分应该是相近的,各国人均排放水平的差别主要是奢侈性排放部分的差别。假设发达国家很难放弃目前已经形成的高生活水平的生活方式,而目前生活水平低的国家的人们未来将效仿发达国家现有的高生活水平生活方式,从这一"趋同"假设出发,可将为满足类似于发达国家的富裕生活水平所需的最低人均基本生存碳排放可视为社会可接受的人均生存排放的上限,超过这一标准的排放都属于绝对的过度排放或奢侈排放。此排放量相当于在减排目标约束下,世界各国可允许的最高水平的基本生存排放量,超过此上限的国家不仅要承担历史排放责任,还要承担现实排放责任;而低于此上限的国家,在其排放增长达到此上限之前不应强制地承担历史和现实的责任。

发达国家目前的减排承诺和所采取的减排措施是以不降低其生活水准为前提的,因此当前发达国家普遍容易接受的减排方案是通过提高效率、采用低碳能源、碳中和等替代方式降低个人及社会排放水平,这种减排可以看作是其履行历史责任的具体体现。各发达国家在实现减排承诺后的温室气体排放量代表了其维持目前生活水平前提下社会可接受的碳排放量,因此,那些在实现减排目标后人均排放水平相对最低的国家的人均碳排放最接近于富裕生活水平的人均碳排放。基于此,选择现有社会经济技术条件下人均排放水平偏低且减排效果好、而生活水平较高的发达国家作为代表国家,计算其人均温室气体排放量,近似地作为维持发达国家目前生活水准所需的最低碳排放量,即人均基本生存碳排放量。

具体计算时,首先选取代表国家,这些国家代表了在目前(2005 年)技术条件和产业分工情况下,采取主要减排途径达到极限状态下人均温室气体排放的最低水平。然后,根据这些国家权威机构提出的 2020 年减排目标,计算其 2020 年的人均排放量,作为富裕生活水平的人均生存排放量。

1.5.3 代表国家的选取

1) 人均温室气体排放水平和减排效果

2005 年,附件 I 国家人均温室气体排放为 16.0 t CO_2 eq.[①],欧盟 15 国(原欧盟国家)人均温室气体排放为 11.5 t CO_2 eq.(表 1.6)。在附件 I(不含市场转型)国家中,有九个附件 I(不含市场转型)国家低于欧盟 15 国 11.5 t CO_2 eq. 的人均排放水平,其中瑞士、瑞典、葡萄牙、法国、意大利、西班牙、英国、奥地利均为欧盟国家,只有日本是非欧盟国家。挪威(11.6 t CO_2 eq.)和欧盟的德国(11.9 t CO_2 eq.)、希腊和丹麦(12.0 t CO_2 eq.)略高于欧盟平均水平;欧盟 15 国中高于欧盟平均水平、低于附件 I(不含市场转型)国家平均水平的还有荷兰和芬兰

---

① CO_2 eq. 表示二氧化碳当量(本书中当包含其他温室气体时用 CO_2 eq. 单位)

(13.0 t CO_2 eq.)、以及比利时(13.5 t CO_2 eq.)。爱尔兰、新西兰、加拿大、美国、澳大利亚和卢森堡等六个国家高于人均 16.0 t CO_2 eq. 平均水平；其中欧盟的卢森堡是人均排放量最高的国家,为 28.5 t CO_2 eq. 。

表 1.6　附件Ⅰ(不含市场转型)国家温室气体排放现状

	GHGs(不含.LUCLUCF,Gg CO_2 eq.)			变化率(%)	人口×10^3			人均 t CO_2 eq.	
	1990	2005	2008	1990—2008	2005	2008	2020	2005	2008
瑞士	52954	54011	53224	0.5	7437	7551	8039	7.3	7.0
瑞典	72438	67711	63963	−11.7	9024	9220	9787	7.5	6.9
葡萄牙	59292	86622	78381	32.2	10549	10608	10625	8.2	7.4
法国	566123	561094	531804	−6.1	60873	62277	64802	9.2	8.5
意大利	517049	572638	541485	4.7	58607	59375	60443	9.8	9.1
西班牙	285123	435112	405740	42.3	43398	44879	49173	10.0	9.0
日本	1268657	1354518	1281823	1.0	127773	127704	122676	10.6	10.0
英国	774680	658088	631733	−18.5	60226	61414	65175	10.9	10.3
奥地利	78171	92916	86641	10.8	8233	8301	8473	11.3	10.4
挪威	49747	53565	53706	8.0	4623	4768	5228	11.6	11.3
德国	1231753	977585	958061	−22.2	82469	82110	79396	11.9	11.7
希腊	103287	132828	126888	22.8	11104	11193	11410	12.0	11.3
丹麦	70289	65096	65132	−7.3	5416	5494	5622	12.0	11.9
荷兰	212003	212357	206911	−2.4	16320	16446	17018	13.0	12.6
芬兰	70357	68417	70126	−0.3	5246	5313	5480	13.0	13.2
比利时	143394	141464	133253	−7.1	10479	10626	11130	13.5	12.5
爱尔兰	54811	68821	67439	23.0	4159	4357	5026	16.5	15.5
新西兰	60774	76738	74659	22.8	4134	4228	4760	18.6	17.7
加拿大	591793	730967	734420	24.1	32312	33311	37220	22.6	22.0
美国	6111815	7104615	6924556	13.3	295561	304060	337538	24.0	22.8
澳大利亚	418372	527743	549540	31.4	20395	21432	24570	25.9	25.6
卢森堡	13118	13276	12494	−4.8	465	480	557	28.5	26.0
总计	12807990	14058187	13653987	6.6	880808	897155	946168	16.0	15.2
欧盟 15	4592089	4588852	4442950	−3.2	398733	405226	422234	11.5	11.0

数据来源：
(1) 温室气体历史排放数据：http://unfccc.int/ghg_data/ghg_data_unfccc/time_series_annex_i/items/3841.php
(2) 人口历史数据：http://data.worldbank.org/indicator/SP.POP.TOTL/countries/latest?display=default
注：表中排放量数据不包含非能源类产品进口环节产生的隐含温室气体排放数值。

根据各国向 UNFCCC 秘书处提供的温室气体排放清单(不计土地利用、土地利用变化和林业,即 LULUCF 的影响)计算(表 1.6),1990—2008 年,附件Ⅰ(不含市场转型)国家减排率居前列的 9 个国家依次为：德国(−22.2%)、英国(−18.5%)、瑞典(−11.7%)、丹麦(−7.3%)、比利时(−7.1%)、法国(−6.1%)、卢森堡(−4.8%)、荷兰(−2.4%)和芬兰(−0.3%)。上述国家中,除了丹麦(−21%)、卢森堡(−28%)、荷兰(−6%)没有达到欧盟分配的京都第一承诺期目标,其余 6 个国家均超额或基本接近减排目标。

在减排效果最好的 6 个国家中,德国(11.9 t CO_2 eq.)的人均排放量接近欧盟 15 国平均水平,芬兰(13.0 t CO_2 eq.)和比利时(13.5 t CO_2 eq.)高于欧盟 15 国平均水平,但低于附件Ⅰ(不含市场转型)国家平均水平。

综合考虑人均排放水平(低于 13.0 t CO_2 eq.)和 1990—2008 年减排率(超额或基本接近

减排目标)两个方面,最终确定 7 个国家作为代表国家,包括欧盟的德国、英国、法国、瑞典和芬兰 5 国,以及非欧盟的附件 I 国家中人均排放量偏低的挪威和日本。

2) 代表国家的能源利用水平和能源结构

对选定的德国、英国、法国、挪威、瑞典、芬兰和日本 7 国进一步分析其能源利用水平和能源结构状况(表 1.7)。从能源结构上,这 7 国可分为两组,一组为挪威、瑞典、芬兰、法国,低碳的能源结构特征比较突出,四个国家的化石燃料在能源消费结构中比例最低,不超过 60%,煤炭发电比例低于 10%;其余 3 国为另一组,化石燃料比重均在 80% 以上,其中德国、英国煤炭发电比例在 1/3 以上,日本约占 1/4 左右。

挪威、瑞典、芬兰的人均能源消耗量明显高于其他 4 个国家,瑞典和芬兰的能源强度甚至是 7 国中最高的,温室气体排放强度除了挪威、瑞典明显较低外,其他国家之间差异并不明显,但是挪威、瑞典、芬兰三国的民用能源减排效果非常突出,1990—2008 年之间,分别减少了 31.79%、63.31% 和 32.89%,2005 年人均民用能源温室气体排放量为 7 国中的最低,分别为 0.34、0.37 和 0.67 tCO_2 eq.。

从民用能源减排角度,还可将其余 4 国分为三类:(1)德国,民用能源减排明显,2008 年比 1990 减少 22.88%,但人均民用能耗排放为 7 国中的最高,为 1.84 tCO_2 eq.;(2)英国和法国民用能源碳排放有所增加,但人均民用能耗排放水平高;(3)日本,民用能源领域排放增加突出,高达 27.15%,但人均民用能耗排放水平较低。这说明前两类的 3 个国家民用领域能源利用效率欠佳,而日本则是民用领域化石能源利用效率高的国家。

3) 代表国家的高碳产业/产品结构调整

1990—2008 年间,钢铁、水泥等主要高碳产业排放结构也发生了一定的变化(表 1.8),一部分国家的碳排放变化与产业转移和产业内分工调整有一定关联,但并不是全部减排国家都如此。

① 钢铁业

挪威、瑞典、芬兰的钢铁工业温室气体排放明显上升,其中芬兰的排放增量最大。芬兰的钢铁业工业过程和能耗排放分别增加了 30.5% 和 30.7%,主要因为矿石烧结以及非焦炭类的钢铁业生产辅助材料排放大幅度增加;瑞典的钢铁工业过程排放基本不变(-0.7%),而能耗排放增加了 27.3%,其中生铁工业过程排放减小绝对量比例较大;挪威的钢铁工业过程排放增长了 67.9%,而能耗排放降低了 18.6%,其中生铁工业过程排放量增加明显。与此同时,英国钢铁工业能耗排放基本保持不变,虽然钢铁工业过程减排率较高(-38.5%),但绝对减排量很小;而德国、法国近二十年钢铁能耗和工业过程减排有所下降,尤其是法国能耗减排率为 28.3%。

从产量变化情况看,1990—2003 年德国、日本钢产量基本保持不变。日本 1990 年粗钢产量为 110.33Mt,2005 年为 112.08 Mt;法国 2005 年钢产量比 1990 年(19.2 Mt)增加 0.23 Mt;英国钢产量从 1990 年的 46.16 Mt 迅速下降至 2005 年的 13.25 Mt [①]。从粗钢及钢铁半

---

① http://www.stats.gov.cn/tjsj/qtsj/gjsj/2006/t20071105_402442328.htm

成品生产量变化情况看,1995—2007 年,德国下降了 69.4%,英国下降了 7.2%,芬兰下降了 94.2%,日本下降了 85.2%;法国增加了 6.4%,挪威增加了 40.2%[①]。

综上可以看出,7 个代表国家中,可从产业结构变化角度分为以下三种情况:(1)北欧三国属于钢铁产业扩张、排放增加类型,通过产业内分工调整,形成以瑞典为主要钢铁生产核心国,芬兰大幅度缩减钢和生铁生产,转为以钢铁辅助性材料生产为主,挪威生铁冶炼生产比重高的区域产业分工格局;(2)法国属于钢铁工业略有扩张、排放减小类型,实现钢铁业减排主要不是通过产业转移,而是与低碳能源利用有关;(3)日本、德国、英国钢铁业减排显然与其生产规模缩小、产业转移有关,日本钢铁业减排还与节能、钢铁生产工艺改进有关(Toru Ono Nippon Steel Corporation,2007)。尽管如此,日本和德国依然是国际上主要的钢铁生产大国,法国和英国的钢铁生产虽然与德国差距较大,但无论是钢产量还是粗钢及钢半成品产量仍然远远超过瑞典和挪威和芬兰。

② 水泥

1995—2007 年,瑞典水泥生产上升了 18.9%,芬兰上升了 92.8%[②],但生产规模远远小于德、日、英、法;1990—2005 年,德国水泥产量上升了 5.2%,法国下降了 6.8%,英国水泥产量下降了 29.1%,日本下降了 17.0%(国家统计局,2006)。日本、英国和法国实现了水泥产量和排放量双下降,瑞典水泥生产量和工业过程排放双上升,但德国和芬兰两国在水泥生产量上升的背景下,水泥工业过程排放量下降较明显,2008 年比 1990 年分别下降了 11.2% 和 13.0%。

综上所述,7 个代表国家中,除了水泥生产工艺改进因素以外,日本、英国、法国和瑞典水泥工业过程减排效果受产业转移因素不可忽视,而德国和芬兰可能还与水泥产业内分工(比如最主要的碳排放生产环节——熟料生产是否分离出去)有关。

4) 代表国家温室气体减排的基本特征

德国、英国、法国、日本、芬兰、挪威、瑞典 7 国温室气体排放总体偏低且 1990 年以来减排效果明显,其减排分别代表了目前技术条件和产业分工情况下,主要减排途径的极限状态。

① 瑞典和芬兰:在通过开发新能源与民用节能并重实现减排的同时发展工业。两国通过大量使用低碳能源、大幅减少民用能源消耗等途径,减少能源领域排放量,为其工业发展腾出更多排放空间,具体表现为主要高碳产品工业过程排放大幅增加,人均能源消耗量和能源强度高于其他国家,但人均民用能耗排放量、化石燃料消费比例很低。两国差异主要为芬兰的民用领域减排效果低于瑞典,工业排放增加更明显。

② 挪威:通过开发新能源与民用节能并重以及工业结构调整实现减排,但农业排放增加影响人均排放量,具体表现为人均能源消耗量高于其他国家,但人均民用能耗排放量、化石燃料消费比例很低。在北欧三国中,挪威是唯一实现工业过程减排的国家,工业过程排放减小幅度远高于德国,略低于英国和日本。与瑞典工业过程相比,挪威主要在金属生产(主要是铝生产和铝镁铸造过程)和减少哈龙以及 SF6 消费方面取得明显减排效果(图 1.16);与芬兰相比,

---

① 联合国数据中心:http://data.un.org/Data.aspx?q=steel+datamart%5bICS%5d&d=ICS&f=cmID%3a41120-0
② 中国科学院国家科学图书馆. 2010. 气候变化科学动态监测块报. 1—2 期.

挪威主要在金属生产(主要是铝生产和铝镁铸造过程)和化学工业(主要是硝酸生产)方面取得明显减排效果,这些差异主要是生产产品结构不同造成的。

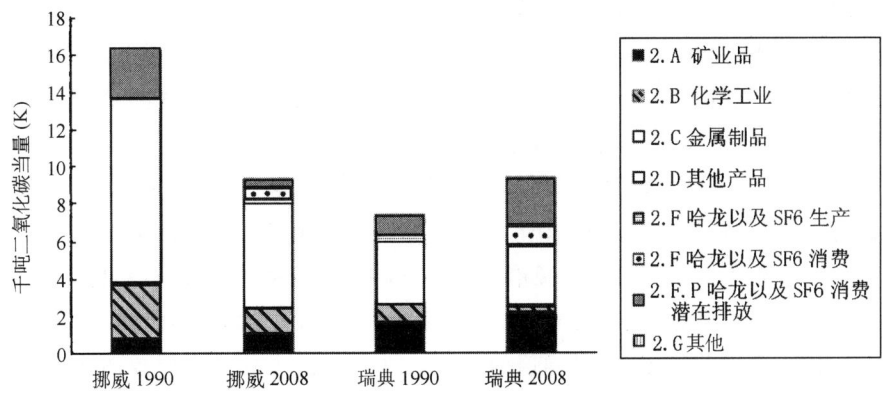

图1.16 挪威和瑞典工业过程温室气体排放量变化的对比

③ 法国:通过开发新能源与产业结构调整(主要是指水泥行业)实现减排。具体表现为人均民用能耗排放量高、能源强度高、化石燃料消费比例很低。由于新能源的大量使用,在一定程度上保证了法国钢铁业扩张的同时实现钢铁业的减排。

④ 德国:高碳能源结构下,通过产业结构调整、控制工业和民用领域能耗量、废弃物领域等多种途径实现减排,但民用能源利用效率较低。其中废弃物领域在减排中发挥了重要作用。1990—2008年,废弃物领域减排绝对量高于工业过程总减排量1.22倍,相当于能源工业减排量的47.9%,制造业和建筑能耗减排量的49.1%(表1.8)。

⑤ 英国:高碳能源结构下,通过产业结构调整、废弃物领域等多种途径实现减排。其中废弃物领域在减排中的作用更为突出。1990—2008年,废弃物领域减排绝对量高于工业过程总减排量19.8%,也高于制造业和建筑能耗减排量25.2%,相当于能源工业减排量的95.0%。与德国不同的是,英国消费领域能源增长削弱了总减排效果(表1.8)。

⑥ 日本:高碳能源结构和高能源利用率条件下,产业结构调整(高碳产业转移,或许还包括产业内分工转移排放)对工业领域减排作用不可忽视,主要工业品生产的工业过程减排量和减排率均远远高于制造业和建筑能耗减排量,但是因消费领域能源消耗迅速增长,明显增加碳排放(公共电力和热力生产能耗排放1990—2008年增加了33.0%),大大抵消了工业领域减排所取得的效果(表1.8)。

以上7国均在农业和废弃物领域实现减排。在农业领域,1990—2008年,英国(−21.2%)和日本(−17.5%)的减排率最高,挪威(−3.0%)和法国(−8.9%)最低;在废弃物领域,德国(−73.1%)和英国(−56.9%)减排率最高,法国(−17.7%)和日本(−21.6%)最低(表1.7)。

1.5.4 富裕生活水平的人均基本生存碳排放量

选择德国、英国、法国、日本、芬兰、挪威、瑞典七国作为代表国家,计算现有社会经济技术条件下七国的人均温室气体排放量,再根据各国2020年的减排目标扣除未来减排潜力,由此得到的人均温室气体排放量可作为现有社会经济技术水平下满足富裕生活需求的人均基本生存碳排放量。

根据 2005 年 UNFCCC 数据计算,七国当前人均温室气体排放量为 7.50~13.04 tCO_2 eq. 之间,平均为 10.7 CO_2 eq.,略低于 2005 年欧盟的人均温室气体排放量 11.5 tCO_2 eq.；人均排放最高的为芬兰,最低的为瑞典(表 1.7)。

按个人实际消费的能源和物品计算的人均温室气体排放包括家庭和政府公共消费两部分,根据 OECD 的个人实际消费(家庭+政府公共)占 GDP 的比例和依据 UNFCCC 数据计算的单位 GDP 温室气体排放数值,估算出七个代表国 2005 年基于个人实际消费的人均温室气体排放在 5.09~8.65 tCO_2 eq. 之间,七国差别不大,平均值为 7.50 tCO_2 eq.。个人实际消费人均排放最高为芬兰,其次是英国和德国,瑞典的个人实际消费人均排放最低(表 1.7)。

按民用能源消耗计算人均民用能源消耗温室气体排放包括居民、商业和机构消费三部分,根据 2005 年 UNFCCC 数据计算,民用(居民+商业+机构)的能源燃烧排放人均在 0.34~1.84 CO_2 eq. 之间,7 国差别较大,平均值为 1.57 tCO_2 eq.。人均民用能源消耗温室气体排放最高为德国,其次为英国、法国,最低为挪威和瑞典(表 1.7)。

IPCC 和 UNFCCC 专家组引用各项研究数据提出,到 2020 年发达国家在 1990 年基础上减排 25%~40%[①]。鉴于七国人口增长基本趋于稳定,日本、德国等个别国家略有下降(表 1.8),根据世界银行的 2020 年人口预测值,假设不考虑碳汇因素,即排放总量不包括 LULUCF 影响,计算 2020 年 7 国实现减排目标后的人均排放量,平均为 8.1 tCO_2 eq.(表 1.9)。需要说明的是,由于所采用的 UNFCCC 温室气体排放数据基于排放源统计,其中虽然包括了用于生产和生活消费的进口能源排放量,但不包括隐含于产品进口的温室气体排放量,因此该计算结果可能比七国实际消费的人均温室气体排放量要低。

七个代表国家实现 2020 年减排目标后的平均人均排放量(8.1 tCO_2 eq.)综合考虑了现有生产和新能源等技术水平、产业结构调整等因素(未考虑非能源类商品国际贸易因素),相当于为维持目前世界发达国家的平均生活水平,在现有可预期的技术水平下所必需的碳排放水平。从人人都享有同等生活标准的人权保障理念出发,8.1 tCO_2 eq. 这一人均温室气体排放量可近似地作为未来(2020—2050 年)人均基本生存碳排放水平的上限。这一温室气体排放量包含了 CH_4 和 N_2O 等非 CO_2 的排放,但不包括土地利用变化(LULUCF)造成的排放。就全球平均而言,2004 年非 CO_2 排放占总排放的 23.3%,毁林等 LULUCF 排放占 17.3%(IPCC,2007c),以 LULUCF 排放冲抵非 CO_2 排放后,在 8.1 tCO_2 eq. 中 CO_2 的排放约占 94%,以此比例换算为碳排放为 7.61 tCO_2,即 2.08 tC。

1.5.5 富裕生活水平人均基本生存碳排放趋同的路径

以上根据目前典型发达国家的平均水平估算的人均基本生存碳排放代表了富裕生活标准下的社会可接受排放水平。地球上每一个公民享有同等生活标准,平等地分享温室气体排放权是人类基本人权的具体表现。依平等和公平的原则,生活水平较高的发达国家很难放弃已经形成的生活方式,而生活水平低的国家肯定不会满足现状,而要比照现实中较高生活标准,我们也没有权利限制这种"攀比"。根据全球公共物品使用的"零和"原则和防止"伤害"原

---

① 中科院国家科学图书馆。气候变化科学动态监测快报 2010 年第 1~2 期。

第1章 全球气候变化与碳排放

表1.7 7个代表国家2005年温室气体排放及经济特征

	指标	德国	英国	法国	挪威	瑞典	芬兰	日本
温室气体排放特征 宏观经济	人均GHG排放(t CO₂ eq.，不含LULUCF)	11.85	10.93	9.22	11.59	7.50	13.04	10.60
	人均GHG排放(t CO₂ eq.，含LULUCF)	12.28	10.90	8.07	5.95	5.25	6.78	9.95
	GHG排放强度(t CO₂ eq./千美元2005年GDP现价)	0.35	0.29	0.26	0.18	0.18	0.35	0.30
	碳生产率(美元/t CO₂ eq.，2005年GDP现价)	2.85	3.46	3.83	5.64	5.41	2.86	3.36
	单位工业增加值GHG排放(t CO₂ eq.)	0.69	0.61	0.43	0.20	0.29	0.64	0.62
消费	人均民用能源消耗GHG排放(t CO₂ eq.)	1.84	1.77	1.62	0.34	0.37	0.67	1.40
	个人实际消费折算GHG排放(t CO₂ eq.)	8.31	8.47	6.66	6.43	5.09	8.65	7.12
能源利用水平	能源强度(千克石油当量/千美元，2005 PPP不变价)	130.89	113.14	145.19	129.14	176.81	211.31	133.98
	能源生产率(美元/千克石油当量2005 PPP不变价)	7.64	8.84	6.89	7.74	5.66	4.73	7.46
	人均能源消耗量(千克石油当量)	4106.92	3698.49	4458.61	6109.06	5714.29	6473.95	4061.09
能源结构	替代能源和核能占总能耗比例(%)	13.85	9.86	45.1	41.46	48.89	21.39	17.29
	可再生和废物燃料占总能耗比例(%)	3.85	1.65	4.68	4.64	17.38	20.17	1.36
	煤炭发电比例(%)	49.84	34.47	5.37	0.1	0.89	10.18	27.89
	化石燃料消费比例(%)	82.38	88.17	52.13	57.45	33.81	49.08	81.36
产业结构	工业增加值占GDP比例(%)	29.20	23.40	20.70	42.90	27.70	31.40	30.50
	出口货物和服务占GDP比例(%)	41.10	26.40	26.10	44.60	48.70	41.80	14.30
主要领域排放变化	工业领域GHG排放变化(%)	−19.34	−17.17	−8.99	8.86	3.49	4.93	3.39
	其中：工业过程GHG排放变化(%)	−15.82	−46.83	−26.72	−26.56	10.63	22.50	−41.78
	民用能耗GHG排放变化(%)	−22.88	0.40	11.25	−31.79	−63.31	−32.89	27.15
	林业碳汇去除量占GHG比例(%，不含LULUCF)	6.8	2.4	14.7	53.9	38.5	57.0	6.5

数据来源：(1) 环境、经济指标(含能源)：世界银行 http://databank.worldbank.org 和 http://data.worldbank.org/indicator

(2) 工业和民用领域温室气体(GHG)排放数据来自：UNFCCC http://unfccc.int/ghg_data/items/3800.php；个人实际消费占GDP比例：OECD http://stats.oecd.org/index.aspx

表 1.8 1990—2008 年代表国家分行业温室气体排放变化(不含 LULUCF) 单位:Gg CO_2 eq.

分 类	德国 变化量	德国 变化率(%)	英国 变化量	英国 变化率(%)	法国 变化量	法国 变化率(%)	挪威 变化量	挪威 变化率(%)	瑞典 变化量	瑞典 变化率(%)	芬兰 变化量	芬兰 变化率(%)	日本 变化量	日本 变化率(%)
1.A.1 能源工业	−62105.9	−14.8	−31704.3	−13.2	−2519.0	−3.8	85.3	0.9	85.3	0.9	5094.0	26.5	96476.8	29.7
1.A.1.A 公共电力和热力生产	−17336.1	−5.1	−31517.7	−15.2	−1587.9	−3.3	−350.3	−4.5	−350.3	−4.5	4593.0	27.7	98217.2	33.0
1.A.1.B 炼油	1545.6	7.7	−3036.4	−16.5	495.0	3.7	418.9	23.3	418.9	23.3	513.4	22.5	−1693.1	−10.6
1.A.1.C 固体燃料生产及其他能源工业	−46315.4	−77.4	2849.8	20.2	−1426.1	−28.1	16.6	5.5	16.6	5.5	−12.3	−3.5	−47.3	−0.4
1.A.2 制造业和建筑	−60251.3	−38.6	−24058.3	−23.8	−11641.0	−13.3	−64.4	−1.8	−1594.8	−13.0	−2573.2	−19.3	−34225.1	−9.2
1.A.2.A 钢铁	−1234.1	−9.7	−6.2	0.0	−5512.6	−28.3	−20.0	−18.6	451.6	27.3	767.1	30.7	−6346.6	−4.2
1.A.2.B 非金属加工	−1423.1	−87.9			−998.5	−34.5	−63.7	−23.7	−41.8	−32.3	−233.4	−69.0	−3799.3	−61.8
1.A.2.C 化学工业	23.8	334.1			−2286.1	−11.4	222.8	18.6	277.3	23.8	−362.7	−27.5	−11288.6	−17.4
1.A.2.D 纸浆、造纸和印刷	−1862.2	−92.2			−775.7	−14.7	84.6	31.9	−638.4	−27.4	−1474.7	−27.1	−2812.9	−10.8
1.A.2.E 食品加工、饮料和马铃薯					2414.5	26.7	−106.2	−22.7	−467.6	−48.3	−667.0	−80.9	−4321.6	−32.9
1.A.2.F 未分类制造业和建筑	−55754.9	−39.9	−17878.0	−23.4	−4482.7	−14.7	−182.0	−13.4	−1175.9	−19.5	−602.5	−20.5	−5656.0	−5.0
2 工业过程	−13332.86	−11.28	−25146.79	−46.58	1960.28	38.66	−4767.41	−34.84	528.19	8.43	1960.28	38.66	−57337.62	−43.23
2.A 矿产加工	−2313.8	−10.3	−2023.2	−19.9	−2886.5	−17.6	309.6	43.8	437.9	25.4	−18.8	−1.5	−10012.7	−17.4
2.A.1 水泥生产	−1701.7	−11.2	−2092.7	−28.7	−2069.2	−18.9	198.4	31.3	153.0	12.0	−95.3	−13.0	−9969.9	−26.3
2.A.2 石灰生产	−474.2	−7.7	−315.7	−26.5	−101.3	−4.0	95.8	205.3	239.2	81.2	56.9	14.9	−390.4	−5.3
2.A.3 石灰岩和白云岩使用			284.4	22.1	−470.0	−35.8	15.3	64.6	39.2	43.4	37.3	42.4	621.1	5.4
2.A.4 纯碱生产和使用	−137.9	−11.2	56.2	33.6	−72.5	−11.6	0.1	5.4	−18.6	−91.5	3.1	37.0	−273.4	−47.0
2.A.7 其他	−11250.8	−33.1	44.7	22.0	−173.5	−18.3	−328.3	−80.5	25.2	57.4	−2.2	−10.5		
2.B 化学工业	−181.0	−4.2	−22236.7	−80.3	−21382.2	−75.5	−1587.1	−53.2	−570.4	−62.8	436.1	24.5	−8923.0	−68.5
2.B.1 氨水生产	−545.0	−16.1	−213.7	−16.2	−1104.9	−36.4	−137.9	−27.6	−545.3	−67.0	−1394.9	−41.2		
2.B.2 硝酸生产	−13302.3	−70.7	−2439.7	−62.5	−3802.0	−57.9	−1139.3	−54.9	18.3	433.4	−95.2	−5.7	−263.0	−34.3
2.B.3 己二酸生产	−421.6	−95.1	−19790.3	−95.4	−13342.7	−90.1							−6741.8	−89.9
2.B.4 碳化物生产									−9.2	−35.9	575.3	707.2	0.2	57.1
2.B.5 其他	3199.2	45.1	206.5	11.9	−2973.9	−79.8	−4250.5	−43.1	−224.8	−6.5	588.1	30.4	−232.0	−68.7
2.C 金属生产	−8042.2	−15.3	−311.5	−73.1	−3403.0	−45.2					462.5	123.2		
2.C.1 钢铁生产	−5143.3	−10.6			−106.5	−3.4	143.5	67.9	−16.5	−0.7	592.1	30.5	−203.1	−54.7

续表

分类	德国 变化量	德国 变化率(%)	英国 变化量	英国 变化率(%)	法国 变化量	法国 变化率(%)	挪威 变化量	挪威 变化率(%)	瑞典 变化量	瑞典 变化率(%)	芬兰 变化量	芬兰 变化率(%)	日本 变化量	日本 变化率(%)
2.C.1.1 钢	−5141.1	−10.6	−14.5	−38.5	−332.4	−20.3	16.5	152.3	40.5	26.0				
2.C.1.2 生铁					180.7	14.9	127.0	63.4	−57.8	−2.5	4.4	76.8		
2.C.1.3 烧结矿											−0.5	−15.6		
2.C.1.4 焦炭			708.4	37.8										
2.C.2 铁合金生产	−426.3	−99.4			−2835.2	−79.5	−306.9	−12.0	−49.6	−20.3			−1.6	−40.6
2.C.3 铝生产	−2425.8	−69.3			−539.2	−66.6	−1884.1	−39.3	−172.5	−33.8				
2.C.4 铝镁铸造	−46.8	−26.5	−1161.6	−65.1					23.9	100.1				
2.C.5 其他					−10.4	−10.3	−59.1	−38.6	−10.3	−4.3	−0.1	−31.8		
4.农业	−11842.3	−15.2	−11814.5	−21.2	−9585.4	−8.9	−134.5	−3.0	−1045.5	−11.0	−782.2	−11.8	−5469.9	−17.5
4.A 肠道发酵	−6659.3	−25.4	−2996.3	−16.2	−2411.4	−7.7	−81.5	−4.1	−345.1	−11.3	−362.4	−18.9	−731.8	−9.5
4.B 粪肥管理	−1144.5	−12.5	−1384.4	−22.0	−488.3	−2.3	9.5	2.2	−136.4	−12.7	−11.9	−1.7	−1532.0	−17.8
4.C 水稻种植					−10.4	−10.3					0.0	0.0	−1346.0	−19.3
4.D 农业土壤	−4038.5	−9.5	−7084.7	−23.3	−6675.4	−11.9	−38.5	−1.9	−564.0	−10.5	−406.2	−10.2	−1790.9	−22.8
4.E 法定稀硫草原燃烧														
4.F 秸秆燃烧							−24.1	−78.5	−1.8				−69.3	−32.9
6.废弃物	−29564.5	−73.1	−30126.7	−56.9	−2250.1	−17.7	−604.5	−33.2	−1381.9	−44.3	−1772.9	−44.6	−5511.7	−21.6
6.A 陆地固废处理	−28392.0	−79.1	−29528.3	−59.3	−2440.0	−2.4	−629.7	−37.4	−1408.7	−49.0	−1782.2	−49.0	−4036.2	−52.9
6.B 废水处理	−2040.1	−45.8	316.5	18.2	242.6	12.0	25.3	18.5	−56.4	−27.8	−67.4	−22.7	−908.9	−26.7
6.C 废物焚烧			−915.0	−65.9	−422.3	−18.7	−0.1	−37.0	83.2	185.3			−398.0	−2.9

数据来源：UNFCCC http://unfccc.int/ghg_data

表 1.9　七个代表国家的减排目标及减排后人均温室气体排放水平（不含 LULUCF）

	GHGs 排放（不含 LULUCF Gg CO_2 eq.）			GHGs 排放估算值（不含 LULUCF, Gg CO_2 eq.）	变化率（%）	减排目标（%）	人口（×10^3 persons）			人均 GHGs 排放 t CO_2 eq.		
	1990	2005	2008	2020	1990—2008	1990—2020	2005	2008	2020	2005	2008	2020
芬兰	70357	68417	70126	56285.6	−0.3	−20.0	5246	5313	5480	13.0	13.2	10.3
法国	566123	561094	531804	509510.7	−6.1	−10.0	60873	62277	64802	9.2	8.5	7.9
德国	1231753	977585	958061	739051.8	−22.2	−40.0	82469	82110	79396	11.9	11.7	9.3
日本	1268657	1354518	1281823	951492.8	1.0	−25.0	127773	127704	122676	10.6	10.0	7.8
挪威	49747	53565	53706	32335.5	8.0	−35.0	4623	4768	5228	11.6	11.3	6.2
瑞典	72438	67711	63963	60123.5	−11.7	−17.0	9024	9220	9787	7.5	6.9	6.1
英国	774680	658088	631733	511288.8	−18.5	−34.0	60226	61414	65175	10.9	10.3	7.8
7 国汇总	4035745	3742983	3593224	2862109	−11.0	−29.1	350237	352809	354564	10.7	10.2	8.1
欧盟 15 国	4592089	4588852	4442950	3214462	−3.2	−30.0	398733	405226	422234	11.5	11.0	7.6
				3673671		−20.0						8.7

数据来源：
(1) 温室气体历史排放数据. http://unfccc.int/ghg_data/ghg_data_unfccc/time_series_annex_i/items/3841.php
(2) 人口历史数据. http://data.worldbank.org/indicator/SP.POP.TOTL/countries/latest?display=default
(3) 人口预测数据：世界银行网页：Data/Data Catalog；见 http://data.worldbank.org/data-catalog? display=default, Databases | Tables/ Population Projection Tables
(4) 代表国家的预期减排目标：

1) 芬兰：依据 Finnish Association for Nature Conservation 的预测：The use of peat for energy must be stopped by 2020. Peat causes even more CO_2 emissions than coal. Peat use has devastating effects for nature and lake and river systems. If peat would be replaced by renewable energy sources, Finland's CO_2 emissions on energy sector would drop 20%. 见 http://www.sll.fi/luontojaymparisto/energiajailmastonmuutos/energy-and-climate-statements

2) 法国：依据路透社，2007 年 10 月 8 日报道法国官方指定研究机构研究结果：France is unlikely to meet its target of a fourfold reduction in emissions of carbon dioxide by 2050, according to a report by a government—appointed commission, business daily La Tribune…The report into French energy perspectives up to 2050, due to be published this week, will say the best that can be expected is a reduction by 2.1 or 2.4 times, La Tribune said in an article from its Tuesday edition issued ahead of publication. …Under an energy law of July 2005, France committed to a fourfold reduction in emissions of greenhouse gases over the decades to 2050. 见 http://www.enn.com/top_stories/article/23713. 根据哥本哈根会议前欧盟公布的新减排目标建议：在 1990 年基础上，到 2020 年减排 20%~30%,2050 年减排 80%。法国相当于将欧盟的共同目标打了对折，本文取低值的一半进行估算

3) 德国：依据路透社，2010 年 1 月 11 日报道，Germany will stick to a more ambitious goal of cutting greenhouse gas emissions by 40 percent by 2020 even though the UN climate conference in Copenhagen fell short of expectations, a government adviser said on Monday. …Germany had hoped that its offer to raise its 2020 target from 30 to 40 percent, combined with an EU offer to raise its goal from 20 to 30 percent of other nations pledged substantial cuts, would spur a deal on worldwide reductions in Copenhagen. http://www.reuters.com/article/idUSTRE60A4D020100111

4) 日本、挪威、哥本哈根会议全文附件 1"与各方承诺减排信息"。易碳网（中国低碳网）. http://zhiku.ditan360.com/dag/8040.html

5) 瑞典：The (European) Commission called on Sweden to reduce its carbon dioxide emissions by 17 percent and increase its use of renewable energy sources to 49 percent by 2020. With 2005 as the base year, Sweden had expected the Commission's renewable energy demands to exceed 50 percent as it strives to agree on legislation to reduce EU−wide e−missions by 20 percent by 2020 compared to 1990 levels. http://www.thelocal.se/9749/20080123/ released by 23 Jan 08. 本文取最小值 17%

6) 英国：根据中国能源网转引自科技部网站 2010−08−11 新闻：英国气候变化委员会声明表示，如果英国希望实现 2020 年前减排 34% 的目标，就必须尽快采取相应措施，并制定新的减排政策。见 http://www.china5e.com/show.php? contentid=119534

则,未来(2020—2050年)不同发展水平的国家可以人均 8.1 tCO_2 eq. 的基本生存排放量可作为基准,实现碳排放的趋同。高于责任基准的国家应毫无条件地承担起相应的现实减排责任,让出多占用的温室气体排放份额;而人均排放低于此基准的国家无需承担现实责任,且其发展权尤其是生存权应得到保障,并允许其通过提升发展质量(提高碳生产率或降低碳排放强度)控制碳排放增速,实现发展。

发达国家在 2020 年以后的排放应不高于人均 8.1 tCO_2 eq. 的基本生存排放水平。按照 2005 年的人均排放量,目前附件 I 国家(不含转型国家)除了瑞士、瑞典和葡萄牙以外,其他国家都需要无条件承担减排责任。为此,附件 I 国家(不含转型国家)总体的人均排放量(16.0 tCO_2 eq.)应减少约 50%,其中欧盟 15 国(11.5 tCO_2 eq.)应减排约 30%,人均排放量最高的卢森堡应减排 71.5%,美国应减排约 2/3,加拿大和澳大利亚分别应减排 64.2% 和 68.7%。

对发展中国家而言,人均 8.1 tCO_2 eq. 的基本生存排放水平应作为其在 2006—2050 年期间的期望目标。尽管许多发展中国家受经济发展阶段和经济发展水平的限制,2050 年以前实际的人均排放可能尚达不到这一水平,但作为一种现实的权利应得到保障。对于其中部分处于经济快速增长的发展中国家,考虑到在快速经济增长阶段必然经历高排放阶段,应允许其在经济发展的高峰期短时期内超过人均 8.1 tCO_2 eq. 的基本生存排放水平,然后再逐步降低到人均 8.1 tCO_2 eq. 的基本生存排放水平,但在 2006—2050 年间的人均累计排放不应超过其在此期间人均累计的排放权,即 364.5 tCO_2 eq.。对发展中国家 2006—2050 年的排放峰值亦可参照目前(2005年)7 个代表国家的平均排放水平(10.7 tCO_2 eq.)或欧盟的平均水平(11.5 tCO_2 eq.)进行限定。

在以上讨论中未考虑森林碳汇的去除作用和国际贸易中的转移排放等因素,如果国际社会在上述方面达成共识,则可以根据相关共识对各国具体的人均排放水平做相应的调整。如,有森林碳汇的国家可以冲抵其部分排放从而获得更大排放空间,各国在国际贸易中净进口隐含碳的部分亦应算做其排放,而各国净出口隐含碳的部分应从其排放中扣除。

确定人均温室气体排放量既要考虑社会可接受程度,也要考虑自然可承受。以上根据目前典型发达国家的平均水平估算的人均基本生存碳排放代表是一种社会可接受的排放水平,尽管由于各国社会发展阶段的不同实际的排放并非人人都达到如此水平,但以此为限制标准的总排放量可能超出根据气候系统稳定需求估算的人均排放水平,人类需要对此作出权衡,特别是需要通过技术进步和人类保护气候意识真正转化为社会集体行动,进一步降低人均社会生存排放水平,使其接近维持气候系统稳定的人均排放水平。

主要参考文献

陈泮勤. 2004. 地球系统碳循环. 北京:科学出版社.

丁仲礼,傅伯杰,韩兴国等. 2009a. 中国科学院"应对气候变化国际谈判的关键科学问题"项目群简介. 中国科学院院刊,**24**(1):8-17.

丁仲礼,段晓男,葛全胜等. 2009b. 2050 年大气 CO_2 浓度控制:各国排放权计算. 中国科学(D 辑),**39**(8):1009-1027.

丁仲礼,段晓男,葛全胜等. 2009c. 国际温室气体减排方案评估及中国长期排放权讨论. 中国科学(D 辑:地球科学),**39**(12):1659-1671.

葛全胜,方修琦. 2010. 科学应对气候变化的若干因素及减排对策分析. 中国科学院院刊,**25**(1):32-40.

葛全胜,方修琦,程邦波. 2010a. 气候变化政治共识的确定性与科学认识的不确定性. 气候变化研究进展,**6**(2):152-153.

葛全胜,王绍武,方修琦. 2010b. 气候变化研究中若干不确定性的认识问题. 地理研究,**29**(2):191-203.

刘燕华,葛全胜,何凡能. 2008. 应对国际CO_2减排压力的途径及我国减排潜力分析. 地理学报,**63**(7):675-682.

秦大河,陈振林,罗勇等. 2007. 气候变化科学的最新认知. 气候变化研究进展,**3**(2):63-73.

王芳,葛全胜,陈泮勤. 2009. IPCC评估报告气温变化观测数据的不确定性分析. 地理学报,**64**(7):828-838.

王金南,葛察忠,高树婷等. 2006. 环境税收政策及其实施战略. 北京:中国环境科学出版社,147-149.

王伟中,陈滨,鲁传一等. 2002.《京都议定书》和碳排放权分配问题. 清华大学学报(哲学社会科学版),**17**(6):81-85.

张志强,曲建升,曾静静. 2008. 温室气体排放评价指标及其定量分析. 地理学报,**63**(7):693-702.

张志强,曲建升,曾静静等. 2009. 温室气体排放科学评价与减排政策. 北京:科学出版社.

中国国家统计局. 2006. http://www.stats.gov.cn/tjsj/qtsj/gjsj/2006/t20071105_402442333.htm.

Allison I, Bindoff N L, Binaschadler R A, et al. 2009. The Copenhagen Diagnosis: Updating the World on the Latest Climate Science. The University of New South Wales Climate Change Research Centre (CCRC), Sydney, Australia.

Baslar K. 1998. The Concept of the Common Heritage of Mankind in International Law. The Hague: Martinus Nijhof.

Bastianoni S, Pulselli F M, Tiezzi E. 2004. The problem of assigning responsibility for greenhouse gas emissions. *Ecological Economics*, **49**:253-257.

Bromley D W. 1991. Comment: testing for common versus private property. *Journal of Environmental Economics and Management*, **21**:92-96.

CDIAC. 2010. [2010-06-08]. Fossil-fuel CO_2 emissions. http://cdiac.ornl.gov/trends/emis/meth_reg.html.

Douglass D H, Christy J R, Pearson B D, et al. 2007. A comparison of tropical temperature trends with model predictions. *Int. J. Climatology* (Royal Meteorol Soc), DOI:10.1002/joc.1651.

Gallego B, Lenzen M. 2005. A consistent input-output formulation of shared consumer and producer responsibility. *Economic Systems Research*, **17**(4):365-391.

Global Carbon Project (GCP). 2003. Science Framework and Implementation. Global Carbon Project Report No. 1.

IEA. 2005. [2009-06-18]. Energy Statistics Manual. http://www.iea.org/chinese/publications.html.

IEA. 2009. Energy Balances of OECD Countries 2006-2007. Paris, France: IEA/OECD.

IPCC. 2007a. Climate Change 2007: The Physical Science Basis. New York: Cambridge University Press.

IPCC. 2007b. Climate Change 2007: Synthesis Report. Contribution of Working Groups I, II and III to the Fourth Assessment Report of the Intergovernmental Panel on Climate Change [Core Writing Team, Pachauri, R. K and Reisinger, A. (eds.)]. IPCC, Geneva, Switzerland, 1-104.

IPCC. 2007c. Climate Change 2007: Mitigation. Contribution of Working Group III to the Fourth Assessment Report of the Intergovernmental Panel on Climate Change [B. Metz, O. R. Davidson, P. R. Bosch, R.

Dave, L. A. Meyer (eds)], Cambridge University Press, Cambridge, United Kingdom and New York, NY, USA.

Khrushch M. 1996. Carbon Emissions Embodied in Manufacturing Trade and International Freight of The Eleven OECD Countries. University of California at Berkeley, Berkeley.

Knight J, Kennedy J J, Folland C, et al. 2009. Do global temperature trends over the last decade falsify climate predictions? Instate of the climate in 2008. *Bull. Amer. Meteor. Soc.*, **90**(8): S22-23.

Leigh R. 2008. Allocating the Global Commons: Theory and Practice. In: Steve V. Political Theory and Global Climate Change. The MIT Press. 7.

Lenzen M. 1998. Primary energy and greenhouse gases embodied in Australian final consumption: an input-output analysis. *Energy Policy*, **26**(6): 495-506.

Lenzen M, Murray J, Sack F, et al. 2007. Shared producer and consumer responsibility -theory and practice. *Ecological Economics*, **61**: 27-42.

Munksgaard J, Pedersen K A. 2001. CO_2 accounts for open economies: producer or consumer responsibility? *Energy Policy*, **29**(4): 327-335.

Peters G P. 2008. From production-based to consumption-based national emission inventories. *Ecological Economics*, **65**: 13-23.

Peters G P, Hertwich E G. 2008a. Post-Kyoto greenhouse gas inventories: production versus consumption. *Climatic Change*, **86**(1-2): 51-66.

Peters G P, Hertwich E G. 2008b. CO_2 embodied in international trade with implication for global climate policy. *Environment Science & Technology*, **42**(5): 1401-1407.

Rhee H C, Chung H S. 2006. Change in CO_2 emission and its transmissions between Korea and Japan using international input-output analysis. *Ecological Economics*, **58**: 788-800.

Richardson K, Steffen W, Schellnhuber H J, et al. 2009. 'Climate Change: Global Risks, Challenges & Decisions' Synthesis Report. Copenhagen. http://climatecongress.ku.dk/pdf/synthesisreport/.

Schaeffer R, Leal de Sá A. 1996. The embodiment of carbon associated with Brazilian imports and exports. *Energy Conversion and Management*, **37**(6-8): 955-960.

Stern N. 2007. The Economics of Climate Change: the Stern Review. New York: Cambridge University Press.

Vanderheiden S. 2008. Political Theory and Global Climate Change. The MIT Press. 45.

Tans P. 2010. Monthly Mean Atmospheric Carbon Dioxide at Mauna Loa Observatory, Hawaii. NOAA/ESRL. http://www.esrl.noaa.gov/gmd/ccgg/trends/.

Toru Ono Nippon Steel Corporation. 2007. Challenges for GHG Reduction in Steel Industry. Nippon Steel Corporation. http://www.rite.or.jp/Japanese/kicho/sympo07/3_ono.pdf.

WMO. 2009. WMO Greenhouse Gas Bulletin. http://www.wmo.int/pages/prog/arep/gaw/ghg/GHGbulletin.html.

Wyckoff A W, Roop J M. 1994. The embodiment of carbon in imports of manufactured products: implications for international agreements on greenhouse gas emissions. *Energy Policy*, **22**(3): 187-194.

第 2 章 中国碳排放的历史演变*

中国是一个农业历史悠久,工业发展起步较晚的发展中国家,对中国历史时期的碳排放进行评估,是一项有科学意义的工作,但因研究立场的不同、数据和方法的差别,研究结果往往存在较大差别。如 Houghton 和 Hackler 在 2003 年根据国内外关于中国历史土地利用研究的有关数据估算了中国土地利用与土地覆被变化以及化石燃料消费引起的碳排放量,认为中国土地利用与土地覆被变化引起的碳排放呈先逐渐增多后又逐渐减小的趋势;1850 年至 2005 年间,中国土地利用与土地覆被引起的碳排放量累计约为 22.96 GtC,占世界总排放量的 16.8% 左右。但上述研究因作者对基础数据的掌握不够而存在很大的不确定性,本文作者根据历史文献数据对中国过去 300 年间土地利用与土地覆被变化引起的碳排放过程开展的初步评估结果显示,该过程导致的碳排放量的估算值仅为 6.18 GtC。

本章主要从三个方面论述中国碳排放的历史演变。首先,概述历史时期中国土地利用与土地覆被变化的历史过程及其引起的碳排放,这是分析我国作为农业大国碳排放历史演变的基础科学问题。其次,分析中国化石燃料消费引起的碳排放过程,在 20 世纪 70 年代之后,这是我国碳排放的主体。最后,将两者结合起来,综合评估了过去 300 年间中国碳排放的历史过程,并与世界其他主要国家和地区的情况进行了对比。

2.1 过去 300 年土地利用与土地覆被变化引起的碳排放

土地利用是人类活动(人为耕种、固体废弃物排放和燃料燃烧、裸地开荒、化肥使用、农作物种植、放牧等)将自然生态系统转化为人工生态系统的过程,对陆地生态系统碳源、汇以及碳循环的动态都产生重要影响。过去 300 年间,随着世界人口的增长、人类消费水平的提高,以及科学技术的进步,人类改造自然的能力不断提高,程度显著增强,耕地面积空前扩大,自然植被覆盖急剧减少(Ramankutty and Foley,1999;Goldwijk,2001)。土地利用与土地覆被变化改变地表植被覆盖,使陆地生态系统碳储量随之发生显著变化,是近 300 年来全球环境变化的重要组成部分和主要原因之一(葛全胜等,2008)。土地利用与土地覆被变化引起碳排放有很多估算方法,但是一般来说,通过重建历史时期不同土地利用类型的覆盖面积,再根据不同土地利用类型的地上和地下生物量碳密度进行推算是一种最基本的解决途径。

2.1.1 近 300 年中国土地利用与土地覆被变化

耕地是人们垦殖活动中所形成的具有特殊用途的土地,是人为活动影响最大的土地利用类型之一,其特征和动态是土地利用与土地覆被变化的重要内容。我国作为一个农业历史悠

---

* 执笔:葛全胜、戴君虎、肖树芳、王焕炯。

久的国家,耕地一直是维持人口增长的主要载体。近300年来,中国土地利用与土地覆被变化较为明显,各种土地利用类型都发生了很大变化。其中,林地和耕地变化无疑是该时段中国土地利用与土地覆被变化的最主要内容之一,而且这两类土地利用类型的变化与陆地生态系统碳循环关系也最为密切。从变化过程看,在很多地区和时段,林地和耕地变化都表现出此消彼长的趋势(葛全胜等,2008)。

笔者等对中国历史时期土地利用与土地覆被变化进行的一系列研究表明(葛全胜等,2003,2008;葛全胜和戴君虎,2005;何凡能等,2007),过去300年间,各时期土地数据结构非常复杂,数据来源多样。清时期(1661—1911年)的土地数据主要来自清朝官修正史、地方志、类书、游记、文人笔记、官府文书和名家文集等资料。此外,李文治、凌大燮、樊宝敏、陈嵘、马忠良等学者的研究成果对研究清时期的土地利用与土地覆被变化有较大帮助;民国时期(1912—1949年)的土地数据主要采用了国民政府相关部门与金陵大学农业经济系的调查统计数据和相关农户访问问卷;现代部分(1949年以后)的耕地数据主要采用由国家统计局发布的各省系列耕地面积数据。上述数据的处理过程中,主要采用了类比法与代用资料法,以及断面定量比较与多时段数据整合的信息对称校正法,最终将不同时期、不同类型和不同性质的各种土地利用、农业垦殖等数据同化、加工成一组计量一致、性质相同的数据系列。

1) 耕地和林地的变化趋势

过去300年中,中国耕地面积有持续、快速增长的变化趋势(图2.1)。特别是在20世纪中叶以前,这种趋势更为明显(葛全胜等,2003)。顺治十八年(1661年)中国十八行省的耕地面积约为53.24×10^6 hm^2;咸丰年间(1821年),由于人口的增加,农业垦殖也在这一时期达到顶峰,十八省的耕地面积达到77.75×10^6 hm^2。该时期耕地面积的增加与政府放宽深山老林的封育禁令以及新品种的引进有密切关系(赵冈,1996)。19世纪中叶之后至新中国成立阶段,耕地面积增加减缓,甚至有些时段还有所减少。

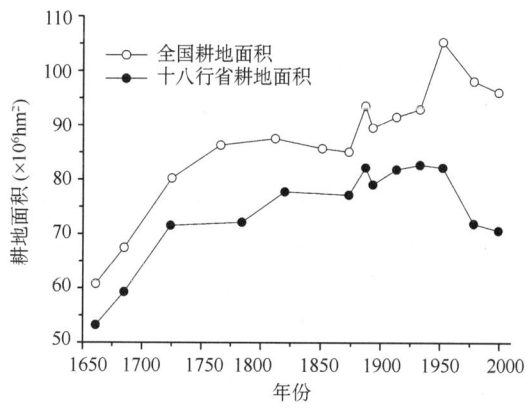

图 2.1 1661—2000 年十八行省和全国耕地面积变化(引自葛全胜等,2008)

过去300年来,中国的森林面积以1960年为界经历了先逐渐减少后又逐渐增加的变化过程(图2.2)。1700—1960年,由于人口增加、耕地面积扩大等原因,森林面积(覆被率)逐年降低,由2.5×10^8 hm^2(25.8%)下降到0.84×10^8 hm^2(8.7%)。1960—1998年,国家实行植树造林、封山育林等措施使森林面积(覆被率)的逐渐增加,森林面积增加了约 0.7×10^8 hm², 森林覆被率由 1960 年的 8.7% 提高到 16.55%, 增加了 8 个百分点。

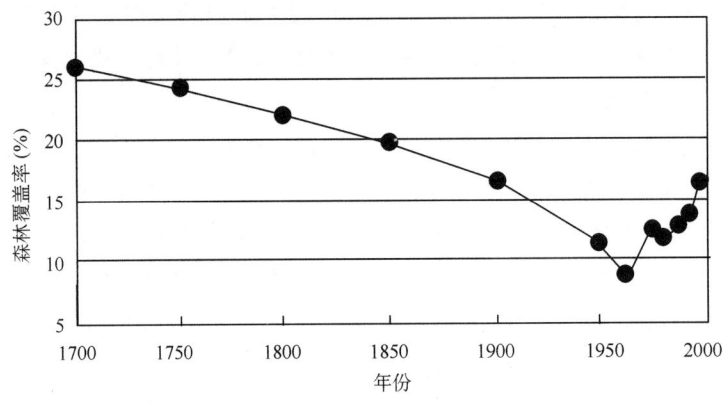

图 2.2 近 300 年来中国森林覆被率变化趋势图(引自何凡能等,2007)

2) 土地利用与土地覆被变化的区域差异

在重建中国内地十八省(十八行省)耕地分布、实现各要素格网化时,我们参照了 Ramankutty 和 Foley(Ramankutty and Foley,1999)等的研究方法。

首先,根据 14 个时间段面各省的耕地面积,利用插值法获取各省 1700 至 2000 年每年的耕地面积,根据公式(2.1)获取历史时期各省每年耕地面积变化率,即每个省当年的农田面积除以同区域前一年的农田面积得到该省当年的农田分布变化率,绘制每年中国各省的农田分布变化率图。

$$\phi(k) = A_s(t_2,k)/As(t_1,k) \tag{2.1}$$

$\phi(k)$ 表示 k 省 t_2 年相对 t_1 年的农田分布变化率;$A_s(t_2,k)$ 表示 k 省 t_2 年农田面积历史调查数据;$A_s(t_1,k)$ 表示 k 省 t_1 年农田面积历史调查数据。

然后,2000 年农田分布面积乘以 1999 年农田分布变化率即可得每省 1999 年农田分布图。以此类推,即可得到 1700—2000 年每年我国十八个省的农田分布图(图 2.3)。

1700—1950 年,我国十八省的垦殖率(耕地面积/土地总面积)具有明显的空间分布规律(图 2.3)。西部地区的垦殖率较东部地区小。西南地区的云南、贵州、四川等省份垦殖率最低,其次是西北的甘肃省;山东、江苏、河南、安徽四省垦殖率最大。1700 年以来,各省垦殖率都呈现增大趋势,但是增大幅度不尽相同,以四川省四川盆地地区垦殖率增加幅度最大,由 1700 年 5% 左右增加到 1950 年的 40%~50%。

3) 与国际土地利用与土地覆被变化数据集中中国历史数据的对比

国外学者所建立的中国历史时期耕地变化数据库,以美国威斯康星大学全球环境和可持续发展中心(SAGE)的 Ramankutty 和 Foley 建立的"全球土地利用数据集"(以下称为 SAGE 数据集)(Ramankutty and Foley,1999)和荷兰环境评价局(Netherlands Environmental Assessment Agency)建立的"全球历史环境数据集"(Historical Database of the Global Environment,以下称为 HYDE,已更新为 HYDE3.0 数据库)最具代表性(Goldewijk,2001;2006),彼

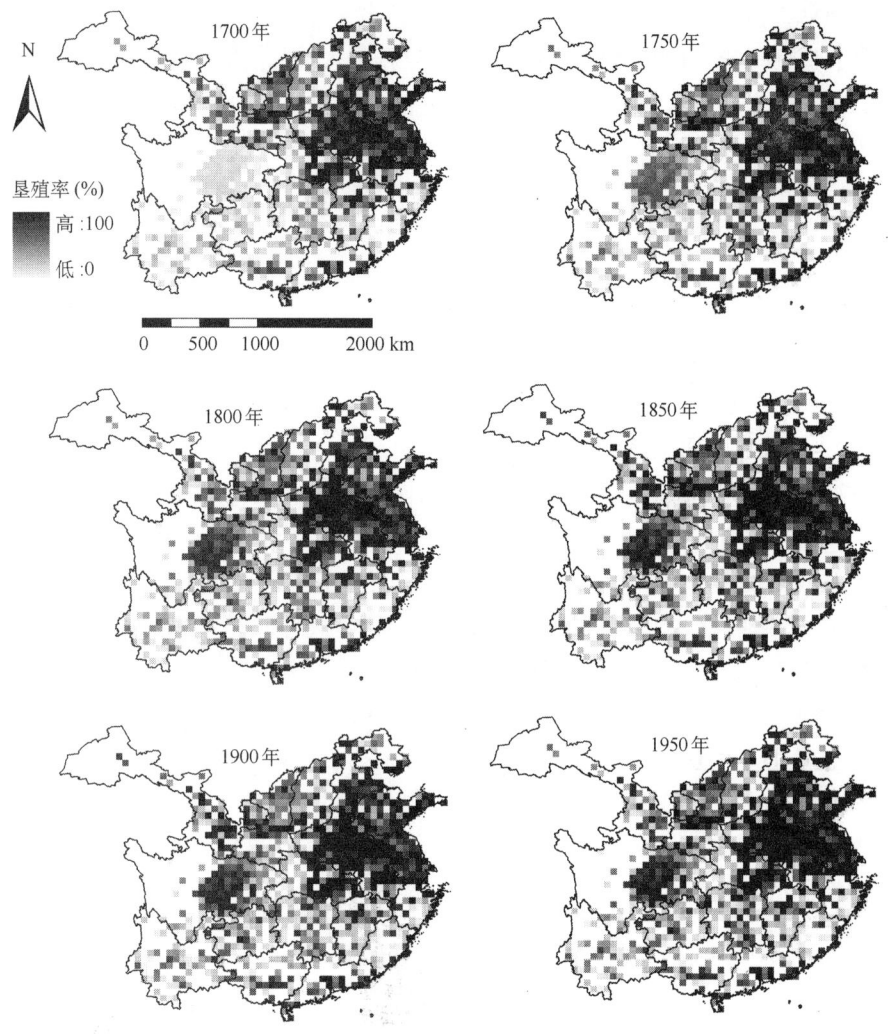

图 2.3 过去 300 年中国十八省 1700,1750,1800,1850,1900,1950 年耕地垦殖率空间分布

此关于中国历史耕地面积存在差异,使依其作为基础的碳排放研究结果也各异。鉴于历史时期中国土地利用与土地覆被的文献资料以内地十八省(十八行省)的较为丰富,因此本研究的比较限定在内地十八省范围。

① SAGE 数据库中的中国历史耕地数据介绍

Ramankutty 和 Foley(1999)建立的 SAGE 数据库的数据主要包括两大类:一为 1700—1992 年中国各省每年的耕地分布面积的历史调查数据;二为 1992 年遥感影像数据,利用遥感影像建立现代耕地分布图。

该数据库建立的主要步骤包括:第一,利用(2.1)式,统计各省 1700—1992 年各年的历史农田分布变化率。第二,假设每个行政单位内部单元每年的农田面积变化率相同,行政区划边界农田变化率由相邻行政单位的平均后进行平滑,绘制每年中国各省的农田分布变化率图。第三,1992 年农田分布面积乘以 1991 年农田分布变化率,即可得全球 1991 年农田分布图。以此类推,即可得到 1700—1992 年每年的各个国家或地区的农田分布图。

② HYDE3.0 数据库的中国历史耕地数据介绍

该土地数据的理论基础是：耕地分布受地形、热量、水分、土壤等自然因素以及城市面积、人口密度等社会因素共同影响。根据这些指标与耕地面积之间的相关关系建立耕地的权重算法如公式(2.2)，进而恢复研究时段不同年份的耕地面积。该算法的参数主要有：城市面积、人口密度、发展农业土壤适宜性、离淡水资源距离、坡度和气候。

$$W_{crop,t} = \frac{[G_{area} - U_{area,t}]}{G_{area\,max}} W_{pop,t} W_{suit} W_{river} W_{slope} W_{temp\_crop} \quad (2.2)$$

式中 W 表示权重，i 表示一个面积为 $5'\times 5'$ 栅格单元，t 表示历史的年份，crop 为耕地，G_{area} 为除去冰雪覆盖的所有土地面积，U_{area} 为城市用地面积，pop 为人口密度，suit 为土壤宜耕性，river距水体(河流和海岸)距离，slope 为坡度，temp_crop 是农作物生长温度，0℃ 为阈值。

③ 中外数据库基础数据来源、处理方法对比

在对中国历史时期的土地利用变化研究方面，中外学者对土地利用类型的划分、时间序列长度和处理方法上都有较大区别。

首先为类型比较：SAGE 和本研究的数据主要是历史文献、前人研究成果及现代遥感数据，HYDE3.0 采用现代自然、人文调查数据；

其次为时间序列：本研究获取基础数据的历史文献全面，而且时间序列相对较长，最早记录为 1661 年，而 SAGE 调查数据最早 1949 年。

第三为数据处理方法：SAGE 与本研究采用的是插值法获取时间连续的中国十八省的耕地面积数据；HYDE3.0 根据算法需求，将各自然参数标准化。

④ 中外数据库重建结果的总量以及空间分布对比

显而易见，上述三种处理方法所得的重建结果存在明显差异(图 2.4)。1770 年以前，SAGE 重建结果与其余两个重建结果相比明显偏小；1770 年以后，SAGE 重建结果迅速增大，与其余两研究的重建结果相比又明显偏大。HYDE3.0 重建结果整体上与笔者的估算值相差不大，但 1980 年以后开始产生明显差异。

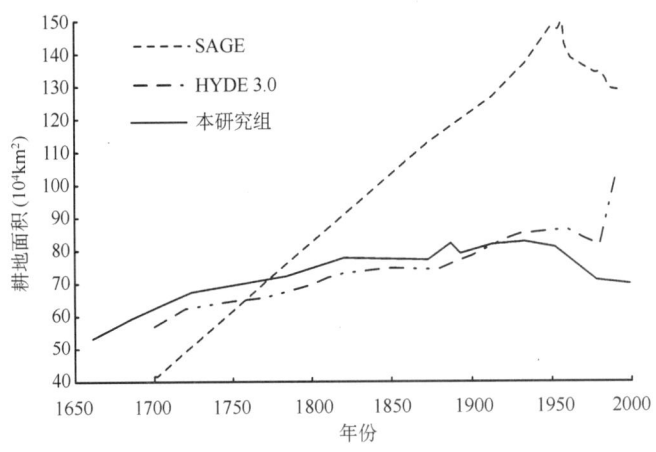

图 2.4 三数据库重建中国十八省耕地面积结果对比图

通过图 2.4 可以看出,SAGE 数据库的重建结果与其余两个数据库存在明显差异,究其原因可能与其缺乏前期历史数据而采用简单线性插值法获得数据的方法有关。HYDE3.0 估算结果 1980 年前后急速上升与笔者数据的观点不同,或与 HYDE3.0 算法中人口数据估算存在偏差有关。本研究组数据采用大量第一手资料,且原始数据时间序列长,因此其估算结果比较真实可靠。

计算每个单元上本研究数据与 HYDE3.0 数据库关于中国历史数据的差值,正值(+)说明本研究的估算值比 HYDE3.0 估算值大,负值(-)说明本研究的估算值比 HYDE3.0 估算值小;等号(=)代表两者估算值几乎相同,然后计算三种情况在各时段的比例。通过对两者差值面积的统计表(表 2.1)可以看出,两数据库约有 43% 的区域估算面积基本相同,HYDE3.0 估算值偏小的区域约为 46%,HYDE3.0 估算值偏大的区域约为 10% 左右。

表 2.1　本研究数据与 HYDE3.0 数据对比结果统计

空间单元百分比(%)	1700	1750	1800	1850	1900	1950
相等(=)	46.7	42.5	41.6	41.7	41.1	41.7
大于(+)	43.6	48.5	48.4	47.9	47.8	41.8
小于(-)	9.6	8.9	9.6	10.4	11.1	11.2

本研究组估算值大的区域虽然随着时间的推移存在一定的变化,但在空间上主要分布在山西、安徽、河南、山东以及陕西一带;HYDE3.0 估算结果值比本研究组的估算值偏大的区域在空间上主要分布在四川、贵州、云南等地。

类似地,计算每个单元上本研究数据与 SAGE 数据库关于中国历史耕地数据的差值,然后计算 3 种情况在各时段的比例。通过对两者差值面积的统计表(表 2.2)可以看出,两数据库估算面积相当的区域约为 35%,SAGE 估算值偏大的区域面积由 1700 年的 9.1% 增加到 1950 年的 38.3%,SAGE 估算值偏小的区域面积由 41.8% 减小到 30.3%。

表 2.2　本研究重建数据与 SAGE 数据对比结果统计

空间单元百分比(%)	1700	1750	1800	1850	1900	1950
相等(=)	49	40.2	36.5	33.2	31	31.4
大于(+)	41.8	43.8	42.1	39.5	36.5	30.3
小于(-)	9.1	16	21.4	27.3	32.5	38.3

空间上,SAG 估算结果偏小的地区主要分布在山东、河北、江苏、安徽、河南、湖北、陕西等地;SAGE 估算结果偏大的区域则主要分布在广东、广西、贵州、四川东部以及山西与河北交界处。土地覆被重建的偏差,对采用其进行陆地生态系统碳循环的估算将会产生较大影响。

2.1.2　近 300 年中国土地利用与土地覆被变化引起的碳排放

1) 国内研究结果

借鉴 Houghton 等人(1983;2002a,b;2003)的"簿记"模型(Bookkeeping Model),估算了中国近 300 年土地利用与土地覆被变化引起的碳排放(葛全胜等,2008)。在研究时段内,中国大陆受土地利用与土地覆被变化影响,陆地生态系统植被和土壤总计排放碳低值估算为 4.50

GtC，较高估算为 9.54 GtC，最适估计为 6.18 GtC，三者平均为 6.74 GtC。最适估算下，各时段碳排放的区域差别见图 2.5(a~e)，全国总排放的区域差异见图 2.5(f)。1700—1949 年之间每 50 年的碳排放及土壤与植被排放对比如图 2.6 所示。研究时段中国陆地生态系统碳排放呈加速变化趋势，后期变化逐渐增加，最大值出现在 1900—1949 年之间。而在各时段内，植被排放均大于土壤排放。但是，全球土壤碳库约是陆地生物质碳库的 2~4 倍，土壤碳储量变化值得密切关注。而且，土壤变化过程比植被的更复杂，存在较为明显的滞后效应。越是后期，土壤碳排放与植被排放就越接近(图 2.6)。

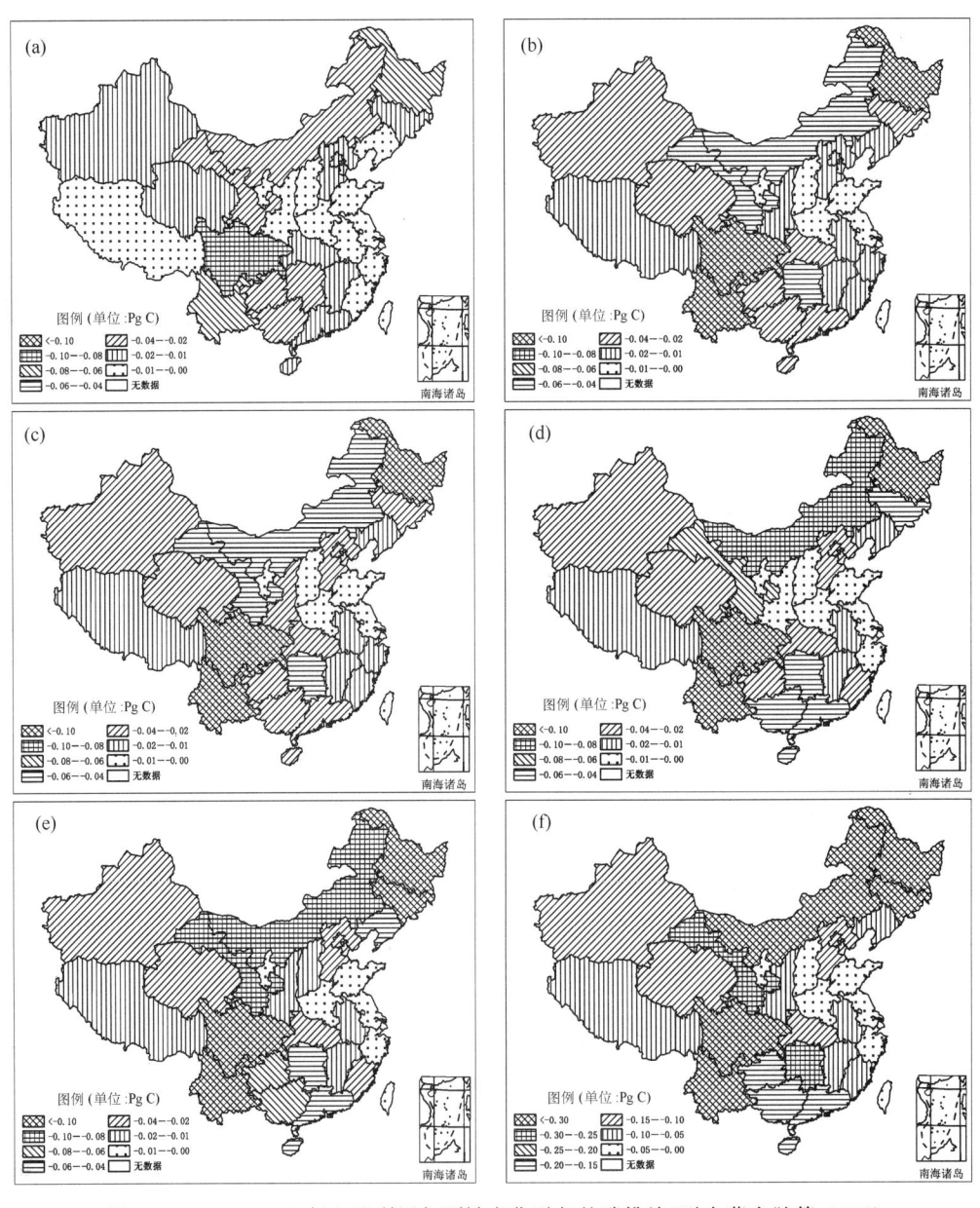

图 2.5 1700—1949 年土地利用与覆被变化引起的碳排放(引自葛全胜等,2008)
(a)1700—1750 年；(b)1750—1800 年；(c)1800—1850 年；(d)1850—1900 年；
(e)1900—1949 年；(f)1700—1949 年

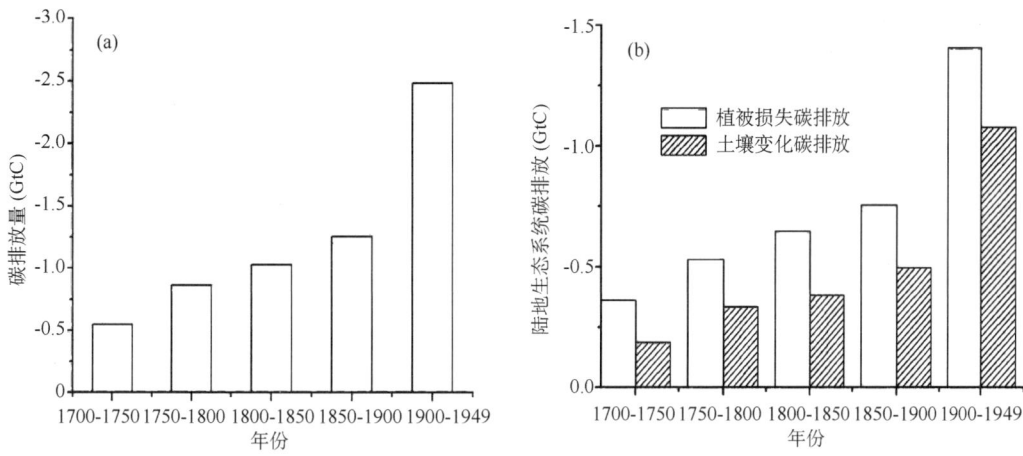

图 2.6 1700—1949 年土地利用与覆被变化引起的碳排放（GtC）（引自葛全胜等，2008）
(a) 总体排放；(b) 植被、土壤对比

过去 300 年中，中国土地利用与土地覆被变化引起的陆地碳排放具有较为明显的区域差异（葛全胜等，2008）。从图 2.5 可知，1700—1750 年，土地利用与覆被变化对陆地生态系统影响较小，碳储量减少不十分明显。该时期，东北地区北部和西南地区碳储量有所减少。传统农区的华北地区和华东地区改变不大。1750—1800 年，东北地区北部和西南地区的植被破坏加重，陆地生态系统碳储量减少加快。1800—1850 年，四川和东北地区的陆地生态系统碳排放量进一步加大，内蒙古地区碳排量较多。1850—1949 年，东北地区和西南山地的植被破坏进一步加剧，碳排放随之增加。由此可见，研究时段后期全国山地比重较大省份的生态系统碳排放量明显增大，正是大规模山地垦荒的严重后果。

过去 300 年间，东北地区北部受土地利用与覆被变化影响的碳排放量最大，其他碳排放较大的区域依次是西南地区的四川和云南、内蒙古、华南西部地区、华中地区。同时期，新疆、华东地区和青藏高原地区的陆地生态系统碳排放相对较少，这是由于这些区域的自然植被本底较差，或因以往开发程度已经很高，清代以来的开垦潜力不大所致。

2) 与国外研究结果的对比

Houghton 等对中国区域的土地利用与土地覆被变化及土地利用与土地覆被变化导致的碳排放一直比较关注，曾多次估算过历史时期中国土地利用与土地覆被变化对碳源汇的影响（Houghton，2002a，b；Houghton and Hackler，2003）。在其 2003 年的工作中，Houghton 和 Hackler 将中国分为六大区域，首先估算我国潜在植被分布情况，然后将现状植被分布与潜在植被分布情况进行比较，从而得出目前相对于以前土地利用与土地覆被变化情况，主要是森林面积的减少以及耕地面积的增加情况，再根据各种土地覆被类型的碳密度与面积变化计算过去 300 年中国土地利用与土地覆被变化导致的碳排放量（图 2.7）。其结论是：在过去 300 年间，中国土地利用与土地覆被变化导致的碳排放量在 17~33 GtC。该研究结果在国内外都产生重要影响，特别是美国能源部二氧化碳信息分析中心（CDIAC）对外提供的 1850 年到 2006 年中国土地利用与土地覆被变化引起的碳排放的数据就是来源于此。但该研究在分区、潜在植被研究以及土壤和植被的碳密度估算等环节均有值得商榷的地方,值得推敲和甄别。

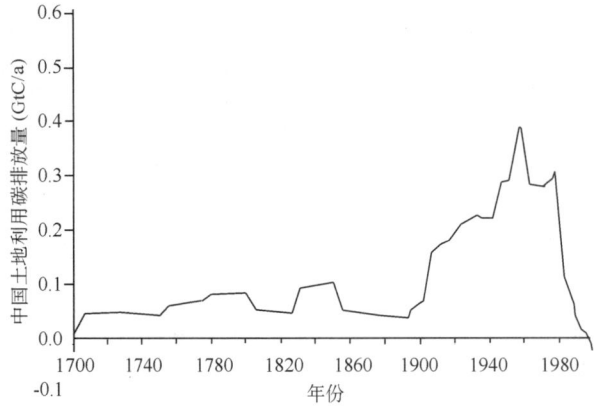

图 2.7　Houghton 的 1700—2006 年中国土地利用与土地覆被变化引起的碳排放量变化曲线
(Houghton and Hackler,2003)

与笔者对中国近 300 年土地利用及土地覆被变化导致的碳排放量的估算值约为 6.18 GtC 相比,Houghton 等(2003)的结果是后者的 3～5 倍(表 2.3)。两者所用土壤和碳密度基础资料的来源基本相似,Houghton 研究中土地资料的主要依据是 Perkins(1969)等国外学者基于一些中文资料的估算,土地资料数据的不同是造成这种差异的主要原因。

表 2.3　土地利用与土地覆被变化引起地、气碳通量变化的结果对比(葛全胜等,2008)

工作	Houghton 估算 (GtC)		本研究估算结果(GtC)	
结果	参考情景	−31.9	较高估算	−9.54
	早期情景	−17.1	最佳估算	−6.18
	晚期情景	−33.4	低值估算	−4.50
	土壤情景	−26.8	平均值	−6.74

注:负号代表净排放

2.2　1900 年以来化石燃料消费引起的碳排放

2.2.1　数据来源

美国能源部二氧化碳信息分析中心(CDIAC)、联合国气候变化框架公约(UNFCCC)、美国能源信息署(EIA)、国际能源机构(IEA)以及世界资源研究所(WRI)都有化石燃料引起的碳排放的统计数据(表 2.4)。其中,CDIAC 提供了世界 212 个国家和地区 1751—2006 年(其中部分国家或地区序列较短)化石燃料消费引起的碳排放量数据,其中包括 CO_2 排放总量、气体燃料碳排放量、固体燃料碳排放量、水泥生产碳排放量以及人均碳排放等。与其他来源数据相比,来源于 CDIAC 的数据无论是在数据详细程度、时间序列的长短还是被引用程度都具有优势。CDIAC 关于中国化石燃料消费引起的碳排放的数据始于 1899 年,本研究以 CDIAC 提供的数据为基础对中国化石燃料消费引起的碳排放量历史进行进一步的分析。

表 2.4 世界各国 CO_2 排放量数据源比较(张志强等,2009)

	涵盖范围	时间序列	包括内容	数据来源
CDIAC	177 个国家	1751—2006 年	各个国家每年 CO_2 排放量、人均 CO_2 排放量、固体燃料 CO_2 排放量、液体燃料 CO_2 排放量、气体燃烧 CO_2 排放量、水泥生产 CO_2 排放量、废气燃烧 CO_2 排放量	世界能源产量统计数据、国际历史统计数据、联合国能源统计数据、各国官方统计出版物、美国地质调查以及美国能源信息署
UNFCCC	189 个国家	1990—2006 年	41 个"附件 I"国家和 148 个"非附件 I"的 CO_2 排放量	各国政府及相关机构
EIA	182 个国家	1980—2005 年	各个国家化石燃料、石油、天然气和煤炭燃烧 CO_2 排放量	各个国家统计报告、产业报告、学术研究、贸易性出版物
IEA	134 个国家	1960—2006 年	各个国家 13 个不同部门的固定源 CO_2 排放量(包括氨,水泥,乙醇,乙烯,钢铁,石油和天然气处理以及电力等)	公共可用资源,包括各国的公司、政府机构统计数据和国家公开出版物等
WRI	181 个国家	1850—2002 年	各国和地区 CO_2 总排放量和人均 CO_2 排放量	CDIAC,IEA,EIA

2.2.2 中国化石燃料消费引起的碳排放变化

中国化石燃料消费引起的碳排放变化呈现出随着时间的推移逐渐增多的趋势,其过程大致可以分为三个阶段:(1)低值缓慢增长期(1900—1950 年前后),该阶段碳排放量由 1900 年的几乎为零上升到 1950 年的 0.021 GtC,平均增长速度约为 4.21×10^5 tC/a,对同期世界平均增长的贡献只占 2.1%;(2)波动上升期(1951—2000 年):该阶段中国化石燃料消费引起的碳排放由 0.028 GtC 增加到 0.929 GtC,平均增长速度约为 1.80×10^7 tC/a,对同期世界平均增长的贡献占 18.6%;(3)快速增长期(2001 年至今):中国化石燃料消费引起的碳排放迅速由 2001 年的 0.951 GtC 增加到 2006 年的 1.667 GtC,增长速度约为 1.19×10^8 tC/a,对同期世界平均增长的贡献占 59.5%(表 2.5)。

表 2.5 中国与世界化石燃料消费引起的碳排放各阶段平均增长速度对比

类别	世界(tC/a)	中国(tC/a)
低值缓慢增长期 1900—1950 年	1.96×10^7	4.21×10^5
波动上升期 1951—2000 年	9.70×10^7	1.80×10^7
快速增长期 2001—2006 年	2.00×10^8	1.19×10^8

2.2.3 人均累积化石燃料消费碳排放变化

人均碳排放是以人口为单位研究碳排放量的一个指标。在目前各个国家在排放历史、人口数量以及经济发展水平等方面存在巨大差异的情况下,以国家为单位研究碳排放量有一定的局限性。同时,众多研究表明,近百年来的 CO_2 排放主要是由人类活动造成的,所以人均碳排放指标更能体现人类享有的公平发展权利。

本研究借用张志强等人(2009)建立的"工业化人均累积碳排放"公式计算中国 1900—2005 年间化石燃料消费人均累积碳排放以及人均碳排放(图 2.8),计算公式如下

$$E_{CY} = (E_{1900} + E_{1901} + \cdots + E_Y)/P_{Y_1} \tag{2.3}$$

其中，E_{CY} 为 1900—Y 年间化石燃料人均累积碳排放量；E_{1900}、E_{1901}、E_Y 为中国 1900、1901、Y 年化石燃料消费引起的碳排放量；P_{Y_1} 为基准年 Y_1 人口数。本文取 Y_1 为 2005 年。

$$\overline{E}_{Y_1} = E_{Y_1}/P_{Y_1} \tag{2.4}$$

其中，$\overline{E}_{Y_1}$ 为 Y_1 年人均碳排放量；E_{Y_1} 为 Y_1 年碳排放量；P_{Y_1} 为 Y_1 年人口数。

由图 2.8 可以看出，中国人均化石燃料碳排放以及人均累积碳排放都有逐年增多的趋势。从增长幅度看，人均化石燃料碳排放量由 1900 年的 0 增加到 2005 年的 1.174 tC/人；人均累积化石燃料碳排放由 1900 年的 0 增加到 2005 年的 20.04 tC/人。中国人均化石燃料碳排放变化曲线与中国总的化石燃料碳排放具有相同的变化特点，也经历三个发展阶段（表 2.6）：（1）低值缓慢增长期（1900—1950 年），该阶段的特点是人均碳排放量低且增长速度慢，每年人均化石燃料碳排放量的平均值约为 0.02 tC/人，平均每年增加 0.00076 tC/人；（2）波动上升期（1951—2000 年），该阶段的特点是人均化石燃料碳排放量较前一阶段有大幅提高，平均每年增加的人均碳排放量也有大幅提高，每年人均化石燃料碳排放量的平均值为 0.38 tC/人，平均每年增加 0.014 tC/人；（3）快速增长期，2001—2005 年，该阶段的特点是人均化石燃料碳排放量持续增高且平均增长速度是前一阶段的 8 倍，表明我国进入了化石燃料使用量持续快速增长的发展阶段，每年人均化石燃料碳排放量的平均值约为 0.91 tC/人，平均每年增加 0.11 tC/人。

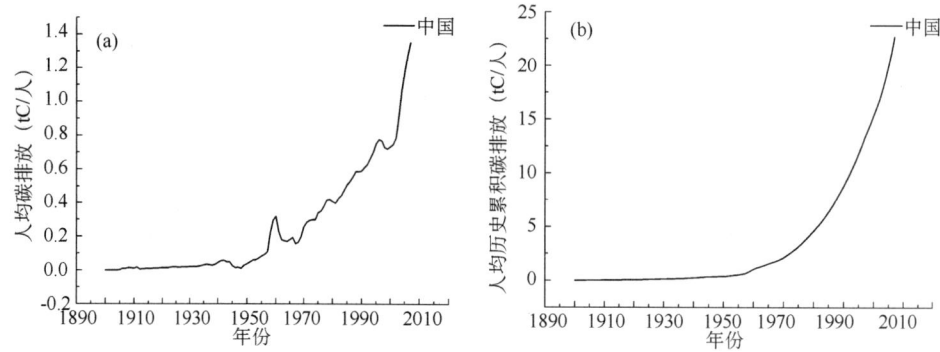

图 2.8 1900 年以来中国化石燃料消费造成的人均碳排放以及人均累积碳排放曲线
(a) 人均碳排放变化曲线；(b) 人均历史累积碳排放变化曲线

表 2.6 1900 年以来中国人均碳排放变化阶段对比表

类别	低值缓慢增长期	波动上升期	快速增长期
起止时间	1900—1950 年	1951—2000 年	2001 年至今
人均化石燃料碳排放量平均值	0.02 tC/人	0.38 tC/人	0.91 tC/人
平均每年增长速度	0.00076 tC/人	0.014 tC/人	0.11 tC/人

2.3 碳排放历史的国际对比

随着人们关于温室气体对气候变化影响的认识逐步深入,国际上关于温室气体排放减排的谈判也日趋激烈。过去,发达国家把大气视为自由而无限的资源,排放了大量的 CO_2 等温室气体。这些温室气体在大气中存留时间较长,其积累效应造成了大气中温室气体浓度的显著增长。目前,发展中国家正处于经济快速发展时期,但大气已被认为不再是自由而无限的资源了。发达国家与发展中国家对气候变化的历史贡献是有巨大差异的,为了在以后的国际温室气体排放谈判中体现发展的公平性,了解各个国家或者地区碳排放量历史过程是非常有必要的。

2.3.1 化石燃料消费引起的碳排放的国际对比

1) 碳排放总量变化与世界其他地区或国家的对比

本研究化石燃料消费引起的碳排放量数据来源于 CDIAC 的全球 212 个国家和地区 1751—2006 年的逐年数据。通过世界化石燃料消费引起的碳排放变化趋势(图 2.9)以及五类主要碳排放来源的变化趋势(图 2.10)可以看出,世界化石燃料消费引起的碳排放总体趋势是随着时间的推移逐渐增多,但增长速率并不相同。碳排放量变化过程经历了低值缓慢增长期、波动上升期、快速增长期三个时期,碳排放来源在三个时期也各不相同(表 2.7)。

表 2.7 世界碳排放增长速率及各组成部分比重变化表

年份	增长速率	固体燃料碳排放比重	液体燃料碳排放比重	气体燃料碳排放比重	水泥生产碳排放比重	废气燃烧碳排放比重
1751—1905	1.42%	97.76%	1.85%	0.39%	0	0
1905—1950	2.9%	82.42%	14.33%	2.68%	0.52%	0.05%
1950—2006	8.1%	39.84%	41.13%	15.24%	2.62%	1.17%

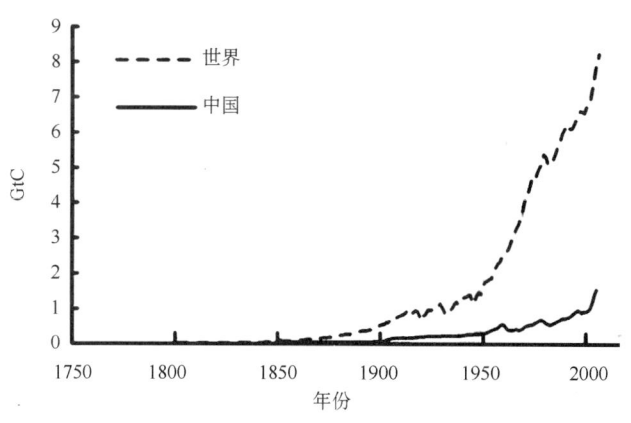

图 2.9 世界与中国 1750 年以来化石燃料消费引起的碳排放变化对比(数据来源:CDIAC)

① 低值缓慢增长期。1751—1905 年前后,碳排放量缓慢的增长,由 1751 年的 0.003 GtC 上升到 1905 年的 0.663 GtC,平均每年增长 0.004 GtC,增长速率为 1.42%;该时期固体燃料碳排放占绝对优势,占世界化石燃料消费引起的碳排放的 97.79%,液体燃料碳排放次之,占 1.85%。

② 波动上升期:1905—1950 年,该时期碳排放量波动增加,由 1906 年的 0.707 GtC 增加到 1950 年的 1.63 GtC;增长速率有所提高,平均增长速率为 2.9%;该时期固体燃料碳排放比例下降但仍然占据绝对优势,约为 82.42%,液体、气体化石燃料燃烧引起的碳排放比例逐渐增大,分别上升到了 14.33% 和 2.68%。

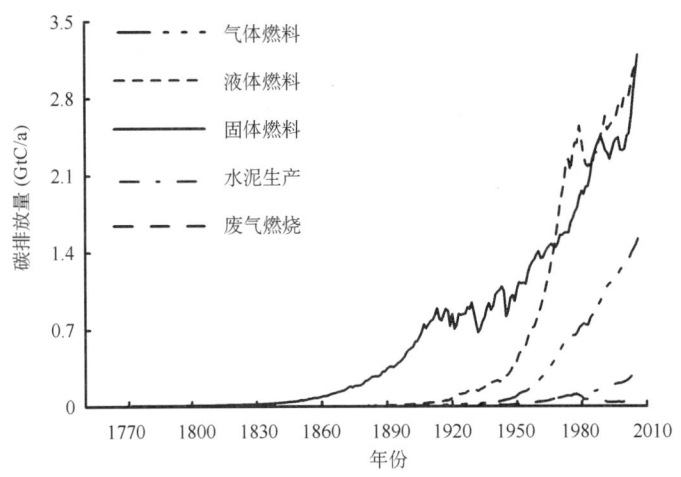

图 2.10　世界五种来源的碳排放的变化趋势(数据来源:CDIAC)

③ 快速增长期,该时期碳排放量急剧增加,由 1951 年的 1.768 GtC 增加到 2006 年的 8.23 GtC,增长速率达到 8.1%;该时期固体燃料碳排放比重下降到 39.84%,液体燃料碳排放量比重超过固体燃料碳排放比重,占 41.13%,气体燃料碳排放比重也增加到总排放量的 15.24%。

通过对比中国和世界化石燃料消费引起的碳排放曲线可以看出:两者具有相似的变化型。与世界变化曲线相比,可以看出两者的变化起止时间并不完全一致,世界的变化要先于中国变化 50 年左右。

为了与土地利用与土地覆被变化引起的碳排放研究相统一,化石燃料消费引起的碳排放也根据 Houghton 和 Hackler 的分区法(各区具体包括的国家见参考文献 Houghton and Hackler,2001),将全球 212 个国家按地理位置相近,经济发展水平相仿的原则划分为十个大区:美国、加拿大、南亚东南亚、中国地区、拉丁美洲、欧洲、苏联、北非中东、中非以及环太平洋发达地区。其中,中国地区包括中国和蒙古国两个国家。由于蒙古国无论是化石燃料消费造成的碳排放还是土地利用造成的碳排放都小于中国几个数量级,故在下文中的计算中不考虑蒙古国的贡献。由于不同国家记录时间长短不一,时间序列统一于 1900 年开始。现将全球十大区 1900 年以来的化石燃料消费引起的碳排放对比分析如下(表 2.8,图 2.11)。

表 2.8　1900 年以来世界十大分区化石燃料消费引起的碳排放对比表

类别	年平均排放量 (GtC)	年平均增长量 (×10⁻³GtC)	累计排放量 (GtC)	占世界排放量比 (%)
美国	0.81	13.29	85.93	29.0
中国	0.24	14.97	26.06	8.8
拉丁美洲	0.11	3.63	11.63	3.9
加拿大	0.06	1.34	6.42	2.2
欧洲	0.72	7.57	75.94	25.6
北非中东	0.36	5.85	38.27	12.9
中非	0.12	5.52	12.38	4.2
前苏联	0.19	5.57	20.39	6.9
南亚东南亚	0.13	7.17	13.81	4.7
环太平洋	0.05	1.68	5.41	1.8

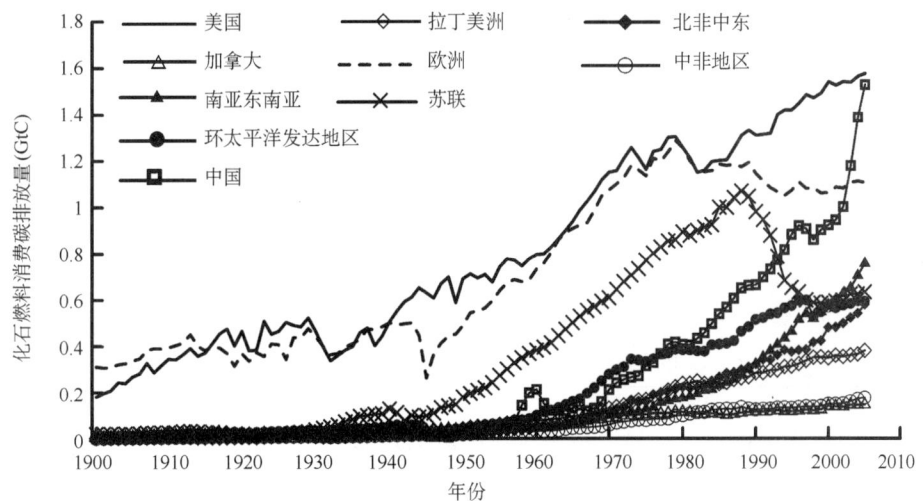

图 2.11　全球十大分区 1900—2005 年化石燃料消费
引起的碳排放变化曲线（数据来源：CDIAC）

通过图 2.12 可以看出，自 1900 年以来，除欧洲和前苏联，其余八大分区化石燃料消费引起的碳排放量都逐年增加趋势，但增加幅度各不相同：美国和中国增幅最大，中非和加拿大增幅最小；欧洲和苏联在 1990 年左右以来，化石燃料消费引起的碳排放有减小趋势，到 2000 年前后趋稳。

中国化石燃料碳排放历史过程具有累计排放总量相对较低但增幅较大的特点。1900 年以来，中国年平均化石燃料消费引起的碳排量约为 0.24 GtC，年平均增长量约为 14.97×10^{-3} GtC，累计化石燃料消费引起的碳排放量为 26.06 GtC，占世界总排放量的 8.8%。与其他九个区相比，中国化石燃料消费引起的碳排放量次于美国、欧洲、北非中东地区，居第四位，但年平均增长量高于世界其他地区，居第一位。

中国化石燃料消费引起的碳排放在不同阶段增长速率是不同的，可分为三个时期。(1) 低值缓慢增长期（1900—1950 年），中国在该 50 年时间内累计化石燃料消费引起的碳排放为 0.51 GtC，占世界总排放量的 1.01%，略高于中非、环太平洋发达地区，在十大区中居第八位。该时期美国的累计碳排放量为22.10 GtC,是中国排放量的43倍;欧洲排放量为20.47 GtC,是中国的40倍。(2)波动上升期(1951—2000年),中国在该50年内累计化石燃料消费引起的碳排放为19.51 GtC,占世界排放量的9.24%,低于美国、欧洲、北非中东地区,居第四位。该时期美国、欧洲以及北非中东的累计碳排放量分别为56.08 GtC、49.97 GtC和15.39 GtC,分别是中国排放量的2.87、2.56和1.66倍。(3)快速增长期(2000—2005年),该时期中国化石燃料消费引起的碳排放约为6.04 GtC,占世界总排放量的17.46%,仅次于美国,居第二位。该时期美国排放量为7.75 GtC,占世界的22.38%,是中国的1.28倍(表2.9)。

表2.9 世界十大分区各阶段化石燃料消费引起的碳排放比较

类别	1900—1950年(低值缓慢增长期)		1951—2000年(波动上升期)		2000—2005年(快速增长期)	
	累计排放量(GtC)	占世界比例(%)	累计排放量(GtC)	占世界比例(%)	累计排放量(GtC)	占世界比例(%)
美国	22.10	43.66	56.08	26.57	7.75	22.38
中国	0.51	1.01	19.51	9.24	6.04	17.46
拉丁美洲	0.57	1.13	9.23	4.37	1.83	5.28
加拿大	1.16	2.29	4.55	2.16	0.71	2.06
欧洲	20.47	40.44	49.97	23.68	5.49	15.88
北非中东	2.7	5.39	32.47	15.39	3.08	8.89
中非	0.27	0.53	9.48	4.49	2.63	7.60
前苏联	1.60	3.15	15.87	7.52	2.92	8.43
南亚东南亚	0.76	1.50	9.71	4.60	3.34	9.66
环太平洋	0.45	0.89	4.15	1.97	0.81	2.35

2)人均及人均累积碳排放与世界其他地区或国家的对比

当前,中国的化石燃料消费引起的碳排放仅次于美国居世界第二位。由于以国别排放指标研究碳排放不能反映人人都享有的碳排放权的公平性,本研究以人口为基数研究中国人均碳排放在世界上的地位。

通过人均化石燃料消费引起的碳排放变化曲线可以看出(图2.12),美国、加拿大、前苏

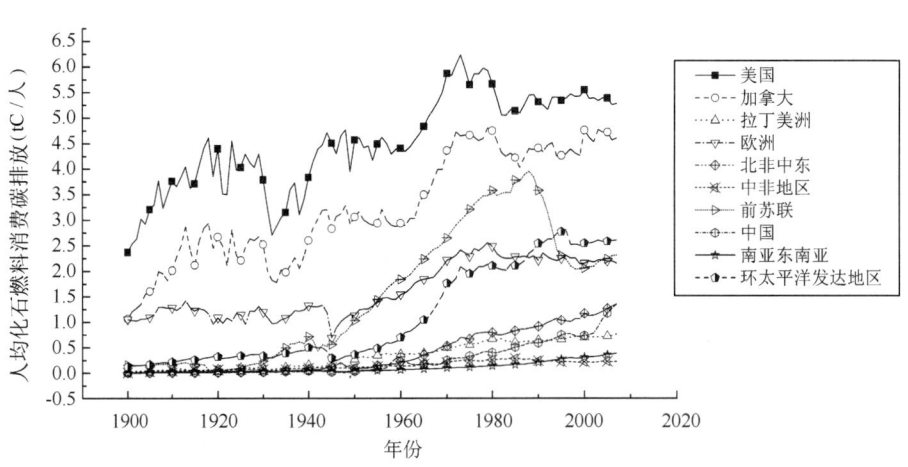

图2.12 1900年以来世界十大分区人均化石燃料消费引起的碳排放变化曲线

联、欧洲以及环太平洋发达地区人均碳排放量较高,而北非中东、拉丁美洲、南亚东南亚、中非以及中国人均碳排放较少。1900年到2005年中国人均化石燃料消费引起的碳排放历年的平均值约为0.23 tC/人,而美国为4.51 tC/人、加拿大为3.23 tC/人、欧洲1.62 tC/人、前苏联1.50 tC/人、北非中东0.37 tC/人、环太平洋发达地区1.08 tC/人、拉丁美洲0.33 tC/人、南亚东南亚0.10 tC/人、中非0.14 tC/人,分别是中国的19.6倍、14.0倍、7.0倍、6.5倍、1.6倍、4.7倍、1.43倍、43.4%、60.9%。

以2005年人口为基数,计算1900年到2005年十大区人均累积化石燃料消费引起的碳排放量(公式2.5)。其中,中国为20.04 tC/人,而美国为293.84 tC/人,是中国的14.6倍;加拿大为204.02 tC/人,是中国的10.2倍;欧洲为142.80 tC/人,是中国的7.1倍;前苏联139.88 tC/人,是中国的6.97倍;北非中东地区为25.80 tC/人,是中国的1.29倍;环太平洋发达地区为91.15 tC/人,是中国的4.5倍;拉丁美洲为21.58 tC/人,是中国的1.1倍;南亚东南亚地区为6.90 tC/人,是中国的34.4%;中非地区为7.15 tC/人,是中国的35.6%。

$$E_{CY1} = (E_{1900} + E_{1901} + \cdots + E_{Y1})/P_{2005} \tag{2.5}$$

其中,E_{CY1}为1900—Y1年间化石燃料人均累积碳排放量;E_{1900}、E_{1901}、E_{Y1}为中国1900、1901、Y1年化石燃料消费引起的碳排放量;P_{2005}为研究区2005年人口数。

通过以上分析可以看出,无论人均化石燃料消费引起的碳排放还是人均累积碳排放,美国、加拿大、欧洲、前苏联以及环太平洋地区是排放量相对较高的区域,而中国与拉丁美洲、北非和中东地区相差不多,但远小于上面5个排放量较高的区域,中非地区和南亚东南亚是排放量最少的区域,只有中国的1/3左右。

3) 单位GDP碳排放与主要国家的对比

单位GDP碳排放(温室气体排放量/GDP)是考察经济活动中碳排放的重要指标,这一指标能反映各国的能源结构和能源利用效率的综合情况及各国经济发展的碳成本情况,在温室气体排放中应用较广泛(何建坤,刘滨,2004;张志强等,2008)。

通过变化曲线可以看出(图2.13),近50年来,除印度外,所有国家单位GDP碳排放呈逐年

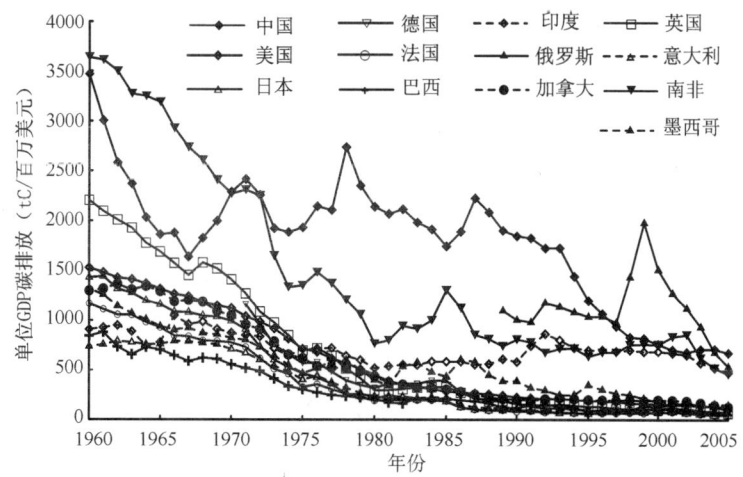

图2.13 1960—2005年以来G8+5国家GDP温室气体排放强度变化过程

减小的趋势。但减排幅度不尽相同：美国、日本、法国以及英国减排幅度相对较大，年减排速率在4%~6%之间；中国、巴西、加拿大、意大利、南非以及墨西哥减排幅度相对较小，年减排速率约为2%~4%；印度单位GDP碳排放量变化幅度最小，年平均增长率约为0.07%(表2.10)。

表2.10　1960年、2005年中国与其他主要国家GDP碳排放强度以及其年增长率比较

类别	1960年(tC/百万美元)	2005年(tC/百万美元)	年增长速率(%)
中国	3469.439	674.789	−1.99
美国	1530.606	126.957	−4.19
日本	1432.953	74.042	−4.72
德国	—	76.556	
法国	1167.091	48.446	−5.22
巴西	843.489	100.665	−2.63
印度	909.767	475.021	0.067
俄罗斯	—	536.676	—
加拿大	1298.091	131.714	−3.68
英国	2204.962	67.738	−5.94
意大利	738.241	69.973	−3.49
南非	3637.998	460.921	−2.69
墨西哥	1318.304	149.856	−2.65

目前(2005年)，单位GDP碳排放量相对较高的国家有：中国、印度、俄罗斯以及南非，其单位GDP碳排放量都在450 tC/百万美元以上；其余国家单位GDP碳排放量相对较少，约为60~150 tC/百万美元。

4) 人类发展指数与人均碳排放的国际对比

本研究计算了世界175个国家和地区以2005年人口为基准的人均累积碳排放量与人类发展指数(2007年)之间的关系，将数据完整的174个国家的人均累积碳排放与HDI做成散点图(图2.14)。通过两者的对应关系可以看出，国家的社会经济发展与其生产和生活过程的碳排放密切关联，包含经济、社会和人文发展综合信息的各国"人类发展(human development)水平"与该国的人均历史累积排放显著相关，人类发展指数相对较高的国家或地区人均累积碳排放量相对较多。以中国为例，2005年，中国富裕指数0.756，属于中等发展水平，人均累积碳排放量约为20.04 tC/人，低于世界平均水平(35.38 tC/人)。这雄辩地说明了，一个国家的排放权即是它的发展权。以后争取温室气体排放权的时候，需要将目前国家发展水平与碳排放的历史责任结合考虑。

利用对数模型 $y=a\ln(x)+b$ 拟合世界各国的人均累积碳排放和人类发展指数之间的统计关系，用以在已知人类发展指数的情况下预测已使用的人均累积碳排放。我们共拟合出三种发展模式：高碳模式(左上曲线)，中碳模式(中部曲线)和低碳模式(右下曲线)。中碳模式是使用所有数据点拟合的。高碳模式曲线是使用中碳模式曲线下方的点拟合的，而低碳模式曲线是用中碳模式曲线上方的点拟合的。可以看到世界各国的发展程度与人均累积碳排放有很好的相关性，方差解释量都在0.79以上。中国在2007年的情况更靠近中碳曲线，可认为我国未来发展类型属中碳模式，可用该模型预测我国未来的人均累积碳排放的实际需求。

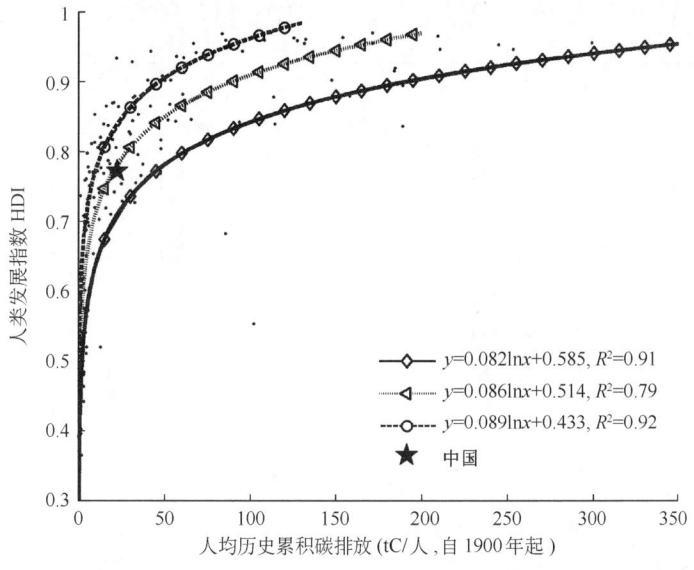

图 2.14 人类发展指数与人均累积碳排放量关系示意图

2.3.2 土地利用与土地覆被变化引起的碳排放总量的国际对比

1850年以来,十大分区的土地利用与土地覆被变化引起的碳排放变化呈现不同的变化趋势(图 2.15),可以分为三类:(1)逐渐增多型:主要包括拉丁美洲、南亚东南亚以及中非地区;(2)先逐渐增大后又逐渐变小型:主要包括美国、中国以及前苏联地区;(3)稳定型:整个过程碳排放量变化不大,主要包括加拿大、北非中东、欧洲以及环太平洋发达地区。

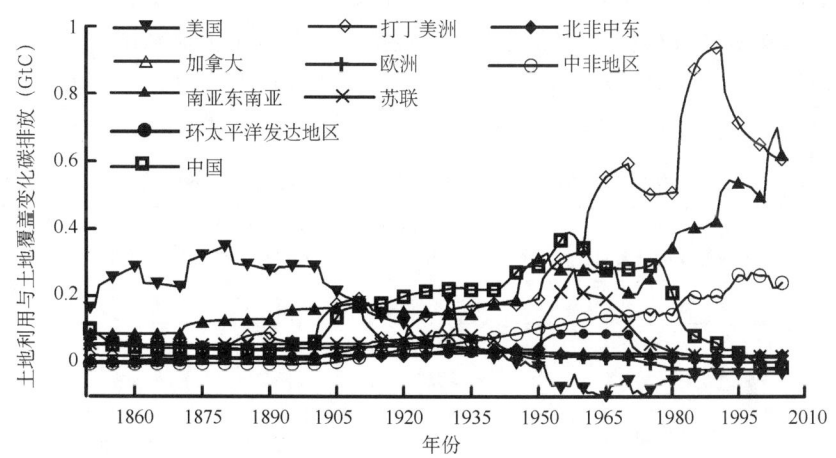

图 2.15 全球十大分区 1850—2005 年土地利用与土地覆被变化引起的碳排放变化曲线(数据来源:CDIAC)

整体来说,1850年以来十大分区的土地利用与土地覆被变化引起的碳排放总量分别为美国 16.33 GtC,占世界总排放量的 10.5%,中国 22.96 GtC(14.7%),拉丁美洲 41.86 GtC(26.8%),加拿大 4.15 GtC(2.7%),欧洲 4.67 GtC(3.0%),北非中东 3.43 GtC(2.2%),中非 12.08 GtC(7.7%),前苏联 11.01 GtC(7.1%),南亚东南亚 35.37 GtC(2.3%),环太平洋发达

地区 4.16 GtC(2.7%)。中国次于拉丁美洲以及南亚东南亚地区,居于第三位(图 2.16)。

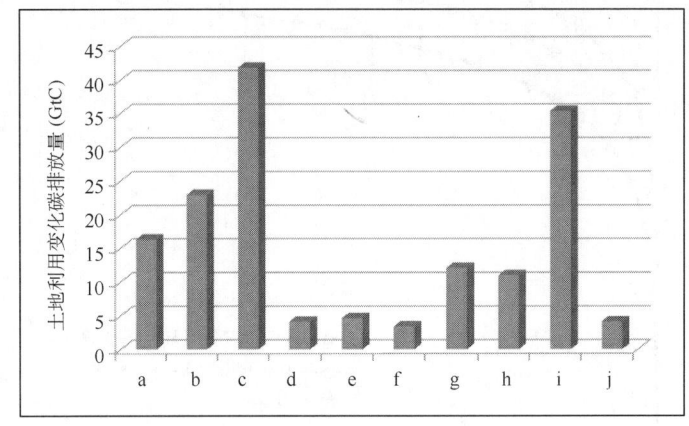

图 2.16　1850 年以来世界十大分区累计土地利用与土地覆被变化引起的碳排放

图中依次为美国(a)、中国(b)、拉丁美洲(c)、加拿大(d)、欧洲(e)、北非中东(f)、中非(g)、前苏联(h)、东亚东南亚(i)以及环太平洋发达地区(j)

以上土地利用与土地覆被变化引起的碳排放变化,按其占世界比例的不同可以分为三个阶段:(1)1850—1910 年:美国排放量最大期,该 60 年内美国土地利用与土地覆被变化引起的碳排放为 16.17 GtC,占全球总的土地利用与土地覆被变化引起的碳排放量(40.45 GtC)的 39.97%;该时期中国总的排放量为 3.861 GtC,占世界总量的 9.55%。(2)1910—1960 年:中国排放量最大期,该 50 年中国土地利用与土地覆被变化引起的碳排放量约为 12.34 GtC,占该时期世界土地利用与土地覆被变化引起的碳排放量(49.57 GtC)的 24.89%;(3)1960—2005 年,拉丁美洲地区排放量最大期,该 45 年内,拉丁美洲地区土地利用与土地覆被变化引起的碳排放量约为 29.30 GtC,约占世界总排放量(66.01 GtC)的 44.39%,该时期中国土地利用与土地覆被变化引起的碳排放量约为 6.77 GtC,占世界总排放量的 10.25%(表 2.11)。

表 2.11　世界十大分区三个阶段土地利用与土地覆被变化引起的碳排放量比较表

类别	1850—1910 年 (美国排放量最大期)		1911—1960 年 (中国排放量最大期)		1961—2005 年 (拉丁美洲排放量最大期)	
	排放量(GtC)	比例(%)	排放量(GtC)	比例(%)	排放量(GtC)	比例(%)
世界	40.45	—	49.57	—	66.01	—
美国	16.17	40.0	2.48	5.0	−0.23	−3.5
中国	3.86	9.5	12.34	24.9	6.76	10.2
拉丁美洲	3.79	9.4	8.77	17.7	29.30	44.4
加拿大	0.83	2.1	2.16	4.4	1.15	1.7
欧洲	2.97	7.3	2.01	4.1	−0.31	−0.5
北非中东	0.85	2.1	1.60	3.2	0.98	1.5
中非	0.03	0.1	3.57	7.2	8.48	12.8
苏联	3.47	8.6	4.61	9.3	2.93	4.4
东亚东南亚	7.66	18.9	9.99	20.1	17.73	26.9
环太平洋	0.82	2.0	2.04	4.1	1.30	2.0

2.3.3 中国总碳排放量与国际的对比

虽然CDIAC关于各个地区的土地利用与土地覆被变化碳排放以及化石燃料消费引起的碳排放的记录时间不尽相同,但是通过观察可以发现记录起始年份的碳排放量都很小,所以本研究认为早期没有记录的年份的排放量可以忽略不计。本节把由化石燃料消费产生的碳排放和土地利用变化产生的碳排放相加得到历年各个地区总的碳排放进行分析。

1) 中国总的碳排放量与世界其他地区的对比

通过十大区1751年以来碳排量变化曲线可以看出,除前苏联、欧盟分别在1985和1980年前后碳排放出现下降趋势外,其他各地区碳排放量有逐年增大趋势(图2.17)。

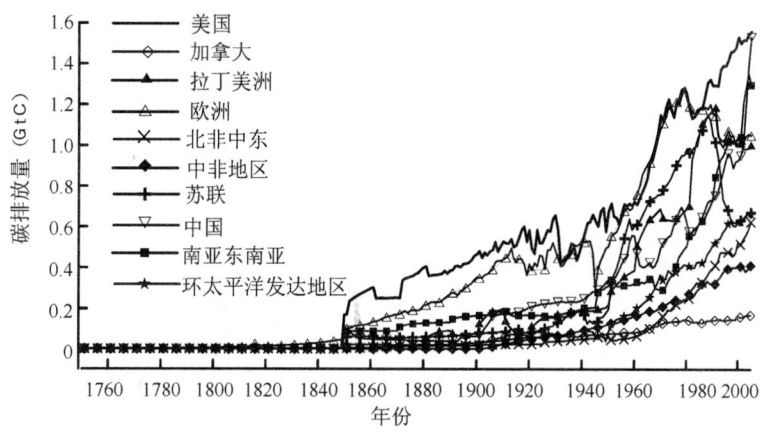

图 2.17 1751年以来世界十大分区碳排放量变化曲线

研究阶段内,各地每年碳排放变化幅度不同。(1)1850—1950年,美国和欧洲碳排放量,分别由0.17 GtC/年和0.10 GtC/a上升到了0.68 GtC/a和0.51 GtC/a,增加了3倍左右;除美国和欧洲外,各地区每年碳排放量略有增加但变化幅度不大,其中中国由0.10 GtC/a增加到了0.31 GtC/a,增加了2倍,但年均碳排放量仍然不到美国的一半。(2)1950年以后,世界各地碳排放量都大幅增加,其中美国、前苏联、欧洲、拉丁美洲、南亚东南亚以及中国增加幅度非常明显,从1950—1980年30年的时间内,各区碳排放量增加1倍以。1980年,美国、欧洲、中国的碳排放量分别为1.23 GtC/a、1.19 GtC/a以及0.61 GtC/a,中国年均的碳排放量仍然只有美国的一半。(3)1980年之后,除欧洲和前苏联碳排放量出现下降外,其他各地区增长趋势仍然非常明显。特别是美国、中国以及南亚东南亚地区,到2005年,三地区的碳排放量已经达到1.56 GtC/a、1.52 GtC/a、1.35 GtC/a。

从累计碳排放量曲线图(图2.18)可以看出,1750—2006年以来,美国和欧洲两地区的碳排放量累计约为105.92 GtC和88.63 GtC,远远高于全球其他地区累计碳排放量。中国有记录以来的碳累计排放量为49.31 GtC,约为美国的1/2。根据各地区累计排放量的大小,全球碳排放量可以分为三大阵营:(1)美国和欧洲;(2)中国、前苏联、拉丁美洲以及南亚东南亚地区;(3)加拿大、北非中东、中非以及环太平洋发达地区。从总量上看,第一阵营的美国和欧洲的累计碳排放量为第二阵营的2倍左右,是第三阵营的4倍左右(表2.13)。

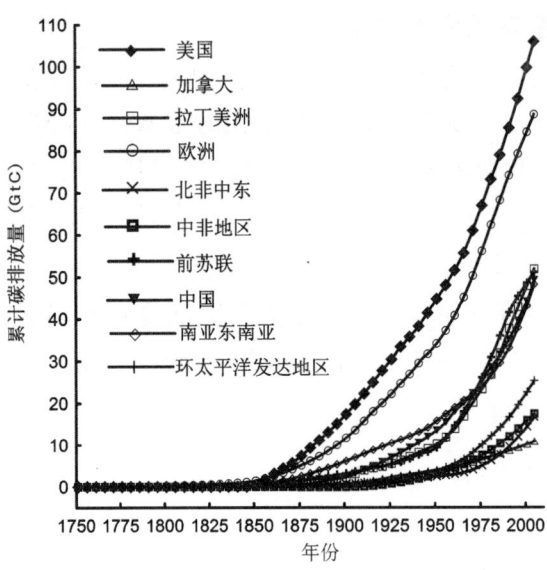

图 2.18　全球十大分区 1751—2006 年累计碳排放变化曲线

表 2.13　世界十大分区 1751 年以来累计碳排放量对比表

类型	第一阵营		第二阵营				第三阵营			
	美国	欧洲	中国	前苏联	拉丁美洲	南亚东南亚	加拿大	北非中东	中非	环太平洋地区
累计碳排放量（GtC）	105.915	88.626	51.849	51.206	51.849	48.226	10.815	16.717	17.477	25.304

2）中国人均碳排放量与世界其他地区的对比

人均碳排放指标是体现人类公平发展机会的重要指标，对认识人类发展过程中的碳排放历史具有重要意义。由于 1900 年以前碳排放数量较少且人口数据不全，本研究重点关注研究近 100 年（1900—2006 年）人均碳排放量变化情况。

通过图 2.19 发现，美国和加拿大的人均碳排放量明显高于其他地区。2005 年，美国和加拿大人均碳排放量分别为 5.28 tC/人和 5.27 tC/人；欧洲、前苏联、环太平洋发达地区次之，分别为 2.17 tC/人、2.31 tC/人、2.60 tC/人；北非中东以及拉丁美洲为 1.32 tC/人和 1.82 tC/人；中国、南亚东南亚以及中非最少，分别为 1.16 tC/人、0.67 tC/人、0.55 tC/人。从 1900—2005 年人均碳排放的均值来看，美国和加拿大分别为 4.92 tC/人和 6.19 tC/人，而中国仅为 0.56 tC/人，分别为美国和加拿大的 11.3% 和 9.0%；另外，除南亚东南亚外，其余地区的人均碳排放量的平均值也均高于中国（表 2.14）。

通过与国际其他国家和地区的人均累积碳排放量对比分析可以看出（图 2.20）：中国人均累积碳排放远低于美国，加拿大，前苏联，欧洲，拉丁美洲和环太平洋发达区，与北非中东地区，中非地区，南亚东南亚地区接近。以 2005 年人口为基数，1900 年到 2005 年，中国人均累积碳排放量为 35.75 tC/人，而美国为 302.69 tC/人，是中国的 8.5 倍；加拿大为 317.00 tC/人，是中国的 8.9 倍；前苏联为 168.63 tC/人，是中国的 4.72 倍；欧洲为 147.08 tC/人，是中国的

4.1倍;拉丁美洲为93.60 tC/人,是中国的2.6倍;环太平洋发达地区为106.57 tC/人,是中国的3.0倍。

表2.14 全球十大分区1900—2005年人均碳排放对比表

年份	美国	加拿大	中国	欧洲	前苏联	北非中东	环太平洋地区	拉丁美洲	南亚东南亚	中非
2005年(tC/人)	5.28	5.27	1.16	2.17	2.31	1.32	2.60	1.82	0.67	0.55
均值(tC/人)	4.92	6.19	0.56	1.68	1.90	0.61	1.35	1.94	0.44	0.57

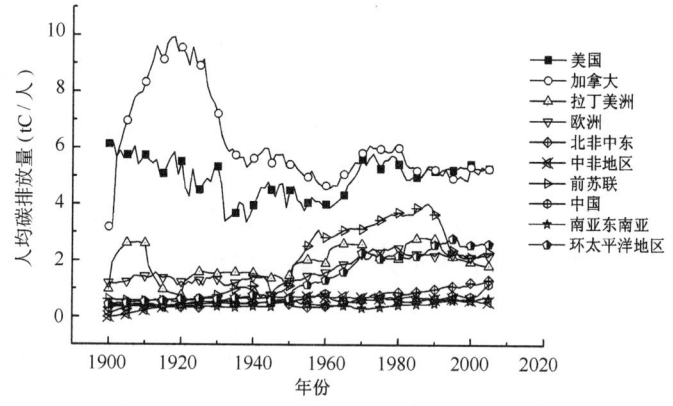

图2.19 全球十大分区1900年以来人均碳排放变化曲线

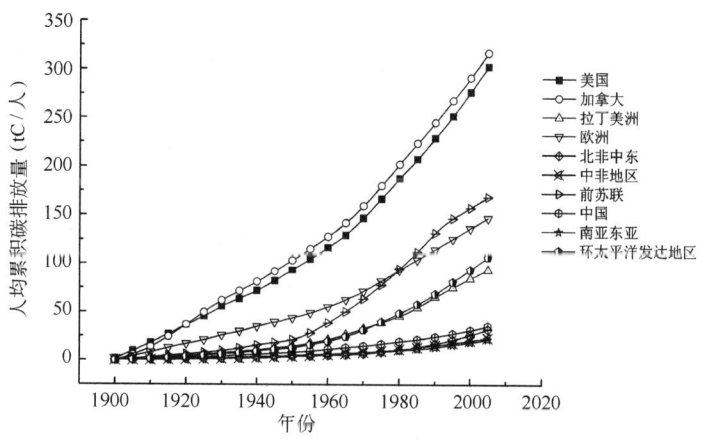

图2.20 全球十大分区1900年以来人均累积碳排放变化曲线

2.4 主要结论

(1) 关于近300年中国土地利用与土地覆盖变化引起的碳排放量,国内和国外学者研究结果相差较大。本研究的估算值约为6.18 GtC,而国外估算值约为22.96 GtC。造成这种差异的主要原因是土地资料获取途径不同,国内研究所用土地资料来自大量的第一手历史资料,资料更为翔实和可靠,所以在土壤和碳密度基础资料的来源基本相似的前提下我们认为国内研究的估算结果更为可信。

(2) 从 1900—2005 年,中国化石燃料消费引起的碳排放量呈现随着时间的推移逐渐增多的趋势,化石燃料消费引起的碳排放累计约为 26 GtC,约占世界总排放量的 8.8%。根据增长速率不同大致可以分为三个阶段:低值缓慢增长期(1900—1950 年)、波动上升期(1951—2000 年)、快速增长期(2001 年至今)。1900 年、1950 年、2000 年、2005 年化石燃料消费引起的碳排放量分别为 0.26×10^{-3} GtC、0.02 GtC、0.92 GtC、1.53 GtC。中国人均化石燃料消费引起的碳排放以及人均累积碳排放也有逐年增多的趋势。化石燃料消费引起的人均碳排放量由 1900 年的几乎为零增加到 2005 年的 1.17 tC/人,人均累积碳排放由 1900 年的几乎为零增加到 2005 年的 20.04 tC/人。

(3) 近 300 年来,中国碳排放与国际其他国家和地区相比具有增长速度较快,累计排放量相对较少,人均排放量较低的特点。2005 年中国碳排放量约为 1.53 GtC,居世界第二位;以 2005 年人口为基准,计算主要碳排放大国 1900 至 2007 年的人均历史累积碳排放。结果显示,美国、加拿大和英国等老牌工业化大国的人均历史累积碳排放远高于全球平均水平和发展中国家的人均水平。2007 年,G8[①] 国家的人均历史累积碳排放的平均值为 187.27 tC/人,而中国,巴西,墨西哥,南非,印度五个发展中大国的人均历史累积碳排放的平均值为 33.57 tC/人,前者是后者的 5.58 倍,是中国的 8.3 倍。英、美两国的人均累积碳排放分别是中国的 13.4 倍和 11.3 倍。中国人均历史累积碳排放只有世界平均水平的 40.2%。如果以各年实际人口计算人均历史累积排放,则 1900 年至 2007 年间发达国家和发展中国家的人均历史累积排放相差也很大。其间,美国、加拿大和英国等发达大国组成的 G8 集团国家平均历史人均排放平均为 246.46 tC,而中国、印度、墨西哥、巴西和南非五个发展中国家的人均历史累积排放平均为 56.85 tC。前者是后者的 4.33 倍。

(4) 根据 CDIAC 公布的由化石燃料消费引起的碳排放与土地利用产生的碳排放数据,求出世界各地碳排放总量。结果表明,2005 年我国人均总碳排放为 1.16 tC/人,1900—2005 年人均累计总碳排放为 35.75 tC/人,远远低于美国,加拿大,前苏联,欧洲,拉丁美洲和环太平洋发达区,与北非中东地区,中非地区,南亚东南亚地区接近。需要注意的是,从 2000 年起中国的土地利用变化造成的碳通量为负值,这说明我国的土地利用变化已经不再是碳源,而是起到了碳汇的作用。

主要参考文献

葛全胜,戴君虎,何凡能等. 2003. 过去 300 年中国部分省区耕地资源数量变化及驱动因素分析. 自然科学进展,**13**:825-832.

葛全胜,戴君虎,何凡能等. 2008. 过去 300 年中国土地利用、土地覆被变化与碳循环研究. 中国科学(D 辑):地球科学,**38**(2):197-210.

葛全胜,戴君虎. 2005. 20 世纪中前期中国农林土地利用变化及驱动因素分析. 中国科学(D 辑),**35**(1):

---

① G8 国家包括:美国、英国、德国、俄罗斯、加拿大、法国、日本、意大利

54-63.

何凡能,葛全胜,戴君虎等. 2007. 近300年来中国森林的变迁. 地理学报,62:30-40.

何建坤,刘滨. 2004. 作为温室气体排放衡量指标的碳排放强度分析. 清华大学学报(自然科学版),44(6):740-743.

张志强,曲建升,曾静静. 2009. 温室气体排放科学评价与减排政策. 北京:科学出版社. 58-59.

张志强,曲建升,曾静静. 2008. 温室气体排放评价指标及其定量分析. 地理学报,63(7):693-702.

赵冈. 1996. 中国历史上生态环境之变迁. 北京:中国环境科学出版社.

周启星. 2006. 气候变化对环境与健康影响研究进展. 气象与环境学报,22(1):38-44.

Goldewijk K K. 2001. Estimating global land use change over the past 300 years: the HYDE database. *Global Biogeochemical Cycle*, **15**(2):417-433.

Goldewijk K K, Drecht G V. 2006. HYDE 3: Current and historical population and land cover. In: Bouwman A F, Kram T, Goldewijk K K. Integrated Modelling of Global Environmental Change: An Overview of IMAGE 2.4, Netherlands Environmental Assessment Agency (MNP). Netherlands Bilthoven.

Houghton R A. 2002a. Temporal patterns of land-use change and carbon storage in China and tropical Asia. *Science in China* (Series C), **45**(Supp.):10-17.

Houghton R A. 2002b. The annual net flux of carbon to the atmosphere from changes in land use 1850—1990. *Annual net flux of carbon*, Tellus B, **51**(2):298-313.

Houghton R A, Hackler J L. 2001. Carbon Flux to the Atmosphere from Land-use Changes: 1850 to 1990. ORNL/CDIAC-131, NDP-050/R1. Carbon Dioxide Information Analysis Center, US Department of Energy, Oak Ridge National Laboratory, Oak Ridge, Tenn.

Houghton R A, Hackler J L. 2003. Sources and sinks of carbon from land-use change in China. *Global Biogeochemical Cycle*, **17**(2):1034.

Houghton R A, Hobbie J E, Melillo J M, et al. 1983. Changes in the carbon content of terrestrial biota and soils between 1860 and 1980: A net release of CO_2 to the atmosphere. *Ecological Monographs*, **53**:235-262.

Perkins D M. 1969. Agricultural Development in China. Chicago: Aldine Publishing Company.

Ramankutty N, Foley J A. 1999. Estimating historical changes in global land cover: croplands from 1700 to 1992. *Global Biogeochemical Cycle*, **13**(4):997-1027.

第3章　中国的产业活动与碳排放*

能源系统是一个国家或区域最大的碳排放来源。改革开放以来,我国经济高速增长的同时,也带来了能源消费的快速增加以及碳排放总量的迅速上升。能源消费总量从1978年的5.7亿吨标准煤上升到2007年的26.56亿吨标准煤,上升了近5倍;据美国橡树岭国家实验室测算,我国每年因化石能源燃烧而导致的碳排放量从1978年的4.04亿吨碳增加到2007年的18.02亿吨,占世界全部排放量的1/5多(CDIAC,2010)。作为发展中国家,我国不承担量化的减排义务,但我国政府一直担当了负责任的大国的角色,在推进国际减排合作、控制国内排放强度方面开展了卓有成效的工作。

产业能源活动是能源系统中最主要的排放源,工业活动引起的直接CO_2排放量的90%来源于工业燃烧的能源。因此,研究工业燃烧能源导致的碳排放问题对于减排政策的制定具有重要的意义。本章着重研究产业能源活动导致的碳排放问题。

3.1　中国产业结构的演变

3.1.1　产业结构变动的一般规律

产业结构是指各产业之间的相互关联以及各产业产量的数量关系。在一个国家的经济体系中,不仅存在着各产业之间的相互联系,而且随着国民经济发展阶段的不同,各产业之间比例关系以及由此决定的资源分配都存在一定的比例关系。可以说,任何一个国家或地区的经济发展和工业化过程,都存在着产业结构的形成和演替过程。一般来说,一个国家或区域的产业结构会随着社会经济发展水平的变化、资源开发利用的广度和深度以及产业科技水平的提升而发生相应变化。在这个过程中,第一产业的比重一般会不断下降,随着工业化的加快,第二产业的比重不断上升,到了工业化后期伴随着第三产业比重的上升,第二产业比重又会出现下降。

在一般情况下,区域产业结构变化大体上经历三个阶段,每一个阶段又有两种类型(Ⅰ、Ⅱ、Ⅲ分别代表第一产业、第二产业和第三产业),即:

第一阶段:Ⅰ占优势地位,即Ⅰ>Ⅱ>Ⅲ或Ⅰ>Ⅲ>Ⅱ;

第二阶段:Ⅱ占优势地位,即Ⅱ>Ⅰ>Ⅲ或Ⅱ>Ⅲ>Ⅰ;

第三阶段:Ⅲ占优势地位,即Ⅲ>Ⅱ>Ⅰ或Ⅲ>Ⅰ>Ⅱ。

当然,由于每个区域自身资源条件以及区域之间产业分工的不同,上述产业结构变化规律

---

* 执笔:刘红光(3.1、3.3和3.5节),唐志鹏(3.2节),唐志鹏和姚愉芳(3.4节)

1 按照发电耗煤计算法。

在不同区域有不同的速度和态势。因此,在实际情况中,也不排除有的区域产业结构会出现跳跃式发展,即有可能从第一阶段直接跨入第三阶段,这种情况一般发生在新兴工业化地区,或者具有特殊政策支持的地区。但是,不管产业结构发展变化的过程如何,最后基本都会演变为"Ⅲ>Ⅱ>Ⅰ"的状态,这也是产业结构变化的客观规律。有关产业结构变化规律的理论主要包括配第-克拉克(Petty-clark)定律、钱纳里(Chenery)定律、库兹涅茨(Kuznets)定律等。

1) 配第-克拉克(Petty-clark)定律

17世纪英国经济学家威廉·配第揭示产业间收入相对差异引起劳动力转移现象的描述性规律,即制造业比农业、进而商业比制造业能够得到更多的收入。这种收入的差距会促使劳动力由低收入部门向高收入部门转移。英国经济学家克拉克在计算了20个国家的各部门劳动投入和总产出的时间序列数据之后,发现了随着经济的发展,就业人口在三次产业中的分布变化具有明显规律,并在配第理论的基础上提出产业劳动力转移的定理:随着经济的发展,人均国民收入水平的提高,第一产业国民收入和劳动力的相对比重逐渐下降;第二产业国民收入和劳动力的相对比重上升,经济进一步发展,第三产业国民收入和劳动力的相对比重也开始上升。后来人们称此定律为"配第-克拉克定律"。

2) 钱纳里(Chenery)工业化阶段理论

美国经济学家钱纳里通过对34个准工业化国经济发展的实证研究发现,一个区域处于经济社会发展的不同阶段,会具有不同的产业结构,产业结构的升级必然带来区域发展阶段的跃迁。各个国家和地区的经济发展从时间上看大致都会经过六个不同的阶段,从一个阶段向更高阶段的升级都是通过产业结构转化来推动的(表3.1)。

表3.1 钱纳里关于经济发展阶段的判断及其修正

发展阶段		人均GDP(元/人)			总需求结构(%)		
		1970年/美元	2000年/美元	2000年/人民币	初级产品	制造业产品	服务业产品
前工业社会		140~280	552	2208	38	15	47
工业化社会	前期	280~560	1104	4416	21	24	55
	中期	560~1120	2208	8832	9	36	54
	后期	1120~2100	4417	17668	4	34	62
后工业化社会		2100~3360	8283	33132			
现代社会		3360~5040	13252	54100			

资料来源:陆大道等,2003.

第一个阶段是传统社会阶段。产业结构以农业为主,绝大部分人口从事农业,没有或极少有现代化工业,生产力水平很低。传统社会发展水平低,基础设施、技术水平都比较落后。

第二个阶段是工业化初期阶段。产业结构由以落后农业为主的传统结构逐步向以现代工业为主的工业化结构转变,开始走上工业化的发展道路。工业中则以食品、烟草、采掘、建材等初级产品的加工为主,大多产业属于劳动密集型产业,即利用区域内廉价劳动力提高产业和区域的竞争能力。人民生活水平逐步提高。市场逐步扩大,投资环境得到改善。

第三个阶段是工业化中期阶段。制造业内部由轻型工业的迅速增长转向重型工业的迅速增长,非农业劳动力开始占主体,第三产业开始迅速发展,这就是所谓的重化工业阶段。重化工业是规模经济效益最为显著的产业,制造业的大规模发展能够支持区域经济增长达到较高的速度,因此工业化中期阶段通常也是区域经济能够实现高速发展的阶段。这一阶段的产业大部分属于资金密集型,对资金需求量大;同时工业劳动力开始占主体,城市化水平迅速提高,市场稳步扩张,投资领域宽广,选择性大;作为支柱产业的重化工业,作为先导产业的机械工业和电子工业,为生活水平不断提高的居民提供服务的轻工业、耐用消费品工业和第三产业等发展迅速。工业化中期阶段是区域经济发展由传统社会向现代社会发展的关键性阶段。

第四个阶段是工业化后期阶段。在第一、二产业协调发展的同时,第三产业开始由平稳增长转入持续的高速增长,成为区域经济增长的主要力量。该阶段的主要特征是在第一、二产业获得较高水平发展的条件下,第三产业保持持续高速发展,是区域经济增长的主要贡献者。这一时期发展最快的领域是第三产业,特别是新兴服务业,如金融、信息、广告、公用事业、咨询服务等。

第二、三、四阶段合称为工业化阶段,是一个地区由传统社会向现代社会过渡的重要阶段。

第五个阶段是后工业化社会。制造业内部结构由以资本密集型产业为主导向以技术密集型产业为主导转换,同时生活方式现代化,高档耐用消费品在广大群众中推广普及。技术密集型产业的迅速发展是这一时期的主要特征,所谓技术密集型产业通常可以分为三大类:一是为生活服务的高档耐用消费品工业;二是改造、武装传统产业的新技术设备;三是新兴产业和产品,包括新能源、新材料、生物工程、航天技术等。当区域经济发展进入后工业化阶段,生产的专业化及社会分工已广泛发展,往往在生产某一产品的过程中,需要在全国甚至全世界寻求在该领域合作的伙伴,以求质量的完美。正因为如此,同处于后工业化社会的国家和地区为了协作的需要,相互投资占很大比例。

第六个阶段是现代化社会。第三产业开始分化,智能密集型和知识密集型产业开始从服务业中分离出来,并占主导地位;人们消费的欲望呈现出多样性和多变性,追求个性。现代化社会是一个用知识和智能来追求个性发展的社会,其投资领域主要是知识密集型产业和现代化的生产、生活服务业,多样化是其基本特征。

3) 库兹涅茨(Kuznets)规律

美国经济学家西蒙·库兹涅茨(Simon Kuznets)从国民收入和劳动力两个方面,对产业结构演进问题进行了深入的研究。他在其著作《各国的经济增长》(1985)中,指出了国民收入和劳动力在三次产业发展中的一般规律:

第一,随着一个国家或区域经济的发展,国民收入中第一产业的比重以及劳动力中第一产业的比重均处于不断下降趋势,其中,农业在国民收入中比重的下降的速度要超过劳动力比重的下降速度。

第二,国民收入中第二产业的比重普遍上升,但第二产业劳动力比重的变化会因不同国家和区域的资源条件和产业分工而有差异。在经济发展水平较低的国家和地区,劳动力中第二产业的比重有上升趋势;在一些经济发达国家,第二产业在劳动力和国民收入上的相对比重可能都趋于下降,其工业特别是传统工业在国民经济中的地位下降明显。第二产业的相对国民收入上升说明第二产业对国民收入贡献大。

第三,国民收入中第三产业的比重一般表现为下降的趋势,但劳动力中第三产业的比重是上升的。说明第三产业具有很强的劳动力吸纳能力。从 20 世纪 70 年代开始,西方发达国家第三产业劳动力和国民收入的相对比重都保持着向上的势头,其比重都在 50% 以上,这种现象被称为"经济服务化"。

日本产业经济学者对库兹涅茨的研究成果进行了整理,并将劳动力、国民收入以及人均国民收入在三次产业结构中的变化规律见表 3.2。从表中可以看出,在整个工业化时期,第一产业创造财富和吸纳就业的份额逐渐转移到第二产业和第三产业。在工业化中前期,第二产业逐渐成为经济增长的主要贡献者,而第三产业则是吸收劳动力的主要产业;到工业化后期以后,第二产业创造财富和吸纳就业的主导地位开始下降,第三产业则成为经济增长的主体,同时也是吸收劳动力的主要产业。因此,在工业化过程中,三次产业的发展是相辅相成的。如果第二产业总量增长很快,而第三产业增长滞后,那么必然表现为第二产业在 GDP 总额中的比重得到很快的增加,但是劳动力转移受阻,大量劳动力滞留于第一产业,城市化水平难以提高。

表 3.2 产业发展状况的概括(三部门的构成)

三次产业	劳动力相对比重 1		国民收入相对比重 2		人均国民收入 3=2/1	
	时间序列	横断面	时间序列	横断面	时间序列	横断面
第一产业	下降	下降	下降	下降	下降(1以上)	几乎不变(1以下)
第二产业	不确定	上升	上升	上升	上升(1以上)	下降(1以上)
第三产业	上升	上升	不确定	微升	下降(1以上)	下降(1以上)

资料来源:宫泽健一,1987.

上述库兹涅茨等所揭示的产业结构演进规律,可以从日本、美国的发展历程中进一步得到验证。日本 19 世纪 90 年代还处于农业社会,农业创造了近一半的国内生产总值,占用了绝大部分劳动力资源。在 20 世纪前期,日本的资本积累过程和工业化过程十分迅速,到了 20 年代,工业已成为国民财富的主要创造者。第二次世界大战以后,日本的工业化过程日新月异,到 20 世纪 80 年代,已完成了一般的重化工业和深加工工业化的转变过程。20 世纪 90 年代,日本进入后工业化时期,第三产业成为国民经济的主体,其比重和就业比重均呈现上升态势。

美国的工业化过程起步于 18 世纪末 19 世纪初,分别渐进式地经历了纺织、食品、服装阶段(19 世纪上半叶)、钢铁和机器制造业阶段(19 世纪中叶)、铁路车辆制造阶段(19 世纪 60 年代到 20 世纪 20 年代)、汽车制造阶段(20 世纪上半叶)以及第二次世界大战以后以电子、信息为代表的现代产业发展阶段。20 世纪以来,美国经济的发展主要表现为对传统工业进行新技术改造及现代产业的发展,并且以后者为主,体现了后工业化阶段及现代社会发展的基本特征(表 3.3)。

表 3.3　日本、美国三次产业结构的演变

时间	项目(%)	日本			美国		
		第一产业	第二产业	第三产业	第一产业	第二产业	第三产业
19世纪90年代	GDP比重	42.7	21	36.3	17.9	44.1	38
	就业比重	72	13	15	42	28	30
20世纪20年代	GDP比重	28.1	37.7	34.2	11.2	41.3	47.5
	就业比重	55	22	23	27	34	39
1960—1965年	GDP比重	9.7	47.9	42.4	3.3	43.5	53.2
	就业比重	29	31	40	7	34	59
20世纪80年代中期	GDP比重	3	54.7	42.3	2	34.0	64.0
	就业比重	10.3	34.8	54.9	3.6	30.2	66.2
1995年	GDP比重	2	38	60	2	26	72
	就业比重	5.8	32.8	61.4	3.5	22.5	74

注:日本、美国第一产业包括矿业。
资料来源:陆大道等,2003.

3.1.2　产业结构变动的影响因素

1)经济发展对产业结构调整的促进作用

产业结构调整其实质就是通过各种资源要素的重新组合,实现资源要素产出的最大化的过程,即资源总是倾向于从生产效率低下的部门向生产效率高的部门转移。从三次产业的演替规律我们可以发现,经济发展水平是影响产业结构调整的重要因素之一,即在随着经济积累的不断增加,产业结构会有规律的变动。

①技术进步对产业结构的影响。随着经济发展水平的提升和财富的不断积累,为了追求利润最大化,有的部门企业开始将剩余的财富投入到技术创新中,于是就有了企业的技术创新,这种创新慢慢扩散到整个部门,并开始吸引其他部门的资金开始流入,最终形成了产业结构的调整过程。

② 资源要素配置效率对产业结构的影响。产业结构的调整,不仅取决于各种资源、资本、技术、劳动力等的投入要素的规模,更重要的还取决于这些资源要素是否得到最有效的配置,如果这些资源要素没有得到最有效的配置,则资源要素必然流向劳动生产率较高的部门,并导致产业结构的调整。产业结构调整实质上可以看作是资源要素重新配置的过程。而经济发展水平是导致原有资源要素配置水平与现有经济实力和产业技术不相适应的主要因素,财富的积累以及部门技术水平的变化,必然导致资源要素的重新配置倾向。

③ 消费水平的提升对产业结构的影响。随着经济发展水平的提高,居民收入不断提高,居民对物质文化的需求自然也会提高,包括产品质量的提高、消费品种类的增加以及对新品种的需求增加。消费水平的提高和升级打开了新的市场需求空间,并吸引各种资源要素向这一新的市场空间集聚,通过产业间的高效运转把社会各种资源不断转化为各种产品和劳务,以满足社会需求,最终形成产业结构的调整。

④区域经济一体化对产业结构调整的影响。随着经济的发展以及区域之间通信交通条件

的提升,各区域之间的联系愈加紧密,各区域的经济发展越来越离不开其他区域。在区域经济一体化的条件下,各区域的资源要素条件由以前在各自区域内部进行最优化调配变化为在更大的区域范围内进行最优化调整配置,并会由此引发新一轮的产业结构调整。例如,我国的诸多产业都是在计划经济条件下根据本国人民生活需要建立起来的,很少考虑国际分工原则。但随着我国改革开放的深入,尤其加入WTO后,必须建立起本国的优势产业,并按照国际分工的原则进行逐步调整。

⑤ 经济结构调整对产业结构调整的影响。在经济发展过程中,由于发展环境的变化可能会出现许多问题,例如环境问题,贫富分化问题等,因此就需要对在经济发展过程中,根据出现的问题不断进行经济结构调整,经济结构调整的最终结果就是产业结构实现调整和升级。例如我国经济建设中要实现我国经济增长方式从粗放型向集约型转变。而对不合理的产业结构进行调整是实现经济增长方式从粗放型向集约型转变的根本要求。这是因为产业结构不合理就意味着资源、技术、资本、劳动力等生产要素的配置存在不合理性,这样就造成了各种资源的浪费和粗放的经济发展方式。

2) 消费结构变化推动产业结构的变化和调整

消费作为经济活动的终端,是经济发展水平的重要体现,也是产业结构调整的重要作用因子。在区域经济一体化不明显的时期,往往一个区域的消费结构就直接决定了这个区域的产业结构。所谓消费结构是指各类消费支出在消费总支出中所占比重以及相互间的质和量的关系。产业结构的变动与消费结构升级密切相关,并且要善于发现潜在的消费需求,才能成长、发展、壮大。

市场消费需求的拓展是新兴产业形成的基础,是产业升级的直接动因。市场消费需求是社会生产的前提,是影响产业结构变动的最重要因素。潜在新需求的逐步形成,对新供给的产生提供了强大拉力。在拉力作用下,生产新产品的企业逐渐发展起来,在一定条件下,多个新企业就可能发展为新兴产业部门。随着经济社会的发展,人们的需求层次也会逐步升级,新的产业部门也大体上沿着人们的需求变化不断发展,产业结构的"轻型化"阶段、"重工业化"阶段和"高加工化"阶段分别和人类不同层次的需求相适应。例如在我国,改革开放以来,我国出现了三次消费结构升级,带动了我国产业结构的升级。第一次消费结构升级在改革开放初,粮食消费需求下降、服装等轻工产品消费需求上升,对我国轻工、纺织产品的生产产生了强烈的拉动,并带动了相应产业的迅速发展,带动了第一轮经济增长周期。第二次是在20世纪80年代末至90年代末。前期在"老三件"和"新三件"(分别是温饱和小康时期的标志性消费品)的需求带动下,相关产业的迅猛发展;后期随着我国城市化水平的不断提高,人们对家用电器等耐用消费品的消费需求快速增加,并带动电子、钢铁、机械制造业等行业的快速发展,出现第二轮经济增长。进入21世纪,随着我国经济发展水平的进一步提升,以及加入世贸组织的影响,我国正在进行第三次消费结构升级,增长最快的是教育、娱乐、文化、交通、通信、医疗保健、住宅、旅游等方面的消费,由此带动了IT产业、汽车产业以及金融房地产业的快速成长。

3) 国际产业转移对产业结构变动的影响

国际产业转移是指产业由某些国家或地区转移到另一些国家或地区的空间移动现象。国际产业转移的一般趋势是最先从劳动密集型产业开始,然后推进到资本、技术密集型行业的转移。第二次世界大战以来,全球发生了几次大规模的产业结构调整与转移,每次产业转移都极大地影响了世界经济的发展。

第一次国际产业转移发生在20世纪50年代,主要是从美国转移到日本和西欧各国。一方面,第二次世界大战时期本土经济未受战争破坏的美国为了自身的产业升级,积极发展资本密集型的重化工业。另一方面,美国为了进一步扩大出口和消除日本等国贸易保护主义的影响,进行海外投资,将部分产业转移至日本和西欧。

第二次国际产业转移发生在20世纪60年代,主要从日本和美国向包括中国台湾、中国香港、新加坡和韩国在内的亚洲"四小龙"转移。当时,美国和日本为了产业升级,占据竞争的有利位置,集中力量发展钢铁、化工、汽车和机械等出口导向性资本密集工业;而东亚"四小龙"利用其优越的地理位置大力承接转移出来的轻纺等劳动密集型产业,实现产业腾飞。

20世纪70年代第三次国际产业转移的趋势是美国、日本大力发展技术密集型产业,向亚洲"四小龙"进行资本密集型产业的转移,而亚洲"四小龙"则把失去比较优势的部分劳动密集型产业转移至东盟四国等亚洲发展中国家。

进入20世纪80年代,随着世界经济一体化进程的推进,新的科技革命浪潮的冲击,尤其是信息技术的出现,对全球产业重构产生了深远的影响。为了保持和扩大全球竞争的优势,美国、日本等发达国家,一方面加速发展微电子、生物工程、光纤通信、激光技术等知识密集型产业;另一方面把逐渐失去比较优势的资本、劳动密集型产业转移到海外,以便集中力量发展高新技术产业和高附加值的产品。亚洲"四小龙"和东盟国家依托低廉的熟练劳动力价格的比较优势,在第四次国际产业转移浪潮中抓住机遇,引进产业。

3.1.3 我国产业结构变动的历史过程

1949年以前,中国的工业基础相当薄弱,可以说是"一穷二白",绝大多数工业行业几乎为零。新中国成立以来,中国工业经历了从无到有、从小到大、从弱到强的发展过程。1949年的工业总产值仅140亿元,占社会总产值的10%。在全部制造业产值中,手工工业占73%,使用机械生产的工业只占27%;在使用机器的工业中,轻纺工业占80%以上,重工业不到20%,几乎所有的机器设备都依靠进口。主要工业产品的产量为:原煤0.32亿t,原油12万t,发电量43亿度,钢15.8万t,生铁25万t,水泥66万t。在工业布局上,70%的工业集中在上海、天津、青岛等沿海少数城市,占国土面积90%以上的广大内地,工业产值只占全国工业总产值的30%(吕政,1999)。

新中国成立60年来,我国实现了从传统的农业国向工业国迅速转变的过程,特别是改革开放以来中国的工业化进程进一步加快,我国第二产业增加值由1978年的0.17万亿元增加到2007年的12.14万亿元。伴随着经济发展的不同阶段,我国产业结构变化也具有明显的阶段性特征。

1) 1949—1960年重工业化指导思想的形成及其实践

新中国建立后,我国提出要在较短时间内实现国家工业化,尽快建立较为完整的工业化体系的目标。从1953年开始,以大规模工业建设为主要内容的第一个五年计划正式启动。重工业在全部工业中的比重由1952年的37.3%上升到1957年的45.0%。重、轻、农之比由1952年的15.3∶27.8∶56.9上升为1957年的25.5∶31.2∶43.3。从1958年开始,中国进入了第二个五年计划时期,工业发展道路出现偏差。经济发展被简单化为工业发展,工业发展被简单化为重工业发展,重工业发展被简单化为只发展钢铁工业,工业化过程集中为全民炼钢行动。仅到1959年初,产业结构就已经严重失衡,1959年底重工业总产值比上年增长48.1%,在工业总产值中的比重由上年的53.5%上升到58.5%,为满足人们日常生活的轻工业严重萎缩。1960年,以赶超英美为目标的"大跃进"运动再掀高潮,集中全力保钢。到1960年底,轻工业进一步萎缩,产值大幅下降了9.8%,农业下降了12.6%,重、轻、农之比达到52.4∶25.8∶21.8。这一时期虽然重工业得到了较快的发展,但轻工业已经严重萎缩,人们的物质文化需求得不到保障,人们生活水平并没有得到提升,相反却出现了严重的下降。

2) 1961—1977年产业结构比例关系的调整

针对"大跃进"时期国民经济结构出现的严重失调,从1961年起,我国开始逐步调整经济结构。轻、重工业的比例由1960年的33.4∶66.6提高到1966年的49.0∶51.0,农、轻、重的比例由1960年的21.8∶26.1∶52.1转变为1966年的35.9∶31.4∶32.7。农业重新成为国民经济中占最大份额的产业。1965年,国民经济呈现一定的良性增长。但基于"战争不可避免"的战略准备,工业化的方向转为以"准备打仗"为指导思想的"三线建设",工业建设分散布局在西南、西北等偏远隐蔽地区。1970年,农、轻、重之比由1965年的37.3∶32.3∶30.4变为32.5∶31.1∶36.4。1971年以后,在政府主导下,地方出现了大力发展小水电、小钢铁、小煤窑、小水泥、小氮肥的"大办五小"工业化高潮,工业结构进一步失衡。到1975年年底,农、轻、重之变为28.2∶31.6∶40.2。

3) 1978—1985年产业结构逐步改善

1978年底,中共十一届三中全会召开,实事求是的思想路线和改革开放的发展方针得以确立。从1979年开始,国家对国民经济实施了第二次全面调整。轻工业比重逐步上升,1979、1980、1981三年,中国轻工业产值的增长速度分别达9.6%、18.4%和14.1%,而同期重工业产值的增长速度则分别为7.7%、1.46%和−4.7%。到1981年年底,轻工业产值在工业总产值中所占比重达到51.5%,超过了重工业。1981年,我国开始实施"六五"计划,三次产业进一步协调,在调整农业内部产业结构,积极发展第三产业的同时,投资向"以能源、交通为战略重点"的产业倾斜。1985年,轻、重工业基本保持49.6∶50.4的协调比例,农、轻、重之比为34.3∶30.7∶35.0,产业结构比较合理。

4) 1986—2002年三次产业协调发展,产业结构进一步优化

整个20世纪80年代下半期和90年代上半期,我国产业结构调整的重点是加大对基础产业和基础设施的投入,加快第三产业的发展步伐,加强农业的基础地位,培育扶持主导产业和高技术产业,提高产业结构水平。这一时期以满足我国广大人民物质生活为主的轻纺工业和家电行业(彩电、洗衣机、冰箱等),以及大规模基础设施建设带动的建材化工工业的快速发展,为产业结构调整和优化作出了很大贡献。同时,受1997年东南亚金融危机的影响,以出口为导向的重工业化趋势得到了一定程度的抑制,也为我国产业结构趋于合理作出了贡献。经过十余年的努力,我国产业结构调整取得了巨大进展。能源、原材料供应紧张,交通运输、邮电通信落后的状况大大缓解。三次产业结构向合理化方向发展。到2002年,我国一、二、三产业之比由1985年的28.4:43.1:28.5变为15.4:51.1:33.5。第一产业从业人员占全部劳动人口的比重由1985年的62.4%降低为2002年的50.0%,第二产业由20.8%上升到21.4%,第三产业由16.3%上升到28.6%。在改善基础工业的基础上,轻、重工业的比重保持了相对稳定。2002年二者比例为39.1:60.9,重工业比重比1985年有大幅下降。

5）2002年以后重工业化倾向重新抬头

受我国加入世界贸易组织(WTO)影响,2002年之后我国对外贸易规模成倍增长,对外贸易总额从2002年的6207.7亿美元上升到2007年的21737.3亿美元。以出口为导向的经济发展模式导致了我国钢铁、化工、电力等基础原材料工业的快速发展,重工业重新得到了发展机会。与此同时,通信、汽车、住宅等新兴产业的高速增长以及区域基础设施的大规模建设,带动了钢铁、机械、建材、化工等基础行业的高速发展。三次产业结构比重由2002年的13.7:44.8:41.5变动为2007年的11.3:48.6:40.1。第二产业增加明显,而第三产业相对萎缩。重工业增加迅速,而轻工业比重下降了10个百分点,平均每年下降近2个百分点,轻重工业比重由2002年的39.1:60.9变化为2007年的29.5:70.5,重工业化倾向重新抬头。

3.1.4 我国未来产业结构变动的总体趋势

1）工业结构调整与升级

由于资源与环境约束,中国未来发展走新型工业化道路是必然的选择。走新型工业化道路又必然要求在工业结构调整中,更多地关注结构优化和产业升级,以形成技术先进、附加值高、资源利用效率高的现代工业体系。

未来较长时间(20年左右),我国工业结构中的重化工业的趋势还将延续,重化工业还有较大的增长潜力和发展空间。但重化工业内部的产业部门与产品在发展过程中有一个结构优化问题。从当前我国重化工业的结构看,作为中间投入品的原材料工业的比重偏大,而加工程度较高的机电工业的比重偏低的问题日益突出。统计表明,机电工业总产值占重工业总产值的比重,1998年为52.2%,2005年下降为43.8%。在机电工业中,附加值低的一般加工工业又占据很大比重,技术密集的装备制造业的比重上升缓慢,与工业发达国家和一些新兴工业化国家相比存在较大差距。因此,加快机电工业特别是装备制造业的发展,提高深度加工产业在重化工业中的比重,必将有助于提升重化工业乃至整个工业的结构效率,从而促进产业升级,逐步提升其在全球价值链中的地位,不断提高产业的国际竞争力。

2）现代服务业将得到快速发展

现代生产性服务业包括金融、保险、物流、旅游、教育、文化、科学研究、技术服务等,是一个耗能低、污染小、就业机会多的低碳产业,有着很大的发展空间。鉴于当前第三产业过于依赖"生活型"服务业的低质结构,未来10~15年应将加快发展金融、保险、咨询、物流等知识型服务业或"生产型"服务业,致力于服务业的结构升级和增强服务业的竞争力,作为调整三次产业结构的突破口。我国2008年、2009年连续两年颁布了《国务院关于加快发展服务业的若干意见》,也充分体现了中央政府对服务业的重视。

用高新技术改造传统重化工业,加快第三产业尤其是生产性服务业的发展,可以有效降低工业化与城市化过程中的碳排放,是发展低碳经济的重要途径。

3.2 能源消费与碳排放的影响要素评价[①]

3.2.1 影响中国碳排放的突变级数评价法

我国 CO_2 的排放的影响要素主要跟一次能源消耗结构、产业结构和能耗技术管理水平等相关。国内的理论工作者对此做了相关的研究,如张雷(2003,2006)通过对发达国家和发展中国家长期发展的对比,认为经济结构的多元化和能源消费结构的多元化会导致国家从高碳燃料向低碳为主的转变,缓慢的一次能源消费结构变化是难以有效控制地区碳排放增长的关键;王中英和王礼茂(2006)认为过分依赖投资的经济增长方式和以工业为主的经济结构在很大程度上是导致温室气体排放量增加的主要原因;蒋轶红和王铮(2003)认为由于技术进步和人力资本的间接影响能够带来 CO_2 排放量的减少。

现有评价方法多为层次分析、模糊评价以及因子分析等方法,但这些方法对权重的确定主观性较大或计算过程过于复杂。突变理论(Poston and Stewrt,1978;都兴富,1994)主要研究势函数,依据势函数将临界点分类。它处理不连续性特征时并不涉及任何特殊的内在机制,这就使它特别适用于研究对内部作用尚未知的系统。由于该方法考虑了各评价指标的相对重要性,把定性与定量相结合,从而减少主观性又不失科学性、合理性,而且计算简易准确,目前在资源环境(黄奕龙,2001;周绍江,2003;李艳等,2007;周强和张勇,2008)及技术创新(游明达和陈凡兵,2008)等综合评价方面已经得到了广泛应用。

初等突变理论有7个基本模型,最常见的突变系统类型为尖点突变系统、燕尾突变系统、蝴蝶突变系统。三种突变系统模型的势函数分别为:

尖点突变系统模型:$f(x) = x^4 + ax^2 + bx$

燕尾突变系统模型:$f(x) = \frac{1}{5}x^5 + \frac{1}{3}ax^3 + \frac{1}{2}bx^2 + cx$

蝴蝶突变系统模型:$f(x) = \frac{1}{6}x^6 + \frac{1}{4}ax^4 + \frac{1}{3}bx^3 + \frac{1}{2}cx^2 + dx$

突变级数法基于突变理论,将评价总指标进行多层次分主次的矛盾分解或分组,排列成树状目标层次结构,由评价总指标逐渐分解到下一层子指标。因此常见突变系统的某状态变量的控制变量不超过4个,相应地一般各层指标数也不超过4个。上述模型中,x 为突变系统中的一个状态变量,$f(x)$ 为状态变量 x 的势函数,a,b,c,d 均为状态变量的控制变量。将主要控制变量写在前面,次要控制变量写在后面。如果一个指标可以分解为2个子指标,该系统可视为尖点突变系统;类似的如果可以分解为3个子指标或4个子指标,该系统可视为燕尾突变系

[①] 本节部分内容和观点引自"唐志鹏,刘卫东等,基于突变级数法的中国 CO_2 减排的影响要素指标体系及其评价研究,资源科学,2009,31(11)"。

统或蝴蝶突变系统。

由突变系统模型的分歧集方程可推出归一化公式。归一化公式把控制变量统一化为状态变量表示的质态。设突变系统的势函数为 $f(x)$，根据突变理论，它的所有临界点集合成平衡曲面 V，其方程通过求 $f(x)$ 的一阶导数而得到，即 $f'(x) = 0$。它的奇点集通过对 $f(x)$ 求二阶导而得到，即 $f''(x) = 0$。由 $f'(x) = 0$ 和 $f''(x) = 0$ 消去 x，则得到突变系统的分歧点集方程，分歧点集方程表明诸控制变量满足此方程时，系统就会发生突变。如对尖点突变系统，其相空间是三维的，求 $f'(x) = 0$，即平衡曲面 V 由 $4x^3 + 2ax + b = 0$ 给出，奇点集是满足方程 $12x^2 + 2a = 0$ 的 V 的子集。由两个方程消去 x，得到 $8a^3 + 27b^2 = 0$，找到分歧点集，其分解形式为：$a = -6x^2, b = 8x^3$，化为突变模糊隶属函数可得到如下归一化公式：

$$x_a = a^{1/2}, x_b = b^{1/3} \tag{3.1}$$

式中 x_a 表示对应 a 的 x 值；x_b 表示对应 b 的 x 值。同理燕尾突变系统的分解形式为：$a = -6x^2, b = 8x^3, c = -3x^4$；其归一化公式为：

$$x_a = a^{1/2}, x_b = b^{1/3}, x_c = c^{1/4} \tag{3.2}$$

蝴蝶突变系统的分解形式为：$a = -10x^2, b = 20x^3, c = -15x^4, d = 4x^5$，其归一化公式为：

$$x_a = a^{1/2}, x_b = b^{1/3}, x_c = c^{1/4}, x_d = d^{1/5} \tag{3.3}$$

利用归一化公式进行综合评价，状态变量所对应的各个控制变量计算出的值可以按照三种不同的评价准则：(1) 非互补准则：若系统的诸控制变量之间其作用不可互相替代，按"大中取小"原则取值；(2) 互补准则：若系统的诸控制变量之间可互相弥补其不足时，按其均值取用；(3) 过阈值互补原则：诸控制变量必须达到某一阈值后才能互补。

3.2.2 碳排放影响要素评价指标的选取

一次能源消耗结构、产业结构以及能耗技术管理水平等是影响我国 CO_2 减排的主要要素。煤炭、石油和天然气三种常规一次能源消耗比重的降低有助于减少碳的排放，水电风电核电消耗比重的上升也有助于减少碳的排放；在产业结构因素中，由于我国工业对化石燃料的消耗是碳排放增加的主要原因，因此适度的降低工业的比重，提高第三产业的比重来调整产业结构也有助于降低碳的排放；能源消耗的技术管理水平的提高，一方面依靠提高能源自身的加工转换效率，另一方面由于全员劳动生产率是行业的生产技术水平、经营管理水平、职工技术熟练程度和劳动积极性的综合表现，三次产业的劳动生产率增长也反映了能源使用效率的提高，有利于碳减排。

根据《中国统计年鉴 2008》选取的中国 CO_2 减排的影响要素指标体系，见表 3.4。

表 3.4 我国 CO_2 减排的影响要素指标体系

一次能源消耗结构 M_1	煤炭消耗比重 Z_1	逆向指标，越小越好
	石油消耗比重 Z_2	逆向指标，越小越好
	天然气消耗比重 Z_3	逆向指标，越小越好
	水电风电核电消耗比重 Z_4	正向指标，越大越好
产业结构 M_2	工业国内产值比重 Z_5	逆向指标，越小越好
	第三产业国内产值比重 Z_6	正向指标，越大越好
能耗技术管理水平 M_3	能源加工转换效率 Z_7	正向指标，越大越好
	全员劳动生产率 Z_8	正向指标，越大越好

突变级数法在评价具体指标时,在同一属性、同一层次的指标中,相对重要的指标排在前面,相对次要的指标排在后面。由于熵值法是一种客观赋权相对精确的方法(戴西超等,2003),为克服排序的主观性,可根据熵值法计算各指标权重的大小对其进行排序,以保证各项指标排序和对应的重要程度一致。熵值法来确定各指标的权重计算公式如下,其中 Z_{ij} 表示第 j 项指标的第 i 个样本,均为标准化的数据。首先,第 j 项指标的第 i 个样本的比重 t_{ij}:

$$t_{ij} = z_{ij} / \sum_{i=1}^{m} z_{ij} \quad (i=1,2,\cdots,m; j=1,2,\cdots,n) \tag{3.4}$$

其次,第 j 项指标的熵值 e_j:

$$e_j = -\frac{1}{\ln(m)} \sum_{i=1}^{m} t_{ij} \ln t_{ij} \quad (j=1,2,\cdots,n) \tag{3.5}$$

最后,计算指标的效用值 $d_j = 1 - e_j$,第 j 项指标权重为:

$$w_j = d_j / \sum_{j=1}^{n} d_j \tag{3.6}$$

对于多层结构的评价指标,根据熵的可加性,利用下层结构的指标效用值求和,得到上层各类指标的效用值,记作 $D_k (k=1,2,\cdots,s)$,得到相应上层指标的权重:

$$T_k = D_k / \sum_{k=1}^{s} D_k \tag{3.7}$$

根据《中国统计年鉴 2008》中 1991—2007 年的数据,各级指标排列顺序如下:一级指标 (M_1, M_3, M_2);二级指标 (Z_3, Z_4, Z_1, Z_2);(Z_8, Z_7);(Z_6, Z_5)。

3.2.3 碳排放的影响要素评价与分析

各级指标排序后,将 1991—2007 年原始数据转换成突变模糊隶属度函数值。对于正向指标越大越好,以样本中最大值为基准,将其突变模糊隶属度函数值取为 1.0;而对于逆向指标越小越好,以样本中最小值为基准,将其突变模糊隶属度函数值取为 1.0,1991—2007 年各评价指标的突变模糊隶属度函数值见表 3.5。

表 3.5　1991—2007 年我国 CO_2 减排的影响要素评价指标及其突变模糊隶属度值

年份	一次能源消耗结构 M_1				能耗技术管理水平 M_3		产业结构 M_2	
	天然气消耗比重 Z_3	水电核电风电消耗比重 Z_4	煤炭消耗比重 Z_1	石油消耗比重 Z_2	全员劳动生产率 Z_8	能源加工转换效率 Z_7	第三产业比重 Z_6	工业比重 Z_5
1991	0.850	0.608	0.871	1.000	0.501	0.922	0.812	1.000
1992	0.895	0.620	0.876	0.977	0.536	0.923	0.838	0.972
1993	0.895	0.658	0.888	0.940	0.612	0.942	0.813	0.925
1994	0.895	0.722	0.884	0.983	0.731	0.912	0.810	0.919
1995	0.944	0.772	0.889	0.977	0.823	0.994	0.792	0.905
1996	0.944	0.696	0.888	0.950	0.865	1.000	0.790	0.897
1997	1.000	0.785	0.925	0.838	0.867	0.968	0.824	0.891
1998	0.773	0.848	0.953	0.795	0.850	0.971	0.874	0.921
1999	0.810	0.785	0.959	0.757	0.830	0.968	0.908	0.928
2000	0.708	0.848	0.978	0.737	0.839	0.966	0.941	0.920
2001	0.654	1.000	0.994	0.747	0.845	0.965	0.976	0.934
2002	0.654	0.975	1.000	0.731	0.842	0.966	1.000	0.942
2003	0.654	0.861	0.969	0.770	0.855	0.971	0.994	0.918
2004	0.654	0.899	0.975	0.767	0.905	0.989	0.974	0.910
2005	0.607	0.899	0.959	0.814	0.932	0.995	0.967	0.880
2006	0.567	0.911	0.955	0.838	0.958	0.996	0.965	0.861
2007	0.486	0.924	0.954	0.868	1.000	0.997	0.967	0.863

以1991年的数据为例,说明各层指标的具体计算过程:

X_{Z3}、X_{Z4}、X_{Z2}、X_{Z1}构成蝴蝶突变系统模型,按照互补原则,有:

$$X_{M1} = (X_{Z3}^{1/2} + X_{Z4}^{1/3} + X_{Z1}^{1/4} + X_{Z2}^{1/5})/4$$
$$= (0.850^{1/2} + 0.608^{1/3} + 0.871^{1/4} + 1.000^{1/5})/4 = 0.934$$

X_{Z8}、X_{Z7}构成尖点突变系统模型,按照非互补原则,有:

$$X_{M3} = \min\{X_{Z8}^{1/2}, X_{Z7}^{1/3}\} = \min\{0.501^{1/2}, 0.922^{1/3}\} = 0.708$$

X_{Z6}、X_{Z5}构成尖点突变系统模型,按照互补原则,有:

$$X_{M2} = (X_{Z6}^{1/2} + X_{Z5}^{1/3})/2 = (0.812^{1/2} + 1.000^{1/3})/2 = 0.951$$

M_1、M_3、M_2构成燕尾突变系统模型,按照非互补原则,有:

$$X_A = \min\{X_{M1}^{1/2}, X_{M3}^{1/3}, X_{M2}^{1/4}\} = \min\{0.934^{1/2}, 0.708^{1/3}, 0.951^{1/4}\} = 0.891$$

同理,可以依次计算出其他若干年度CO_2减排的评价结果,如表3.6所示。类似地,可以分别得到"九五"计划、"十五"计划以及"十一五"计划前两年的评价均值。"八五"至"十一五"期间各项要素评价均值以及综合评价均值如图3.1所示。

表3.6 1991—2007年我国CO_2减排的评价值

年份	1991	1992	1993	1994	1995	1996	1997	1998	1999
一次能源消耗结构 M_1	0.934	0.940	0.944	0.952	0.964	0.955	0.967	0.942	0.939
能耗技术管理水平 M_3	0.708	0.732	0.782	0.855	0.907	0.930	0.931	0.922	0.911
产业结构 M_2	0.951	0.953	0.938	0.936	0.929	0.927	0.935	0.954	0.964
综合评价 A	0.891	0.901	0.921	0.949	0.968	0.976	0.977	0.971	0.969

年份	2000	2001	2002	2003	2004	2005	2006	2007
一次能源消耗结构 M_1	0.931	0.938	0.935	0.925	0.929	0.923	0.919	0.908
能耗技术管理水平 M_3	0.916	0.919	0.917	0.925	0.951	0.965	0.979	0.999
产业结构 M_2	0.971	0.983	0.990	0.984	0.978	0.971	0.967	0.968
综合评价 A	0.965	0.968	0.967	0.962	0.964	0.961	0.959	0.953

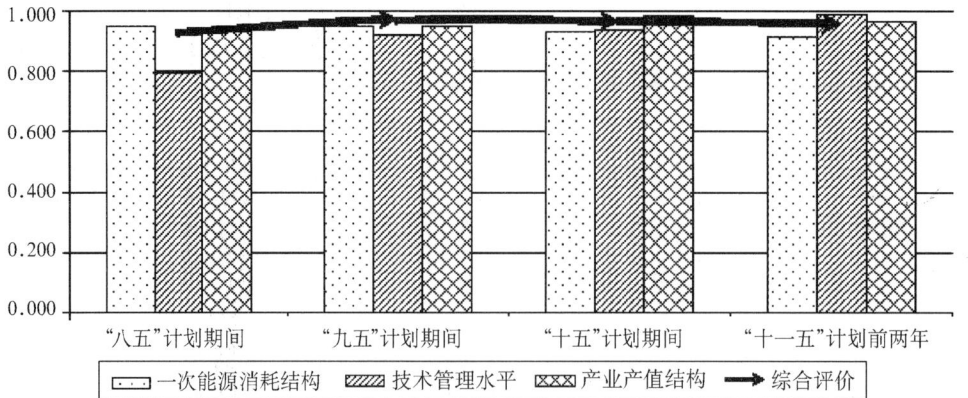

图3.1 "八五"计划至"十一五"计划期间我国CO_2减排的评价均值趋势图

从图3.1来看,在一次能源消耗结构和能耗技术管理水平影响推动下,"九五"计划期间CO_2减排方面总体上达到最好。"十五"计划期间以及"十一五"规划前两年略有下降,究其原因主要是一次能源消耗结构中碳能源的消耗比重有所上升造成的。"十一五"规划前两年CO_2减排和"十五"计划期间相比,总体上也呈略有下降的趋势,"十一五"规划前两年虽然能耗技术管理水平有所大幅上升,但一次能源消耗结构中对碳能源消费倚重程度进一步加强,同时产业结构中工业的比重也较"十五"计划期间有所上升。

从一次能源消耗结构、能源技术管理水平和产业结构三种影响要素来看,一次能源消耗结构在CO_2减排工作起着主导作用。这就需要进一步加强新能源的开发和利用,增大清洁能源在能源消耗结构中的比重,减少对常规碳能源的使用。从能源的技术管理水平来看,1991—2007年我国的能源加工转化效率以及生产管理方面呈明显上升趋势,表明技术进步等在使用碳能源方面起到了明显的直接和间接作用。从产业结构方面,结合表3.5和表3.6,2002—2006年产业结构方面CO_2减排呈下降趋势,在2006—2007年CO_2减排则略有上升,根据统计年鉴的数据发现2002—2006年工业的比重有所增大,第三产业的比重有所下降,而2006—2007年第三产业比重有所上升,工业比重有所下降,反映出产业结构调整也会对CO_2减排起着一定的推动作用。

3.3 我国工业能源活动碳排放的因素分解[①]

3.3.1 指标分解分析方法的相关研究进展

碳排放或者能源消费的因素分解研究自20世纪80年代以来一直是国际能源研究的热点问题,目前对碳排放分解的研究日趋成熟,研究方法日趋合理,对于碳减排政策的制定起到了重要作用。

指标分解分析(Index decomposition analysis)是国际上能源与环境政策制定中被广泛接受的一种方法(Ang,2004)。指标分解分析方法其实质就是将碳排放的计算公式表示为几个因素指标的乘积,并根据不同的确定权重的方法进行分解,以确定各个指标的增量份额。我们可以将不同的分解方法分为Laspeyres指数法、简单平均分解法、自适应权重分解法三类。

Laspeyres指数是1864年由德国的E. Laspeyres提出来的,它是以基期的数量指标作为权重的加权综合指数,同度量因素固定在基期。在具体应用中,如果需要考察某一个变量因素的贡献时,只需保持其他变量不变。Laspeyres指数法在20世纪80—90年代比较盛行,Park(1992)对这种方法进行了很好的总结。同时许多学者也运用了这种方法对美国以及其他一些OECD(经济合作和发展组织)国家的能源消费进行了研究(Schipper et al.,1990,1992,1993; Howarth,1989;Horarth and Schipper,1991; Howarth et al.,1999)。后来发展中国家也有学者应用Laspeyres指数法对能源问题进行研究(Zhang,2003)。

简单平均分解法一般采用始年和末年相应参数的某种平均值作为因子权重,根据计算平

[①] 本节部分观点和内容引自"刘红光,刘卫东. 中国工业燃烧能源导致碳排放的因素分解,地理科学进展,2009,28(2)"。

均值方法的不同,可以分为很多种。Boyd 等(1988)提出的分解方法采用始年和末年能源消费量的平均值作为权重,并采用对数方法计算相应因素的增量。这种方法应用得最为广泛,虽然当数据中有零存在时会出现计算问题;Ang 和 Lee (1994)提出的分解方法采用了两个年份相应参数的简单算术平均值作为因子权重。这种方法不会产生很大的余值,且即使数据中包含零也不会出现计算问题,但是这种方法应用的却很少;Ang 等人(1998)比较了之前的几种分解方法,在此基础上提出了对数平均权重分解法(Logarithmic Mean Weight Division Index method,LMDI)。他采用了一个对数平均公式:

$$L(E_{i,T},E_{i,0}) = (E_{i,T} - E_{i,0})/\ln(E_{i,T}/E_{i,0}) \tag{3.8}$$

替换了他上次提出方法的简单算术平均权重。这一方法的优点是可不产生余值,且允许数据中包含零,并且他采用这种方法对包括中国在内的三个国家进行了实证分析;韩国学者 Chung 和 Rhee(2001)提出了平均增长率指数法(mean rate-of-change index (MRCI)),他们确定权重的方法是引入所有系数的平均增长率的平均值作为权重因子的重要组成部分,允许存在一个自由的余值,且重要的是与 LMDI 方法不同的是允许数据可以出现负值。他们认为这种方法比 Ang 等人提出的方法更加科学合理。只是他的碳排放量计算公式中引入了投入产出系数。如果将能源消费总量视为总产值、产业结构和能源消费强度三个因子的乘积,即 $E_t = \sum_i Y_t S_{i,t} I_{i,t}$,能源消费增量为 $\Delta E_{tot} = E_T - E_0$,根据 Laspeyres 指数法和以上四种 SAD 方法的不同思想,我们可以将总产值、产业结构和能源消费强度引起的能源消费增量分别表示为表 3.7 的形式,其中 SAD1 是 Boyd 等(1988)提出的方法,SAD2 是 Ang 等(1994)提出的方法。

表 3.7 碳排放增量的不同分解方法的表达形式

方法	产值变量/ΔE_{pdn}	结构变量/ΔE_{gr}	强度变量/ΔE_{int}
Laspeyres	$\sum_i Y_T S_{i,0} I_{i,0} - E_0$	$\sum_i Y_0 S_{i,T} I_{i,0} - E_0$	$\sum_i Y_0 S_{i,0} I_{i,T} - E_0$
SAD1	$0.5\sum_i (E_{i,T}+E_{i,0})\ln(Y_T/Y_0)$	$0.5\sum_i (E_{i,T}+E_{i,0})\ln(S_{i,T}/S_{i,0})$	$0.5\sum_i (E_{i,T}+E_{i,0})\ln(I_{i,T}/I_{i,0})$
SAD2	$0.5(I_0+I_T)(Y_T-Y_0)$	$0.5\sum_i (I_{i,0}Y_0+I_{i,T}Y_T)(S_{i,T}-S_{i,0})$	$0.5\sum_i (S_{i,0}Y_0+S_{i,T}Y_T)(I_{i,T}-I_{i,0})$
LMDI	$\sum_i L(E_{i,T},E_{i,0})\ln(Y_T/Y_0)$	$\sum_i L(E_{i,T},E_{i,0})\ln(S_{i,T}/S_{i,0})$	$\sum_i L(E_{i,T},E_{i,0})\ln(I_{i,T}/I_{i,0})$
MRCI	$\sum_{ij} M_{ij}(*)(1/\bar{y})(y_t-y_0)$	$\sum_{ij} M_{ij}(*)(1/\bar{S_j})(S_{i,T}-S_{i,0})$	$\sum_{ij} M_{ij}(*)(1/\bar{I_j})(I_{i,T}-I_{i,0})$

以上四种平均分解法中,在 20 世纪 80—90 年代 Boyd 等(1988)提出的方法应用较多。自 Ang 等(1998)提出 LMDI 方法以后,LMDI 方法成为应用最为广泛的方法,Greening 等(1998,1999,2001)以及 Greening (2004)分别分析了 OECD 10 个国家的制造业、运输业、居住和私人交通等部门的碳排放强度分解;Bhattacharyya 等(2004)分析了泰国 1981—2000 年间能源消费的因素;Wu 等(2006)分析了我国 1980—2002 年间能源消费导致碳排放的驱动因素;Wang 等(2005)利用 LMDI 方法分析了我国 1957—2000 年间的碳排放的变化因素,认为从 1957 年到 2000 年碳排放理论上减少了约 24.66 亿 t,其中 95% 归功于碳排放强度的降低。Liu 等(2007)采用 LMDI 方法对 1998—2005 年我国工业最终消费能源导致的 CO_2 排放量变化因子分析,同样认为对碳排放减少贡献最大的是能源强度,而碳排放系数以及能源结构和产业结构转变贡献很小。徐国泉等(2006)认为能源效率对抑制我国碳排放的作用正在减弱。

自适应权重(AWD)分解法是由新加坡学者 Liu 和 Ang 等在 1992 年首先提出来的(Liu et al.,1992)。它是一个先求微分再求积分的过程,并假设各参数为单调函数并最终求解各单项积分作为碳排放各因子变化率的权重。由于它利用了一个时间段间的函数微分,而非简单的求平均值,因此这一方法得出的结果相比于其他的方法余值最小,最接近于现实(Lorna et al.,1997)。但是由于这种方法计算过程相当复杂,在实际应用中并不如 LMDI 方法广泛。法国学者 Lee Schipper(2001)采用 AWD 方法对 13 个 IEA 国家的 CO_2 排放趋势进行了因素分解,认为对于大多数国家来讲,能源强度和能源消费结构可以解释大部分的碳排放强度变化,而产出结构和排放系数的贡献作用不大。Fan 等(2007)采用 AWD 方法对我国 1980—2003 年间的能源消费引起的碳排放强度和原材料部门的最终消费能源引起的碳排放强度进行了实证分析,结果认为我国碳排放强度下降的原因很大一部分来自于实际能源强度的下降(考虑到价格因素),同时能源消费结构的改变也可以对碳排放强度产生很大的影响,且第二产业是国家和区域政策应该关注的重点。

另外,投入产出表在深入分析一个国家或地区的碳排放因素时具有很重要的作用。许多学者利用了投入产出表对碳排放的驱动因素进行了研究(Chang and Sue,1998;Rhee and Chung,2006)。他们一般将碳排放分解为产业部门的排放系数、投入产出系数、最终消费比例以及总产值等因子的乘积,然后计算技术因子(投入产出系数)和消费对碳排放的影响。

3.3.2 因素分解方法与数据来源

碳排放分解的研究中都用到了碳排放强度或者能源消费强度这一因子,在众多研究中都得出一致结论,认为这一因子在碳减排或者抵消能源消费增长中起到了绝对重要的作用。为分析这一因子又是由什么因素驱动,本研究在前人研究的基础上,结合碳排放量计算方法和投入产出表,通过对碳排放计算公式的深入分解,将工业燃烧能源导致的碳排放量分解为 6 个因素,即能源消费总量、能源消费结构、技术因素、中间投入量、行业产值结构以及工业总量,并借助 LMDI 分解方法,分析我国 1992—2005 年工业燃烧能源导致碳排放的影响因素。

根据 IPCC(2006)提出的碳排放计算的详细步骤,结合投入产出表,将一个国家或地区的碳排放计算公式表示为如下公式(具体推导过程略):

$$E_A = \sum_j Q_A * e_j * n_j * (1/m_j) * y_j * P_A \tag{3.9}$$

其中:其中 E_A 为 A 年碳排放总量;Q_A 为当年能源消费总量(热值);e_j 相当于 j 行业的碳排放系数,且 $e_j = \sum_i f_i * c_{ji}$。$f_i$ 为 i 种类能源的排放系数(包含氧化率),c_{ji} 为 j 行业消耗 i 种类能源热值占当年消耗能源总热值的比重。因此,e_j 反映能源消费结构;n_j 表示 j 行业中间投入量比重,即 $n_j = \sum_k a_{kj}$,a_{kj} 为 j 行业对 k 行业的直接消耗系数;m_j 表示 j 行业中间投入量的合计;y_j 为 j 行业总产出占工业总产出的比重,即产业产值结构;P_A 为当年工业总产出。

则根据 LMDI 方法,碳排放增量可记为:

$$\begin{aligned}\Delta E_{tot} &= E_T - E_0 = \Delta E_q + \Delta E_e + \Delta E_n + \Delta E_m + \Delta E_y + \Delta E_p \\ &= \sum_j L(E_{j,T}, E_{j,0}) \ln(Q_T/Q_0) + \sum_j L(E_{j,T}, E_{j,0}) \ln(e_{j,T}/e_{j,0}) \\ &\quad + \sum_j L(E_{j,T}, E_{j,0}) \ln(n_{j,T}/n_{j,0}) + \sum_j L(E_{j,T}, E_{j,0}) \ln(m_{j,0}/m_{j,T})\end{aligned}$$

$$+ \sum_j L(E_{j,T}, E_{j,0})\ln(y_{j,T}/y_{j,0}) + \sum_j L(E_{j,T}, E_{j,0})\ln(P_T/P_0) \quad (3.10)$$

其中，ΔE_q 表示由能源消费总量引起的增量；ΔE_e 表示由能源消费结构引起的增量；ΔE_n 表示由技术因素(直接消耗系数)引起的增量；ΔE_m 表示由中间投入(实际包括投入总量和投入结构的变化)引起的增量；ΔE_y 表示由产值结构引起的增量；ΔE_p 表示由生产总量引起的增量；

$$L(E_{j,T}, E_{j,0}) = (E_{j,T} - E_{j,0})/\ln(E_{j,T}/E_{j,0}) \quad (3.11)$$

由于数据涉及能源消费和投入产出两个方面，故本文选取 1992—1997 年，1997—2002 年，2002—2005 年 3 个时间段的历史数据进行计算。原始数据主要来源于中国能源统计年鉴(1992,1997,2003,2006)、中国投入产出表(1992,1997,2002,2005 延长表)以及相应年份中国统计年鉴。

关于数据处理方面，需要说明以下几点：

(1) 能源消费数据采用分行业终端能源消费量(实物量)，其中电力、热力的生产和供应业采用分品种能源消费总量(实物量)。这样不仅能够反映工业燃烧能源排放碳的实际总量，而且能够更直接反映工业行业直接碳排放量；

(2) 为统一数据来源，增加可比性。行业总产出采用投入产出表中总产出一栏的数据，且考虑价格因素，根据中国统计年鉴 1998、2003 年分行业工业品出厂价格指数，以及 2006 年按工业行业分工业品出厂价格指数，以 1992 年价格水平为 100，统一价格指数。

(3) 为了统一，对工业行业划分进行了适当的调整，将工业划分为 19 个行业。为了使各年份的工业行业统一起来，对 1992 年的投入产出表进行了部分调整。例如将煤气及煤制品业从炼焦、煤气及煤制品业分离出来并与燃气生产和供应业对应，炼焦业与石油加工业合并为石油加工、炼焦及核燃料加工业；将自来水生产与供应业从食品制造业分离出来单列。

3.3.3 我国工业碳排放的因素分解分析

根据上述计算方法，并将原始数据进行整理，可得到 1992 年、1997 年、2002 年、2005 年四个年份的碳排放总量(表 3.8)以及相应 3 个历史时段我国工业燃烧能源导致碳排放增量的因素分解模型，将其中的正负因素分开并各自计算百分比(表 3.9 和表 3.10)。

表 3.8　1992、1997、2002、2005 年我国工业燃烧能源导致的碳排放总量

	1992	1997	2002	2005
碳排放总量/万 tC	49353.75	67828.18	70639.01	113228.26

表 3.9　1992—2005 年间中国工业燃烧能源导致碳排放增量的因素分解(万 tC)

	ΔE_q	ΔE_e	ΔE_n	ΔE_m	ΔE_y	ΔE_p	合计
1992—1997	19778.27	−1303.84	3062.06	−26066.85	−12165.11	35169.91	18474.43
1997—2002	2722.43	88.41	−4650.70	−29188.52	2762.33	31076.89	2810.84
2002—2005	41360.50	1228.74	15067.68	−72414.37	3265.87	54080.83	42589.24

表 3.10　1992—2005 年间中国工业燃烧能源导致碳排放增量的因素分解(%)

	能源消费总量	能源结构	技术因素	中间投入	产值结构	生产总量
1992—1997	34.09	−3.30	5.28	−65.93	−30.77	60.63
1997—2002	7.43	0.24	−13.74	−86.26	7.54	84.79
2002—2005	35.96	1.07	13.10	−100.00	2.84	47.03

从以上计算结果可以得出以下结论：

第一，经济增长周期的波动和工业生产总量的增加是碳排放迅速增加的主要原因。1992—2005 年间我国工业燃烧能源导致的碳排放增量增加迅速，尤以 2002—2005 年为重。1992 年，我国工业燃烧能源共排放 4.94 亿 tC。在 1992—2005 年之间增加了 6.39 亿 tC，2005 年达到 11.32 亿 tC。分时段来看，2002—2005 年间增加最多，仅 3 年的增量便占 13 年总增量的 2/3。其次是 1992—1997 年间，增量最少的是 1997—2002 年，这与当时东南亚金融危机、我国经济增长速度放缓等因素有很大关系。从图 3.2 中可以看出，我国碳排放增量与我国经济周期以及工业所占 GDP 比重具有一定的一致性。改革开放以来，我国经济主要经历了 3 次高增长时期，20 世纪 80 年代初期以满足我国广大人民物质生活为主的轻纺工业的快速增长带动了我国经济的第一次高速增长；第二次是 20 世纪 90 年代初期快速城市化带来的基础设施大规模建设和人民生活水平的提高带来的家电行业（彩电、洗衣机、冰箱等）快速发展；第三次是 2001 年之后，通信、汽车、住宅等新兴产业的高速增长以及区域基础设施的大规模建设，并带动了钢铁、机械、建材、化工等基础行业的高速发展。与经济周期相适应，我国 GDP 以及工业增加值在 1992—1997、1997—2002、2002—2005 年三个历史时期的平均增长速率均经历了先减小后增大的过程，同时历年工业增加值占全部 GDP 的比重也经历了 1992—1997 年的上升期之后进入了 1997—2002 年下滑期，而后从 2002 年重新开始上升并在 2005 年再次达到峰值。因此，我国经济总量的增加或者说工业总产量的增加是碳排放增加的主要因素。由表 3.8 可以看出，三个历史时期因工业总产量增加带来的碳增量均在 3 亿 t 以上，其中 2002—2005 年间增量达 5.4 亿 t。

第二，能源利用效率增加不明显是碳排放增加的重要因素。如果随着生产总量的增加，能源消耗总量也同步增加，则说明单位产值的能耗下降不明显。虽然我国单位 GDP 的可比能耗由 1992 年的 4.05 t 标煤/万元 GDP 下降到 2005 年的 2.44 t 标煤/万元 GDP，但是能源消耗总量的增加依然是碳排放增加的直接原因，这反映了我国以煤为主要能源的基本国情，同时也反映了我国能源利用效率的低下。

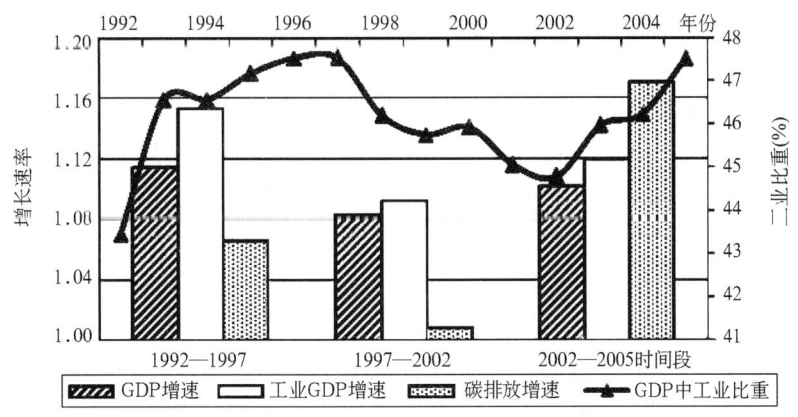

图 3.2 我国碳排放增速与经济增长速度比较图

从表 3.8、表 3.9 可以看出，在 1997—2002 年间，能源消费总量导致的碳排放量所占比重远远小于其他两个时段。这一时期我国工业生产总值增加了 77%，而能源消费总量（热值）仅增加了4%。这主要是因为我国政府这一时期加强了节能减排的工作力度。包括关停能耗高、污染大、效率低的"十五小"的法规以及《节能法》的颁布实施,对于抑制当时的区域间低水平重复建设和盲目投资以及发展我国清洁能源利用技术起到了重要推动作用。虽然受到了东南亚金融危机的影响,但我国通过采取一系列宏观政策既保证了我国8%左右的平均经济增长率,同时也提高了能源利用效率,可比价格GDP每万元能耗从1997年的2.98 t标准煤下降到2002年的2.2 t标准煤。

值得注意的是在2002—2005年之间,能源消耗总量的增加导致的碳增量达4.14亿t,其与生产增加导致的碳增量之比值为0.77,均远远高于其他两个时段,这说明在这期间我国能源利用效率很差。按可比价格计算,我国每万元GDP平均能耗在2002—2005年间不降反升,从2.2 t标准煤上升到2.4 t标准煤,也说明了这一问题。这种现象一方面与我国的经济增长速度有关,2003—2005三年的GDP增长速度均在10%以上。另一方面也与我国高耗能产业的快速发展对能源需求的井喷式增长以及能源质量下降有关。进入21世纪,随着国际经济形势的转好以及2001年末我国加入WTO,我国经济快速增长。汽车、通信、住宅等产业的高速发展增加了对钢铁、水泥等原材料的需求。对这些基础性产业的过热投资增加了对能源的需求。再加上当时全球经济的复苏以及全球能源危机的出现,电荒、煤荒困扰全国,煤炭行业的平均利润远远高于其他行业,私人煤矿和小煤窑的大量崛起。虽然满足了能源的需求,但同时也导致了能源(主要是煤炭、焦炭)质量的下降。以上种种原因导致我国能源使用效率不升反降,也加速了这一时期碳排放的大量增加。

第三,能源结构总体没有得到很大的改善是碳排放迅速增加的根本原因。由于各种能源的碳排放系数相差很大,特别是水电、核电、风能、生物质能等清洁能源的碳排放系数几乎为零。因此,能源结构的彻底改变可以从根本上改变一个国家或地区的碳排放总量。从表3.9和表3.10可以看出,能源结构并没有对我国碳减排起到很大的正面作用。只有在1992—1997年间能源结构的改善对我国碳减排起到了3.3%的正面作用,这是因为从1993年起我国开始成为石油产品净进口国。煤炭在一次能源消费结构中的比重从1992年的75.7%下降到1997年71.7%,相应地,石油的比重从17.5%上升至20.4%。另外,1991年秦山核电站Ⅰ期和1993年大亚湾核电站的建成运行,使核能首次出现在中国的一次能源结构中。这些因素都使得1992—1997年间能源结构的改善抑制了部分碳排放总量。而进入2002年以后,煤炭比重的重新回升以及石油比重的下降也是2002—2005年间碳排放增加的主要原因之一。这固然与我国以煤为主的能源消费结构有必然联系,同时也说明发展清洁能源,优化能源结构也是我国未来实现碳减排的一个重要政策取向。

第四,技术因素和行业产值结构的变化并没有很大程度地抑制碳排放的增加。一般来说,随着技术的进步,投入产出的水平和效率会提高,中间投入在总产出中所占的比重会下降。从表3.9和表3.10可以看出,由中间投入所代表的技术因素对于我国的碳减排并没有起到很好的作用。仅在1997—2002年之间产生了13.74%的减排作用,这是由于中间投入占总产出比重由1997年的62.12%下降到2002年的61.12%,而2005年中间投入占总产出的比重上升到65.9%也是导致这一时期碳排放大幅增加的主要原因之一。由于我国正处于发展阶段,经济的增长大部分是依靠对基础设施、房地产等基础部门的投资和原材料工业的出口来拉动的,再加上技术效应的滞后性等因素,技术因素对我国碳减排的作用目前并不明显,但却存在很大潜力。

行业产值结构的变化对碳减排的作用同样不十分明显。只是在 1992—1997 年间起到了一定的减排作用,这与我国当时以满足人民物质生活为主的轻纺、服装、家电等相对低能耗轻工业产业的迅速发展有关。1992 年我国轻工业占整个工业的比重为 44%,而后这个比重逐渐下降,到 2005 年下降为 32.44%。这与我国依靠基础部门投资拉动经济增长有一定关系,同时也说明了我国工业化中期重工业化的阶段特征。因此,通过调整产业结构,发展低能耗产业是减少碳排放的有效途径之一。

第五,中间投入量的变化对碳减排产生了明显的抑制作用。它可能表现在中间投入结构和投入总量的变化两个方面,由于公式本身和数据的限制,在这里无法区分。但我们可以认为我国工业不同部门之间的投入结构的变化抵消了很大一部分由生产总量增加引起的碳排放增加。

第六,分行业来看,电力热力、金属冶炼、化工、采掘等基础部门是引起碳排放增加的主要部门,特别是电力行业为最主要的来源。因此通过发展清洁能源发电、节约用电等措施可以对减少碳排放起到很好的作用。

总之,我国经济总量的增长、能源利用效率低以及以煤为主的能源消费结构是导致我国碳排放大量增加的主要原因。而技术(中间投入比重)、行业产值结构、能源结构等因素的变化对碳减排的作用并不明显。尤其是在 2002—2005 年之间,中间投入比重的升高、产业结构的进一步重化工化以及能源结构中煤炭比重的增加,再加上工业经济总量的快速增长,导致这一时期能源利用效率不升反降,碳排放量急速增加。因此,加快技术进步,调整产业结构和能源结构、发展清洁能源发电,以提高能源利用效率、转变能源消费结构,可以有效减少工业碳排放量。这同前述能源消费与碳排放的影响要素评价的结论是一致的。

3.4 中国的主要高耗能与高排放部门生产链[①]

3.4.1 我国正处在高耗能的重工业化发展阶段

我国到 2020 年要将实现全面建成小康社会的目标,人均 GDP 比 2000 年翻两番。实现全面建设小康社会的奋斗目标,一个很重要的标志是基本实现工业化。2000 年我国人均 GDP 为 1340 美元(2005 年价,即 1 美元兑换 7 元人民币时),居民生活基本达到了小康水平。2008 年我国人均 GDP 为 2400 美元以上,由小康生活向富裕小康社会迈进。

2008 年,我国高耗能工业的规模也得到相当的发展,钢产量达到 5.84 亿 t,人均钢产量为 442 kg;水泥产量达到 14 亿 t,人均水泥占有量为 1060 kg。2008 年 10 种有色金属(铜、铝、钴、锌等)产量达到 0.25 亿 t,跃居世界第一位。2008 年,发电量为 34668 亿 kW 时,人均发电量为 2626 kW 时;原煤为 27.93 亿 t;原油为 1.9 亿 t。

---

① 本节部分内容和观点引自"唐志鹏,刘卫东等,基于投入产出技术的中国部门生产链平均能耗,地理科学进展,2009 28(6)"。

工业化一般分两个阶段,即重工业阶段和高加工度阶段。按世界银行的划分,人均 GDP 在 936~3705 美元(2007 年价)之间为重工业阶段。因此,从人均 GDP(2000 年为 1340 美元)及主要重工业产品的产量(钢铁、建材、化工、有色金属等)分析,我国在 2000 年前已进入重工业化阶段。

从人均 GDP 与钢产量、人均钢产量看(表 3.11,表 3.12,表 3.13),发达国家钢产量高速增长期约在 30~40 年左右(实现工业化阶段),美国从 1900 年到 1930 年钢产量年均增长率为 4.7%,1930—1950 年为 3.8%,1950—1771 年为 1%,1977—1990 年为 -2%。日本从 1950 年到 1971 年钢年均增长率高达 36%。美国、德国、英国、和法国钢产量从 20 世纪 80 年代初进入低增长或负增长。这 4 个国家的人均 GDP 与人均钢产量的关系为:人均 GDP 为 1000 美元时,人均钢产量 70~75 kg;人均 GDP 为 4000 美元时,人均钢产量 100~200 kg;人均 GDP 为 8000 美元时,人均钢产量 140~300 kg;人均 GDP 为 20000 美元时,人均钢产量 254~527 kg。日本与韩国情况比较特殊,人均钢产量为 900~1000 kg 左右。

表 3.11 世界不同类型 10 个国家的人均 GDP(2000 年美元价,单位:美元)

	1971	1980	1990	2000	2005	2007
中国	127.31	186.4	391.6	949.1	1448.8	1595(2006)
印度	207.3	223.2	317.1	453	588.5	634(2006)
韩国	2010.3	3221.4	6615.4	10884.9	13282.1	14520.9
日本	18088	23975.7	33385	36798	38963	40681.4
巴西	2161.3	3537.6	3354.7	3700.5	3949.1	4041(2006)
美国	18539.6	22517.9	28199.7	34570.6	36874.4	38047.9
英国	13245.1	15604.5	19931.9	24637.5	27202	28547.7
意大利	9582	13095.9	16526.8	19271	19379	19974.5
西班牙	7046.3	760.3	11294.5	14423.7	15712	16468
澳大利亚	12356	14179.6	16365.7	20737	22950.7	24061.5

注:数据来自 IEA(2007)database[①]

表 3.12 世界不同类型 3 个国家钢产量(亿 t)

	1900	1930	1950	1971	1977	1990
美国	0.1035	0.413(4.7%)	0.878(3.8%)	1.0927(1%)	1.14(0.56%)	0.897(-2%)
英国	0.0498	0.0744	0.1655	0.2418	0.2173	0.178
日本	0.0001	0.0228	0.0484	0.8855(36%)	1.024(2%)	1.1(0.5%)

注:括号内为年均增长率

表 3.13 世界不同类型 10 个国家钢产量(亿 t)和人均钢产量(kg)

	1990	1995	2000	2006
中国	0.654(57.6)	0.954(79.2)	1.272(100.7)	4.227(322.2)
印度	0.15(17.66)	0.22(23.6)	0.269(26.5)	0.495(44.6)
韩国	0.231(538.8)	0.368(816.2)	0.431(916.8)	0.485(1004.1)
日本	1.1(893.3)	1.01(809.7)	1.06(838.8)	1.16(909.5)
巴西	0.206(137.8)	0.251(155.3)	0.279(160.2)	0.31(163.2)

① IEA,2007. http://www.iea.org/

续表

	1990	1995	2000	2006
美国	0.897(358.5)	0.952(357.1)	1.02(360.4)	0.986(328.5)
英国	0.178(311)	0.176(303.3)	0.152(258.1)	0.139(229.6)
意大利	0.255(449.6)	0.278(489.1)	0.268(470.7)	0.316(536.9)
西班牙	0.129(330.7)	0.138(350.3)	0.159(394.9)	0.184(417.5)
澳大利亚	0.067(390.2)	0.085(467.3)	0.071(368.5)	0.079(380.9)

注：括号内为人均钢产量

今后约15～20年左右时间，我国应是从重工业阶段向高加工度工业过渡的阶段。而未来20年中，为实现建设全面小康社会的战略目标，必须走新型工业化道路，即在完成工业化的同时，还要完成现代服务业和信息业的双重目标。同时也应该看到，进入21世纪的今天，科学技术蓬勃发展并渗入生产与生活各个领域，工业化进程中重工业的发展应与20世纪发达国家传统工业化的道路有所不同，重工业的发展不以追求规模为主，而应在扩大规模的基础上提高产品质量和增加产品中的技术含量，用现代科学技术改造传统重工业。

3.4.2 中国部门生产链的平均能耗

在国民经济系统各部门中，每个部门对能源的完全消耗既包含了直接消耗，也包含了间接消耗。以炼钢对电力消耗而言：钢产品对电力的完全消耗包含了对电力的直接消耗，即第一层次生产环节消耗，同样还包含了对电力的间接消耗，即第二层次生产环节消耗、第三层次生产环节消耗，……，等等。在不同层次生产环节的能耗对于衡量部门总的能耗起着不同的影响。可以以钢产品对电力消耗为具体实例建立一种模型，该模型除了反映钢对电力的直接消耗以及间接消耗，更重要的是反映出不同层次的生产环节对电力消耗的影响。层次数小的生产环节，由于在生产消耗过程中包含的中间产品环节少，平均而言，这一环节对整条生产链总能耗的贡献相对越大。反之，则相反。由上面分析得知两个部门在某一层次生产环节的能耗即使相同，但由于所在层次不同，导致通过新模型计算出部门生产链的平均能耗也必然不同。新模型应该考虑各层次生产环节的能耗在生产链总能耗中所占的权重。钢对电力消耗的具体生产环节可以表示如图3.3。

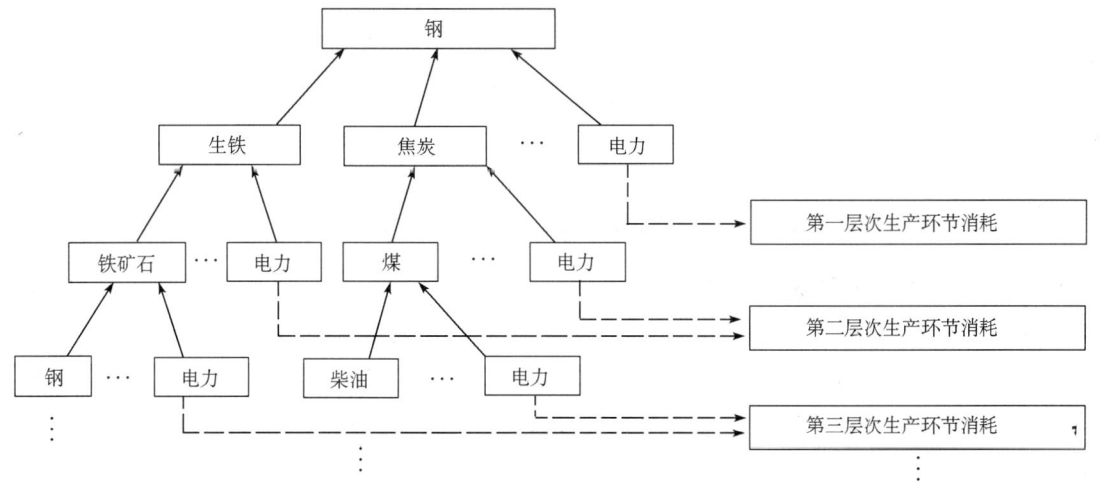

图3.3 炼钢对电力的多层次生产环节消耗

由图 3.3 按以下的方法来设定每一层生产环节能耗的权重,并将设置权重后所有层次生产环节的能耗加总来得到部门生产链的平均能耗:钢产品(j 部门)对电力产品(i 部门)第一层次生产环节消耗用直接消耗系数表示为 a_{ij},设置权重为 1;第二层次生产环节消耗表示为 $\sum_{s=1}^{n} a_{is}a_{sj}$,设置权重为 1/2;第三层次生产环节消耗可以表示为 $\sum_{s=1}^{n}\sum_{m=1}^{n} a_{is}a_{sm}a_{mj}$,设置权重为 1/3;…;将所有引入权重的各层次能耗相加求和,就得到了钢产品对电力的平均消耗,表示为下式:

$$f_{ij} = a_{ij} + \frac{1}{2}\sum_{s=1}^{n} a_{is}a_{sj} + \frac{1}{3}\sum_{s=1}^{n}\sum_{m=1}^{n} a_{is}a_{sm}a_{mj} + \cdots \quad (3.12)$$

其中,a_{ij} 为钢对电力的直接消耗系数。在上述经济系统中推广到所有部门,取其矩阵形式得到 $\boldsymbol{F} = \boldsymbol{A} + \frac{1}{2}\boldsymbol{A}^2 + \frac{1}{3}\boldsymbol{A}^3 + \cdots$,$\boldsymbol{A}$ 为 n 阶直接消耗系数矩阵。由于 $\boldsymbol{A}$ 矩阵所有元素 $a_{ij} \in [0,1)$,级数收敛,化简后易得下式:

$$\begin{aligned}\boldsymbol{F} &= \boldsymbol{A} + \frac{1}{2}\boldsymbol{A}^2 + \frac{1}{3}\boldsymbol{A}^3 + \cdots \\ &= (-1) \times [(-\boldsymbol{A} - \frac{1}{2}\boldsymbol{A}^2 - \frac{1}{3}\boldsymbol{A}^3 - \cdots)] = -\ln(\boldsymbol{I} - \boldsymbol{A})\end{aligned}$$

(3.13)

式中若 $\boldsymbol{A}$ 矩阵可对角化,则 $-\ln(\boldsymbol{I}-\boldsymbol{A}) = \ln(\boldsymbol{I}-\boldsymbol{A})^{-1}$,证明从略。

上述两式分别为 AECPC(Average Energy Consumptions of Production Chains)模型的系数形式和矩阵形式,可以看出 AECPC 模型计算部门生产链的平均能耗实质上是以不同层次生产环节所在层次数的倒数作为权重取其均值加总得到,就不同层次生产环节上相同的能耗系数而言,若层次数越小,其包含的中间产品环节越少,对部门生产链总能耗的影响越大,反之则相反。这样,AECPC 模型反映了不同层次数的生产环节能耗对整条生产链总能耗的影响,通过减少中间产品环节影响衡量部门的能耗来实施节能,使节能政策更具可操作性,克服了完全能耗计算中各层次生产环节能耗对部门生产链总能耗影响权重一致的问题。各种能耗计算方法比较归纳如表 3.14 所示。

表 3.14 部门的三种能耗计算方法比较

	反映直接消耗	反映间接消耗	从减少中间产品环节影响的节能角度衡量部门的能耗
直接能耗	√		√
完全能耗	√	√	
平均能耗	√	√	√

3.4.3 平均能耗高的部门生产链

依据中国国家统计局相关的数据编制了 2005 年能源投入产出表,将中国国民经济三次产业分为 29 个部门,其中前 9 个部门为能源部门(又分为 4 个一次能源部门和 5 个二次能源部门,能源部门括号内为代表的主要能源产品),其余 20 个部门为非能源部门。详细的部门划分及名称见表 3.15。

表 3.15　2005 年中国国民经济的部门编号及名称(括号内为代表的主要能源产品)

部门编号	部门名称	部门编号	部门名称
1	煤炭采选业(煤炭)	2	石油开采业(原油)
3	天然气开采业(天然气)	4	水电核电业(水电核电)
5	火电业(火电)	6	石油及核燃料加工业(成品油)
7	炼焦业(焦炭)	8	蒸汽热水生产业(热力)
9	燃气生产供应业(煤气和液化石油气)		
10	农业	11	金属矿及其他非金属矿采选业
12	食品加工业及烟草制品业	13	纺织服装皮革羽绒制品业
14	木材加工及家具制造业	15	造纸印刷及文教用品制品业
16	化学工业	17	非金属矿物制品业
18	金属冶炼及压延加工业	19	金属制品业
20	通用专用设备制造业	21	交通运输设备制造业
22	电气机械及器材制造业	23	电子通信设备制造业
24	仪器仪表办公用具及其他制造业	25	自来水的生产和供应业
26	建筑业	27	交通运输仓储及邮政业
28	批发零售贸易及餐饮业	29	其他社会服务业

由于现有投入产出表通常为价值型表,故现有表中的 A 矩阵所代表的产品之间的消耗也为价值型,尽管如此,还是能一定程度上反映出对能源产品的物耗情况。表 3.16 为通过 AECPC 模型测算得到 29 个部门对煤炭等能源产品的生产链平均消耗。

表 3.16　2005 年中国国民经济各部门生产链的平均能耗(万 t/万元)

部门编号	煤炭	原油	天然气	水电核电	火电	成品油	焦炭	热力	煤气和液化石油气
1	0.0562	0.0179	0.0014	0.0235	0.1123	0.0394	0.0021	0.0007	0.0005
2	0.0183	0.0202	0.0076	0.0104	0.0500	0.0337	0.0008	0.0002	0.0015
3	0.0157	0.0310	0.0347	0.0148	0.0680	0.0635	0.0016	0.0006	0.0004
4	0.0065	0.0090	0.0005	0.0809	0.0128	0.0154	0.0015	0.0003	0.0004
5	0.2913	0.0384	0.0054	0.0052	0.1033	0.0917	0.0013	0.0012	0.0017
6	0.0152	0.6903	0.0063	0.0065	0.0310	0.0531	0.0007	0.0011	0.0007
7	0.2907	0.0776	0.0051	0.0215	0.1028	0.0430	0.0293	0.0038	0.0080
8	0.2901	0.0711	0.0011	0.0120	0.0560	0.0730	0.0012	0.0245	0.0013
9	0.2461	0.1218	0.0061	0.0129	0.0617	0.1307	0.0108	0.0029	0.0466
10	0.0093	0.0100	0.0003	0.0036	0.0171	0.0201	0.0005	0.0002	0.0002
11	0.0261	0.0451	0.0010	0.0210	0.1006	0.0976	0.0046	0.0004	0.0018
12	0.0108	0.0089	0.0004	0.0041	0.0194	0.0152	0.0006	0.0005	0.0007
13	0.0141	0.0122	0.0015	0.0065	0.0312	0.0193	0.0008	0.0007	0.0006
14	0.0227	0.0172	0.0006	0.0084	0.0400	0.0326	0.0014	0.0006	0.0007

续表

部门编号	煤炭	原油	天然气	水电核电	火电	成品油	焦炭	热力	煤气和液化石油气
15	0.0210	0.0166	0.0014	0.0087	0.0416	0.0282	0.0014	0.0016	0.0007
16	0.0321	0.0603	0.0025	0.0158	0.0756	0.0646	0.0045	0.0014	0.0012
17	0.0659	0.0272	0.0028	0.0202	0.0966	0.0568	0.0095	0.0006	0.0020
18	0.0490	0.0223	0.0047	0.0171	0.0819	0.0427	0.0307	0.0008	0.0020
19	0.0254	0.0186	0.0018	0.0141	0.0676	0.0305	0.0119	0.0007	0.0009
20	0.0238	0.0163	0.0022	0.0100	0.0476	0.0284	0.0076	0.0006	0.0011
21	0.0191	0.0147	0.0019	0.0076	0.0361	0.0243	0.0046	0.0007	0.0012
22	0.0186	0.0179	0.0015	0.0083	0.0399	0.0300	0.0057	0.0006	0.0017
23	0.0129	0.0138	0.0008	0.0067	0.0318	0.0222	0.0024	0.0005	0.0011
24	0.0171	0.0128	0.0007	0.0060	0.0288	0.0210	0.0057	0.0005	0.0013
25	0.0349	0.0117	0.0008	0.0410	0.1962	0.0208	0.0011	0.0006	0.0048
26	0.0182	0.0189	0.0010	0.0079	0.0376	0.0388	0.0059	0.0007	0.0008
27	0.0114	0.0718	0.0010	0.0048	0.0227	0.1898	0.0025	0.0009	0.0017
28	0.0102	0.0117	0.0007	0.0058	0.0277	0.0260	0.0006	0.0013	0.0017
29	0.0137	0.0109	0.0005	0.0055	0.0262	0.0205	0.0010	0.0014	0.0011

根据表 3.16 中的计算数据可以得到，2005 年生产链平均能耗最高的各生产链分别是（括号内数值分别为生产链的平均能耗值）：

①煤炭：煤炭采选业→火电业(0.2913)；
②原油：石油开采业→石油及核燃料加工业(0.6903)；
③天然气：天然气开采业→天然气开采业(0.0347)；
④水电核电：水电核电业→水电核电业(0.0809)；
⑤火电：火电业→自来水的生产和供应业(0.1962)；
⑥成品油：石油及核燃料加工业→交通运输仓储及邮政业(0.1898)；
⑦焦炭：炼焦业→金属冶炼及压延加工业(0.0307)；
⑧热力：蒸汽热水生产业→蒸汽热水生产业(0.0245)；
⑨煤气和液化石油气：燃气生产供应业→燃气生产供应业(0.0466)。

从以上各生产链的平均能耗可以看出，火电、石油加工、自来水、金属冶炼等基础原材料工业以及交通运输业是我国节能减排的重点行业。

3.5 国内产业碳排放的区域差异

3.5.1 数据来源与处理

以我国省级行政单位为区域单元，根据全国 30 个省市自治区（受数据限制，不包括港澳台及西藏自治区）1990、1995、2000、2005 四个主要年份能源平衡表数据，搜集整理各省市自治区产业活动的分品种含碳能源消费总量(实物量),即不包括电力热力等非含碳能源的消费量,且考虑能源加工转化过程中的损失量以及运输过程中的损失量,最后结合全国能源平衡表对各区域数据进行修正,使得各省市自治区数据与全国数据一致。

3.5.2 区域碳排放总量计算

根据IPCC(2006)指南中碳排放计算的一般方法,利用上述各省市自治区的含碳能源消费总量可以计算出各省市自治区产业能源消费的碳排放总量(表3.17)。

表3.17 我国主要年份区域产业能源消费碳排放总量(万tC)

区域	1990	1995	2000	2005
北京市	1483.29	1873.28	1904.56	2314.72
天津市	1223.60	1578.87	1705.28	2339.87
河北省	3550.67	5657.75	5945.59	10819.59
山西省	2989.17	4178.16	3777.13	7255.66
内蒙古自治区	1864.24	2396.10	2973.81	6074.07
辽宁省	4481.58	6081.45	5594.02	7377.95
吉林省	2085.47	2793.81	2399.43	3674.50
黑龙江省	3118.50	3407.86	3698.10	4197.51
上海市	2080.29	2932.12	3388.54	4124.92
江苏省	3559.25	5550.49	5678.92	9911.03
浙江省	1528.52	2798.55	3385.58	5700.98
安徽省	1723.21	2864.16	3174.57	3750.31
福建省	723.05	1095.43	1441.16	2965.81
江西省	1095.79	1599.01	1307.61	2125.56
山东省	4301.39	5913.79	5224.12	13687.85
河南省	2821.71	4015.95	4453.92	8367.91
湖北省	2095.95	3280.71	4078.68	4729.55
湖南省	2010.04	2956.38	1953.40	4568.64
广东省	2321.55	4128.31	5121.35	7926.85
广西壮族自治区	940.04	1471.39	1394.29	2357.81
海南省	137.98	156.72	231.46	374.83
重庆市*	—	—	1807.13	1806.45
四川省	2845.33	3275.27	2615.76	3962.08
贵州省	963.29	1421.79	2025.18	3436.87
云南省	999.33	1368.78	1365.06	3160.96
陕西省	1231.16	1923.98	1508.05	2962.86
甘肃省	999.43	1449.83	1489.52	2073.23
青海省	227.37	254.29	296.53	424.31
宁夏回族自治区	387.57	511.34	617.79	1388.83
新疆维吾尔自治区	973.02	1369.72	1606.05	2573.43
全国合计	54761.78	78305.29	82162.60	136434.92

资料来源:作者整理,不包括港澳台及西藏自治区。
* 重庆市1990、1995年数据包含在四川省内

3.5.3 我国区域碳排放总量的变化趋势

首先,排放总量增长趋势明显。从排放总量看,各省份碳排放量在1990—2005年间基本都有较大幅度的增长(图3.4),特别是在2000—2005年间,大部分省份排放量都增加了50%以上。而在2000年以前增长速度不大,甚至山西、辽宁、吉林等一些省份在1995—2000年间出现略微下降。这与当时受东南亚金融危机我国经济趋缓等因素具有一定关系。而在2000—2005年间各省区碳排放量之所以大幅增加也与我国加入WTO以后出口大幅增加,经济增长过快具有很大关系。因此,我国与外界的经济联系对我国碳排放量的影响不仅仅表现在全国层面,在省级区域尺度同样如此。

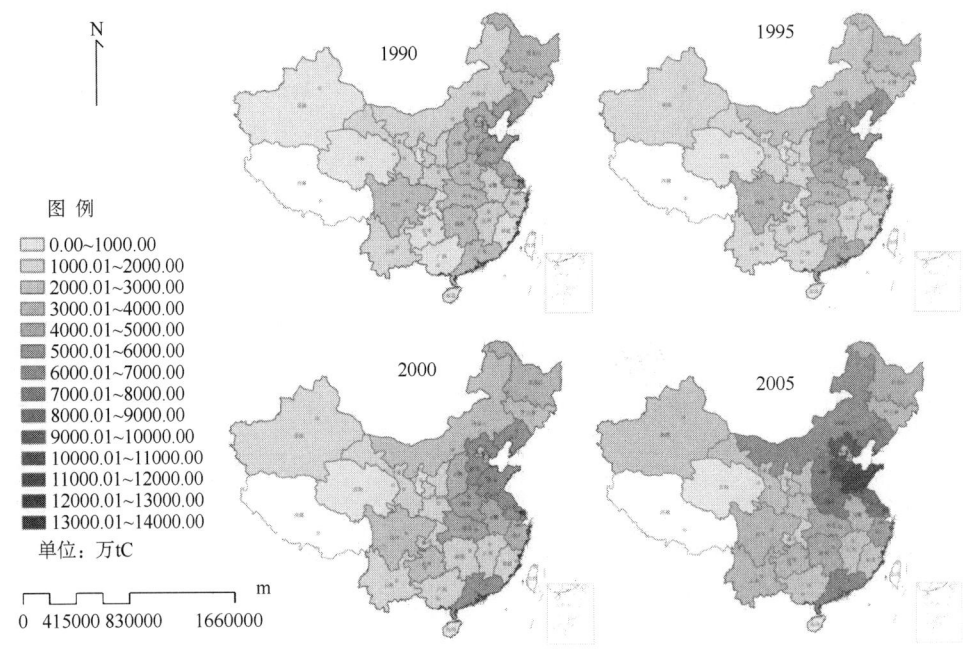

资料来源:作者整理

图3.4 我国区域碳排放总量变化趋势

其次,碳排放总量的区域差异很大。从区域差异来看,碳排放总量较高的省份主要集中在山东、河北、辽宁等环渤海省份以及广东省。2005年,山东、河北、辽宁三个省份的碳排放总量占全国碳排放总量的23.37%,特别是山东省排放量一直位列全国前三位之内,2005年碳排放总量达到1.37亿tC,占我国当年排放总量的10.03%,居全国之首。如果以2005年的碳排放总量为横坐标,以1990—2005年碳排放增长速度为纵坐标,并以各省份碳排放总量的平均值和增长速度的平均值作为两条轴线可以将这个平面分为四个象限(图3.5),即碳排放的四种类型:

第1象限:总量大且增长快类型,包括山东、河北、江苏、河南、广东、浙江、内蒙古7个省份;

第2象限:总量小但增长快类型,包括福建、贵州、宁夏、云南、海南、新疆6个省份;

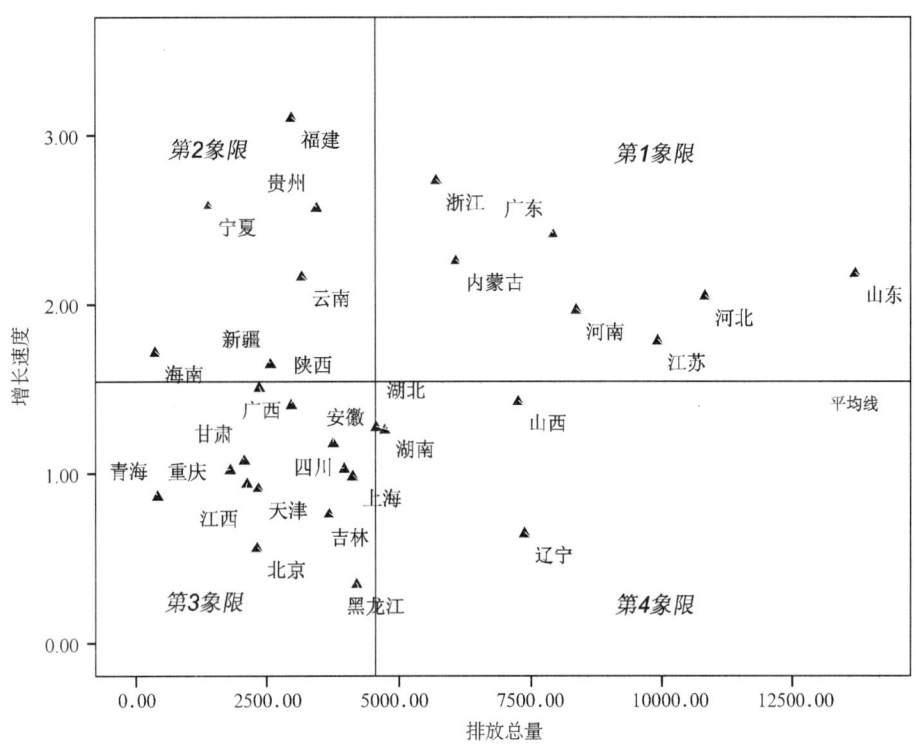

图 3.5 我国区域碳排放总量分类图
重庆、四川的碳排放增长速度为二者合并后的计算结果。资料来源：作者整理

第 3 象限：总量小且增长慢类型，包括北京、天津、黑龙江、吉林、上海、四川、安徽、江西、重庆、甘肃、陕西、广西 12 个省份；

第 4 象限：总量大但增长慢类型，包括辽宁、山西、湖南、湖北 4 个省份。

第三，造成我国碳排放上述区域差异的原因与区域经济总量、产业结构以及能源消费总量具有很大关系。图 3.6 显示了我国主要年份各省、市、自治区的碳排放总量和经济总量（GDP 总量）之间的比较关系，从图中可以看出，碳排放总量的波动与 GDP 总量的波动基本一致。广东、山东、江苏、浙江等省份是我国经济最发达的几个省份，同时也是碳排放总量较大的省份。安徽、福建、江西、广西、海南、贵州、云南、青海等经济总量较低的省份碳排放总量也比较低。但也有例外，例如辽宁、河北、山西等省份，与较高的碳排放量相比，GDP 并不算高，这与当地的产业结构和能源消费总量有关。辽宁是我国重要的重工业基地，国有企业比重高，生产设备落后，能耗水平偏高；而河北则是我国重要的钢铁大省，再加上企业工艺技术设备落后，工业能耗一直偏高；山西省一直是我国主要的能源输出大省，其能源消费主要用于加工转换并外送。

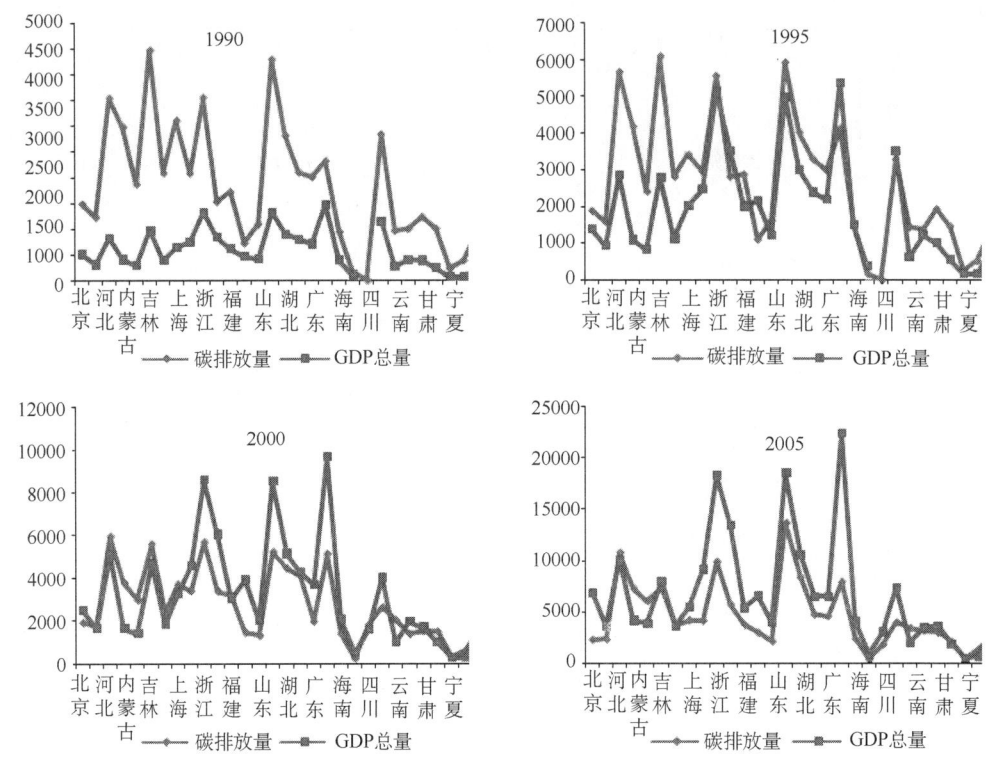

资料来源：作者整理

图 3.6 我国主要年份区域碳排放总量与区域经济发展水平比较

主要参考文献

戴西超,张庆春. 2003. 综合评价中权重系数确定方法的比较研究. 煤炭经济研究,(11):37.

都兴富. 1994. 突变理论在经济领域的应用. 成都:电子科技大学出版社.

宫泽健一. 1987. 产业经济学. 东洋经济新报社. 57.

黄奕龙. 2001. 突变级数法在水资源持续利用评价中的应用. 干旱环境检测,15(3):167-170.

蒋轶红,王铮. 2003. 技术进步与二氧化碳减排. 科学对社会的影响,(1):25-28.

库兹涅茨. 1985. 各国的经济增长:总产值和生产结构. 北京:商务印书馆. 1-377.

李艳,陈晓宏,张鹏飞. 2007. 突变级数法在区域生态系统健康评价中的应用. 中国人口·资源与环境,**17**(3):50-54.

刘红光,刘卫东. 2009. 中国工业燃烧能源导致碳排放的因素分解. 地理科学进展,**38**(2):285-292.

陆大道等. 2003. 中国区域发展的理论与实践. 北京:科学出版社. 267.

吕政. 1999. 辉煌的成就曲折的历程——中国工业50年. 中国工业经济,(10):5-11

唐志鹏,刘卫东,刘红光等. 2009. 基于投入产出技术的中国部门生产链平均能耗. 地理科学进展,**28**(6):919-925.

唐志鹏,刘卫东,周国梅等. 2009. 基于突变级数法的中国CO_2减排的影响要素指标体系及其评价研究. 资源科学,**31**(11):1999-2005.

王中英,王礼茂. 2006. 中国经济增长对碳排放的影响分析. 安全与环境学报,**6**(5):88-91.

徐国泉,刘则渊,姜照华. 2006. 中国碳排放的因素分解模型及实证分析:1995—2004. 中国人口·资源与环境,**16**(6):158-161.

游达明,陈凡兵. 2008. 产业自主技术创新能力突变评价模型研究. 科技管理研究,(11):70-73.

张雷. 2003. 经济发展对碳排放的影响. 地理学报,**58**(4):629-637.

张雷. 2006. 中国一次能源消费的碳排放区域格局变化. 地理研究,**25**(1):1-9.

周强,张勇. 2008. 基于突变级数法的绿色供应链绩效评价研究. 中国人口·资源与环境,**18**(5):108-111.

周绍江. 2003. 突变理论在环境评价中的应用. 人民长江,**34**(2):52-54.

Ang B W. 2004. Decomposition analysis for policymaking in energy: what is preferred method? *Energy Policy*,**32**(9):1131-1139.

Ang B W,Lee S Y. 1994. Decomposition of industrial energy consumption: some methodological and application issues. *Energy Economics*,**16**(2):83-92.

Ang B W,Zhang F Q,Choi K H. 1998. Factorizing changes in energy and environmental indicators through Decomposition. *Energy*,**23**(6):489-495.

Bhattacharyya S C,Ussanarassamee A. 2004. Decomposition of energy and CO_2 intensities of Thai industry between 1981 and 2000. *Energy Economics*,**26**(5):765-781.

Boyd G A,Hanson D A,Sterner T. 1988. Decomposition of changes in energy intensity—A comparison of the divisia index and other methods. *Energy Economics*,**10**(4):309-312.

CDIAC,2010. [2010-06-08]. Fossil-fuel CO_2 emissions. http://cdiac.ornl.gov/trends/emis/meth_reg.html.

Chang Y F,Sue J L. 1998. Structural decomposition of industrial CO_2 emission in Taiwan: an input-output approach. *Energy Policy*,**26**(1):5-12.

Chung H S,Rhee H C. 2001. A residual-free decomposition of the sources of carbon dioxide emissions: a case of the Korean industries. *Energy*,**26**:15-30.

Fan Y,Liu L C,Wei Y M,et al. 2007. Changes in carbon intensity in China: Empirical findings from 1980—2003. *Ecological economic*,**62**:683-691.

Greening L A. 2004. Effects of human behavior on aggregate carbon intensity of personal transportation: comparison of 10 OECD countries for the period 1970—1993. *Energy Economics*,**26**(1):1-30.

Greening L A,Davis W B,Schipper L. 1998. Decomposition of aggregate carbon intensity for the manufacturing sector: comparison of declining trends from 10 OECD countries for the period 1971—1991. *Energy Economics*,**20**(1):43-65.

Greening L A,Ting M,Davis W B. 1999. Decomposition of aggregate carbon intensity for freight: trends from 10 OECD countries for the period 1971—1993. *Energy Economics*,**21**(4):331-361.

Greening L A,Ting M,Krackler T J. 2001. Effects of changes in residential end-uses and behavior on aggregate carbon intensity: comparison of 10 OECD countries for the period 1970 through 1993. *Energy Economics*,**23**(2):153-178.

Howarth R B. 1989. Energy use in U. S. manufacturing: the impacts of the energy shocks on sectoral output,industry structure,and energy intensity. *Journal of Energy and Development*,**14**(2):175-191.

Howarth R B,Schipper L. 1991. Manufacturing energy use in eight OECD countries: trends through 1988. *Energy Journal*,**12**(4):15-40.

Howarth R B,Schipper L,Duerr P A,et al. 1991. Manufacturing energy use in eight OECD countries. *Energy*

Economics, **13**(2): 135-142.

IPCC. 2006. 2006 IPCC guidelines for national greenhouse gas inventories. http://www.ipcc-nggip.iges.or.jp.

Liu L C, Fan Y, Wei Y M. 2007. Using LMDI method to analyze the change of China's industrial CO_2 emissions from final fuel use: An empirical analysis. *Energy Policy*, **35**: 5892-5900.

Liu X Q, Ang B W, Ong H L. 1992. The application of divisia index to the decomposition of changes in industrial energy consumption. *The Energy Journal*, **13**(4): 161-177.

Lorna A G, William B D, Schipper L. 1997. Comparison of six decomposition methods: application to aggregate energy intensity for manufacturing in 10 OECD countries. *Energy Economics*, **19**: 375-390.

Park S H. 1992. Decomposition of Industrial energy consumption—An alternative method. *Energy Economics*, **14**(4): 265-270.

Poston T, Stewrt I. 1978. Catastrophe Theory and its Applications. London: Pitman.

Rhee H C, Chung H S. 2006. Change in CO_2 emission and its transmissions between Korea and Japan using international input-output analysis. *Ecological Economics*, **58**: 788-800.

Schipper L, Howarth R B, Andersson B. 1993. Energy use in Denmark: an international perspective. *Natural Resources Forum*, **17**(2): 83-103.

Schipper L, Howarth R B, Carlesarle E. 1992. Energy intensity, sectoral activity, and structural change in the Norwegian economy energy. *The International Journal*, **17**(3): 215-233.

Schipper L, Howarth R B, Geller H. 1990. United States energy use from 1973 to 1987: the impacts of improved efficiency. *Annual Review of Energy*, **15**: 455-504.

Schipper L, Murtishaw S, Khrushch M. 2001. Carbon emissions from manufacturing energy use in 13 IEA countries: long-term trends through 1995. *Energy Policy*, **29**: 667-688.

Siddiqi T A. 1996. 亚洲化石燃料利用所产生的二氧化碳排放: 总的看法. AMBIO（中文版）, **25**(4): 228-231.

Siddiqi T A. 2000. The Asia financial crisis—is it good for the global environment? *Global Environmental Change*, **10**: 127.

Wang C, Chen J, Zou J. 2005. Decomposition of energy-related CO_2 emissions in China: 1957—2000. *Energy*, **30**: 73-80.

Wu L, Kaneko S, Matsuoka S. 2006. Dynamics of energy-related CO_2 emissions in China during 1980 to 2002: the relative importance of energy supply-side and demand-side effects. *Energy Policy*, **34**: 3549-3572.

Yabe N. 2004. An analysis of CO_2 emissions of Japanese industries during the period between 1985 and 1995. *Energy Policy*, **32**: 595-610.

Zhang Z X. 2003. Why did the energy intensity fall in China's industrial sector in the 1990s? The relative importance of structural change and intensity change. *Energy Economics*, **25**: 625-638.

第4章 中国城乡居民消费碳排放 *

居民消费活动对碳排放的影响主要表现在两个方面：一是居民家庭在炊事、热水、采暖、家用电器等生活起居方面对能源的直接消费所产生的碳排放；一是居民消费品（不包括生活用能）在其原料、生产、运输、销售及终端消费等环节中所承载的能源消耗导致的碳排放。本章定量分析我国居民生活用能碳排放及居民消费品载能碳排放的排放水平与排放结构的变动特点与发展趋势，并进行城乡比较与国际比较。

4.1 我国居民生活用能碳排放测算与分析

本节对1980—2007年我国居民生活用能碳排放进行测算（朱勤等，2010）。主要考察居民生活用能碳排放总量及人均量的变动情况、生活用能的单位能耗碳排放、碳排放能源构成，并进行城乡比较与国际比较。

4.1.1 研究方法与数据来源

居民生活用能碳排放测算的实质是计算居民生活中燃烧化石能源所排放的碳量。本研究中将居民生活用能归并为5类，分别为煤炭（含煤气）、石油（含煤油、液化石油气）、天然气、电力、热力。其中，煤炭、石油、天然气等化石能源的消费是一次能源的终端消费，其碳排放量可根据各类能源的碳排放系数计算获得。电力和热力的消费是二次能源消费，其碳排放的计算需要区分能源生产、转换与终端消费中所包含的化石能源消耗。由于电力的构成包括火电、水电、核电、风电等，需要从中分离出火电并提取和分解各类化石能源用于火力发电的消耗成分。对热力消费同样要做化石能源构成的分解。因此，居民生活用能碳排放量可分为两部分计算：生活用能中各类化石能源的终端消费碳排放；生活用能中二次能源转换化石能源及其能源损失所产生的相应碳排放。其中，电力消费在计算得到历年火力发电标准能耗率的基础上采用发电能耗计算法进行标准量折算。

生活用能碳排放的计算表达式为：

$$\begin{aligned} CE &= CE_{fe} + CE_{se} \\ &= \sum_{p=1}^{P}(k_p \times EC_{fe\_p}) + \sum_{p=1}^{P}\left(k_p \times \sum_{q=1}^{Q} EC_{te\_p\_q}\right) \\ &= \sum_{p=1}^{P}(k_p \times EC_{fe\_p}) + \sum_{p=1}^{P}(k_p \times EC_{te\_p}) \\ &= \sum_{p=1}^{P}[k_p \times (EC_{fe\_p} + EC_{te\_p})] \end{aligned} \quad (4.1)$$

---

* 执笔：彭希哲、朱勤(4.1、4.2节)，曲建升(4.3节)。

式中各变量设定为：CE——生活用能碳排放量；EC——生活用能消费量；k——能源碳排放系数。各变量下标设定为：fe——一次能源；se——二次能源；te——转换的能源；p——一次能源种类编号；q——二次能源种类编号。

研究所用生活用能数据来自相关年份《中国能源统计年鉴》中的《中国能源平衡表》。1980年代初期部分年份的生活用能数据缺少城乡分类统计，做了线性插值处理。各类能源实物量数据的标准量折算采用《中国能源统计年鉴2008》所附的"各种能源折标准煤参考系数"。对电力能源的标准量折算采用发电标准煤耗法。各类能源碳排放系数采用国家发展和改革委员会能源研究所（2003）提供的数据。

4.1.2 生活用能碳排放的基本状况

计算得到的1980—2007年我国城乡居民生活用能碳排放的部分数据如表4.1所示。

表4.1 我国居民生活用能碳排放测算结果（1980—2007年）

年份	生活用能消费量（万tce[①]）	生活用能碳排放（万tC）	人均生活用能碳排放（kgC）	户均生活用能碳排放（kgC）	城镇人均生活用能碳排放（kgC）	农村人均生活用能碳排放（kgC）
1980	9195	6728	68	314	—	—
1985	12762	9273	88	379	208	50
1990	14775	10546	92	362	193	56
1991	15937	11376	98	382	202	60
1992	15566	11022	94	362	182	61
1993	15165	10635	90	342	168	59
1994	15326	10609	89	335	158	61
1995	15653	10699	88	331	158	60
1996	17558	12062	99	366	166	69
1997	16214	10908	88	321	149	60
1998	14228	9350	75	272	127	49
1999	14916	9827	78	280	128	52
2000	15611	10142	80	275	129	52
2001	16215	10349	81	277	125	54
2002	17248	11000	86	290	128	58
2003	19382	12530	97	328	141	67
2004	20715	13248	102	337	142	73
2005	22792	14617	112	362	150	83
2006	24742	15780	120	381	161	88
2007	26180	16545	125	397	167	91

资料来源：根据国家统计局相关年份《中国能源统计年鉴》、《中国统计年鉴》测算。

---

① ce：标准煤

总体上看，我国居民生活用能碳排放总量呈较快的上升趋势。从 1980 年到 2007 年，生活用能碳排放量从 6728 万 tC 增长到 16545 万 tC，增幅为 145.90%。同期，我国居民人均生活用能碳排放量从 68 kgC 增长到 125 kgC，增幅为 83.70%；户均生活用能碳排放量从 314 kgC 增长到 397 kgC，增幅为 26.23%。图 4.1 所示为历年我国居民生活用能碳排放以 1980 年为基期的变化率。可知该阶段我国居民生活用能碳排放增长的总体特征是人均排放增长率远低于总量增长，户均增长率又远低于人均增长。其中，1999—2003 年，户均生活用能碳排放与 1980 年相比出现了负增长。一方面，这与我国家庭户规模缩小导致户均生活用能下降有关；另一方面，受亚洲金融风暴的影响，该时段能源供应紧张，"煤荒"、"电荒"频现，全国能源消费总体水平的下降可能波及家庭生活用能消费。

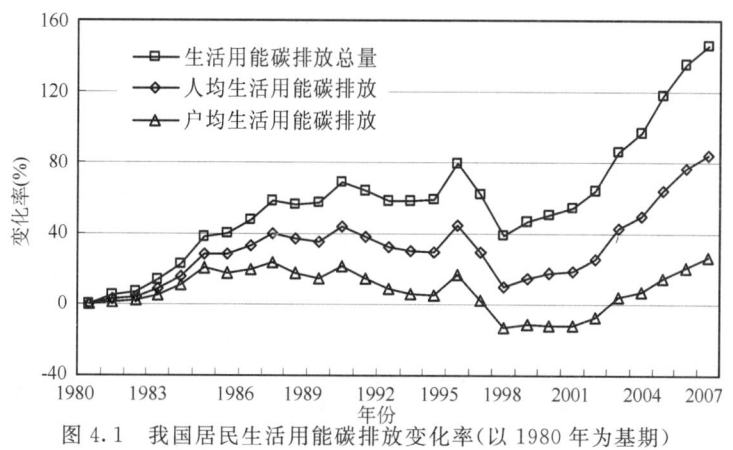

图 4.1 我国居民生活用能碳排放变化率（以 1980 年为基期）

从居民生活用能及其碳排放占全行业能源消费总量比重的变动情况来看（图 4.2），1980—2007 年，居民生活用能及其碳排放占能源消费及碳排放总量的比重总体呈下降态势。生活用能所占比重从 15.26% 下降到 9.86%，同期生活用能碳排放所占比重从 18.02% 下降至 9.94%。这表明，近 30 年来我国能源消费及相应的碳排放的增长主要来自产业部门，相对而言，居民生活的直接能源消费处于较低水平。

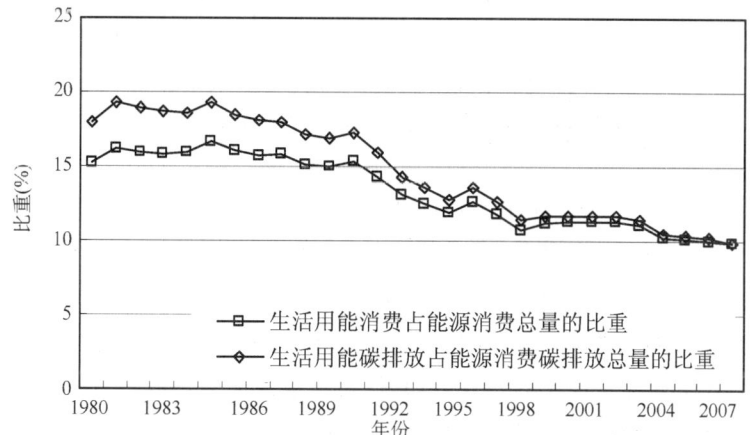

图 4.2 生活用能及其碳排放占能源消费及其排放总量的比重（1980—2007 年）
资料来源：根据国家统计局相关年份《中国能源统计年鉴》测算、整理。

值得注意的是,近30年来,居民生活用能碳排放占碳排放总量的比重一直高于同期生活能源消费量占能源消费总量的比重,最高差额为3.02%,这表明,该阶段我国居民生活用能单位能耗碳排放量稍高于全行业水平。可能的原因,一是该阶段居民生活用能的能源结构稍劣于全行业能源结构;二是工业行业中部分用作原料的化石能源计入能源消费总量,但不纳入碳排放计算,这使得全行业的单位能耗碳排放有可能低于居民生活用能碳排放。该差额总体上呈逐年减小趋势,2000年后降低至0.4%以下。可以认为,目前我国居民生活用能的单位能耗碳排放水平与全行业基本同步。

近30年来,我国居民生活用能结构逐步优化,这一点可以从生活用能终端消费碳排放的构成得到印证。如图4.3所示,1980—2007年,居民生活用能终端消费产生的碳排放中,煤炭终端消费产生排放的比重从91.86%逐年下降至28.34%,而电力消费所占的排放比重则从4.41%大幅上升至45.16%。这与改革开放以来我国电力事业取得的长足进步相吻合。

1980—2007年,我国居民生活用能消费量从9195万tce[①]增长至26180万tce,增幅达184.72%,对应的生活用能碳排放量增幅为145.90%,可知生活用能碳排放的增幅大大低于其对应的能源消费量的增幅。进一步考察居民生活用能的单位能耗碳排放情况(图4.4),可知,该阶段生活用能单位能耗碳排放量保持了总体下降的趋势,从1980年的0.732 tC/tce下降至2007年的0.632 tC/tce,降幅为13.63%。单位能耗碳排放水平的降低直接导致了该阶段我国居民生活用能碳排放增幅的下降。

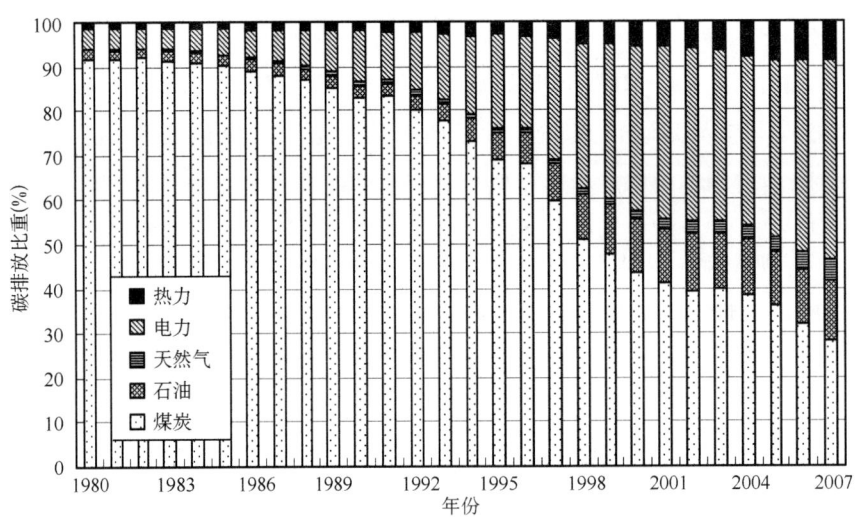

图4.3 居民生活用能终端消费的碳排放构成(1980—2007年)
资料来源:根据国家统计局相关年份《中国能源统计年鉴》测算、整理。

一般来说,单位能耗碳排放量主要与能源结构及技术进步相关。从前述生活用能的能源结构变化来看,煤炭比重的持续下降对单位能耗碳排放的降低功不可没;从技术进步角度来看,由对历年火力发电标准煤耗率的测算可知,作为技术进步重要指标的火力发电标准煤耗率在该阶段由0.496 kgce/kWh下降至0.344 kgce/kWh,降幅达30.70%。可以认为,该阶段我

---
① tce为折算的吨标准煤,详见本书附录1

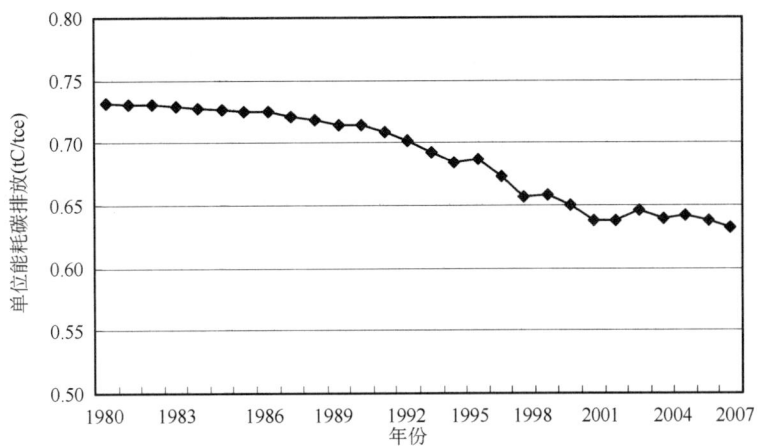

图 4.4 居民生活用能单位能耗碳排放量变动趋势(1980—2007 年)
资料来源:根据国家统计局相关年份《中国能源统计年鉴》测算、整理

国居民生活用能单位能耗碳排放量的降低是能源结构调整与能源技术进步共同作用的结果。

4.1.3 生活用能碳排放的城乡比较

与我国社会经济的城乡二元结构相对应,居民生活用能碳排放同样具有显著的城乡差异。由于现有资料居民生活用能资料中 1984 年之前天然气及热力消费的城乡分类数据缺失,因此本研究考察的是 1985—2007 年城乡居民生活用能碳排放的变动情况。如图 4.5 所示,1985—2007 年,我国城镇居民生活用能的人均碳排放量从 209 kgC 下降至 167 kgC,总体上呈波动下降趋势;农村居民生活用能的人均碳排放量从 50 kgC 上升至 91 kgC,总体上呈波动上升趋势。相应地,该阶段人均生活用能碳排放的城乡比从 4.15 波动下降至 1.84,表明城乡居民在生活用能碳排放量方面的差距不断缩小。

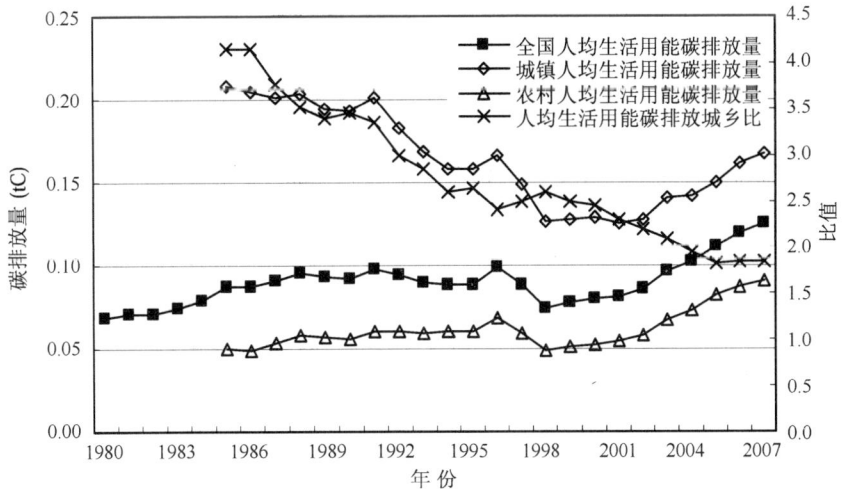

图 4.5 居民人均生活用能碳排放城乡对比(1980—2007 年)
资料来源:根据国家统计局相关年份《中国能源统计年鉴》测算、整理。

从生活用能的结构变化角度考察,可以较为明显地反映出城乡居民生活用能碳排放的变化路径。图4.6所示为城乡居民生活用能终端消费结构的变动情况。1985—2007年,城镇居民生活用能消费中,煤炭所占比重从86.58%持续下降至13.47%,电力比重大幅上扬,石油、天然气及热力的比重则持续上升,形成目前以电力为主(比重近50%)、其他能源各占约一至二成的生活用能格局。该阶段,城镇居民人均生活用能消费量呈先降后升的态势,总体上波动持平,因此,城镇居民人均生活用能碳排放的下降主要归因于能源结构的优化。同期,农村居民生活用能的结构变化主要表现为煤炭比重持续下降,电力比重大幅上升,石油比重略有增加,天然气与热力消费则几乎为空白,形成目前以电力与煤炭两种能源为主(比重分别为51.11%、40.87%)的生活用能结构。同期,农村居民人均生活用能的消费量呈波动上升的态势,总体增加近两倍,因此,尽管能源结构有所调整,农村居民人均生活用能碳排放仍保持了持

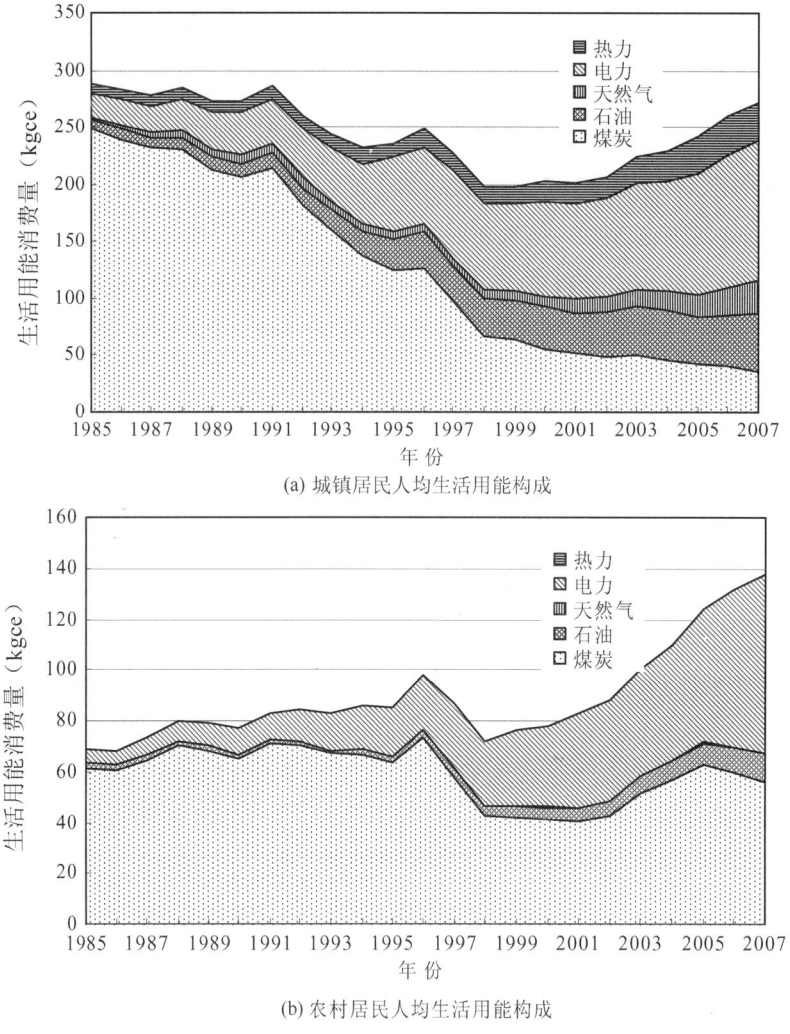

(a) 城镇居民人均生活用能构成

(b) 农村居民人均生活用能构成

图4.6 城乡居民生活用能构成(1985—2007年)

资料来源:根据国家统计局相关年份《中国能源统计年鉴》测算、整理。
部分年份天然气及热力消费的城乡分类数据缺失,采用了线性插值粗估。

续上升。

用能结构上的差异直接导致了城乡居民在生活用能的单位能耗碳排放水平方面的差异。如图 4.7 所示,1985—2007 年,城镇居民生活用能单位能耗碳排放从 0.73 tC/tce 波动下降至 0.61 tC/tce,农村居民从 0.72 tC/tce 下降至 0.67 tC/tce。由此可知,经过近 30 年的发展,城镇居民生活用能的单位能耗碳排放水平的改善优于农村居民。对于相对高碳的煤炭,城镇居民的人均消费低于农村居民;对于相对低碳的天然气,城镇居民的人均消费大大高于农村居民;而对于标准能耗水平不断降低的电力消费,城镇居民的人均消费亦高于农村居民。这三方面的因素综合起来,使得城镇居民生活用能的消费结构及用能效率整体上优于农村居民,城乡居民生活用能的单位能耗碳排放水平的差异由此产生。

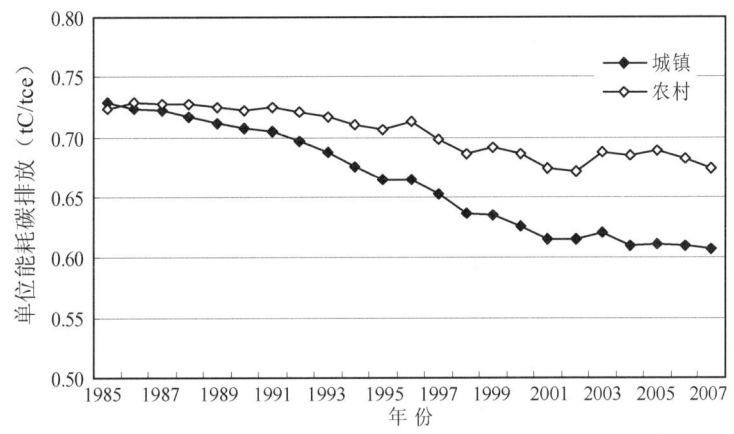

图 4.7 城乡居民生活用能单位能耗碳排放变动趋势(1985—2007 年)
资料来源:根据国家统计局相关年份《中国能源统计年鉴》测算、整理。

以 2007 年为例,图 4.8 所示为该年城乡居民人均生活用能及其碳排放的对比情况。该年,城镇居民人均生活用能消费量为 272.16 kgce,相应的碳排放量为 167.43 kgC;农村居民为 137.72 kgce 及 90.76 kgC。可知该年居民人均生活用能城乡比为 1.98,而相应碳排放的城乡比为 1.84。这意味着,对于相同当量的生活用能消费,农村居民的碳排放水平比城镇居民高出 11.18%。由图 4.8 可知,农村居民的煤炭消费量虽低于电力,但煤炭消费的碳排放量却与电力相当。

电力作为最重要的商品能,也是最具代表性的居民生活用能品种,城乡居民生活用电的变动情况可以从一个侧面反映居民生活用能的历史变迁及城乡差异的变动趋势。图 4.9 所示为 1985—2007 年我国城乡居民人均生活用电的对比情况。按发电标准煤耗计算法折算,该阶段城镇居民人均生活用电从折合 21.2 kgce 增长至折合 123.3 kgce,增长了 4.82 倍;同期农村居民人均生活用电从折合 5.4 kgce 增长至折合 70.4 kgce,增长了 12.09 倍。相应的居民人均生活用电城乡比则从 3.94 下降至 1.75。虽然城乡居民在生活用电的绝对量上仍存在一定差距,但该阶段农村居民生活用电水平的改善幅度较大,城乡差距亦有较大程度的收缩。

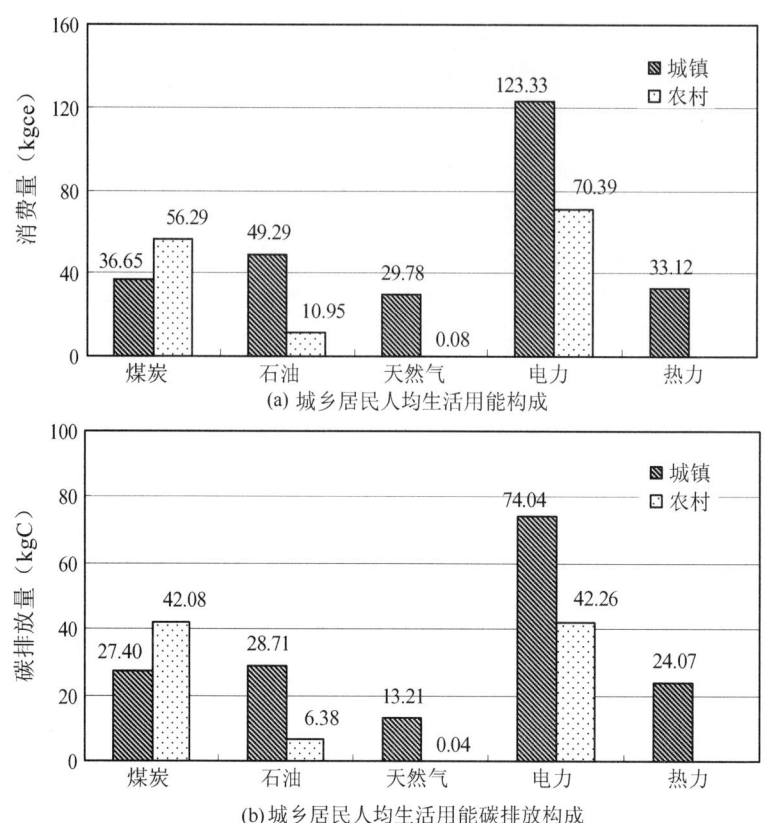

图 4.8 2007 年城乡居民人均生活用能及其碳排放对比

资料来源:根据国家统计局《中国能源统计年鉴 2008》测算、整理

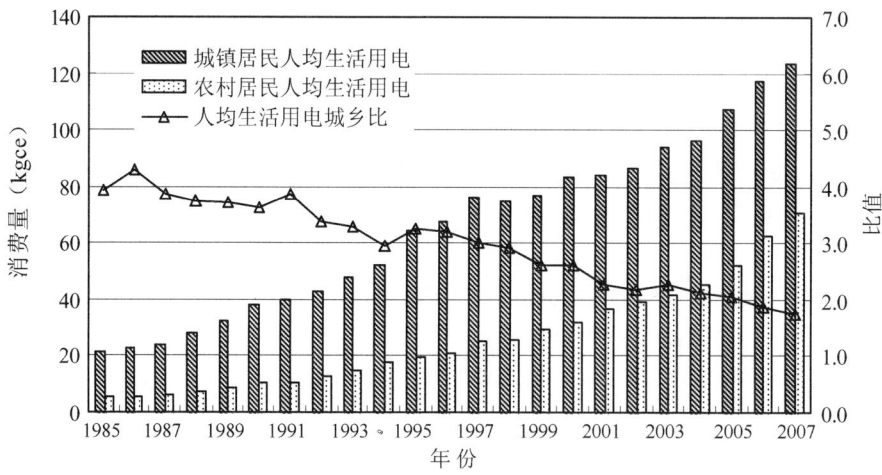

图 4.9 城乡居民人均生活用电对比(1985—2007 年)

资料来源:根据国家统计局相关年份《中国能源统计年鉴》测算、整理。

家用电器的普及情况可以集中反映城乡居民生活用能模式的变化与发展。表 4.2 所示为城乡居民平均每百户家用电器拥有量的变动情况。随着电力事业的发展与居民生活水平的提高,城镇居民家庭家用电器的拥有率逐步提高,其中空调、冰箱、洗衣机、彩电等目前已达到基本普及的程度；农村居民家庭的发展则明显滞后，几类家用电器远未达到普及程度，与城镇的差距分别在10～20年之间。考虑到农村家庭户平均人口数略高于城镇家庭，城乡居民家用电器普及程度的实际差距更大。可见，我国农村居民的家用电器消费潜力巨大，未来居民生活用能的排放空间将进一步拓展。

表4.2 中国城乡居民家用电器普及情况（台/百户）

年份	空调器		电冰箱		洗衣机		抽油烟机		彩色电视机		家用电脑	
	城镇	农村	城镇	农村	城镇	农村	城镇	农村	城镇	农村	城镇	农村
1985	0.08	—	6.58	0.06	48.29	1.90	—	—	17.21	0.80	—	—
1990	0.34	—	42.33	1.22	78.41	9.12	—	—	59.04	4.72	—	—
1995	8.09	0.18	66.22	5.15	88.97	16.90	34.47	0.61	89.79	16.92	—	—
1996	11.61	0.29	69.67	7.27	90.06	20.54	38.42	—	93.50	22.91	—	—
1997	16.29	0.38	72.98	8.49	89.12	21.87	42.60	—	100.48	27.32	2.60	—
1998	20.01	0.58	76.08	9.25	90.57	22.81	45.93	—	105.43	32.59	3.78	—
1999	24.48	0.74	77.74	10.64	91.44	24.32	48.62	—	111.57	38.24	5.91	—
2000	30.80	1.32	80.10	12.31	90.50	28.58	54.10	2.75	116.60	48.74	9.70	0.47
2001	35.80	1.70	81.87	13.59	92.23	29.94	55.49	3.15	120.52	57.50	13.31	—
2002	51.10	2.29	87.38	14.83	92.90	31.80	60.67	3.58	126.38	60.45	20.63	—
2003	61.79	3.45	88.73	15.89	94.41	34.27	63.55	4.11	130.50	67.80	27.81	—
2004	69.81	4.70	90.15	17.75	95.90	37.32	65.58	4.81	133.44	75.09	33.11	—
2005	80.67	6.40	90.72	20.10	95.51	40.20	67.93	5.98	134.58	84.08	41.52	2.10
2006	87.79	7.28	91.75	22.48	96.77	42.98	69.78	7.03	137.43	89.43	47.20	2.73
2007	95.08	8.54	95.03	26.12	96.77	45.94	—	8.14	137.79	94.38	53.77	3.68
2008	100.28	9.82	93.63	30.19	94.65	49.11	—	8.51	132.89	99.22	59.26	5.36

资料来源：根据国家统计局相关年份《中国统计年鉴》整理。

4.1.4 居民生活用能的国际比较

对生活用能水平及其碳排放进行国际比较有助于我们正确判断我国居民生活用能碳排放所处的国际水平与历史阶段。尽管对居民消费与碳排放关系的研究日益得到国内外学术界的重视，但从居民生活用能碳排放角度可供直接对比的国外数据并不多见。本研究根据搜集到的2007年美、英、日三国的能源平衡表进行计算与整理，对居民人均生活用能水平及构成进行国际比较，部分结果如表4.3所示。

表4.3 2007年居民人均生活用能国际比较

国 别	煤 炭	石 油	天然气	电 力	热 力	非化石能源	合 计
用量（kgce）							
美 国	0.00	119.22	521.88	567.73	0.00	57.71	1266.54
英 国	13.16	63.00	636.38	232.57	1.22	7.45	953.78
日 本	0.88	215.27	110.24	278.47	—	6.14	611.01
中 国	47.46	28.18	13.43	98.80	14.89	—	202.75
结构（%）							
美 国	0.00	9.41	41.20	44.83	0.00	4.56	100.00
英 国	1.38	6.60	66.72	24.38	0.13	0.78	100.00
日 本	0.14	35.23	18.04	45.58	—	1.01	100.00
中 国	23.41	13.90	6.62	48.73	7.34	—	100.00

资料来源：美国、英国数据根据IEA(2009)计算整理；日本数据根据EDMC(2009)计算整理；中国数据根据国家统计局《中国能源统计年鉴2008》计算整理。

由生活用能的消耗量来比较,2007年我国居民的人均生活用能量为202.75 kgce,大大低于先进工业化国家居民的用能水平,分别是美国人均量(1266.54 kgce)的16.01%、英国(953.78 kgce)的21.26%、日本(611.01 kgce)的33.18%。从生活用能的能源结构来比较,我国居民生活用能终端消费中高碳的煤炭的比重明显偏高,达到23.41%,其他三国中即使该比重最高的英国也仅为1.38%;相对低碳的天然气比重则明显偏低,仅为6.62%,其他三国中即使该比重最低的日本亦达到18.04%,接近我国水平的4倍,英国天然气的比重更是高达66.72%。以上生活用能在能源结构上的差异,使得我国居民生活用能碳排放水平与上述三国的差距要小于生活用能水平的差距。

从居民家用电器的普及情况来看,与发达国家相比,我国差距明显。表4.4所示为部分年份日本居民平均每百户家用电器拥有量情况。对比表4.2可知,2008年我国城镇居民家庭中电冰箱、彩电的每百户拥有水平均不及日本居民1980年的水平,空调、计算机的拥有水平大体上与日本1990年代中期相当。农村居民的差距则更为巨大。当然,两国居民平均家庭户规模的差别会对每百户居民家用电器拥有量指标的可比性产生一定程度的影响,但两国居民家用电器普及水平至少相差20年应是不争的事实。另一方面,考虑到目前我国火电发电煤耗及供电煤耗水平分别高于国际先进水平约11.4%、14.1%(2050中国能源和碳排放研究课题组,2009),同时我国家用电器的能源效率与发达国家亦存在一定差距,因此两国居民家庭使用家用电器产生的碳排放水平的差距应稍低于家用电器普及率的差距。

表4.4 日本居民家用电器普及情况(台/百户)

年 份	空调器	电冰箱	彩色电视机	家用电脑
1980	59.7	115.2	150.9	—
1990	74.7	126.5	119.4	12.7
2000	217.4	121.4	230.6	65.8
2004	248.6	125.6*	252.0	95.8
2005	255.3	—	250.3	104.1
2006	255.5	—	248.0	107.0

资料来源:转引自2050中国能源和碳排放研究课题组(2009);* 为2003年数据。

综上所述,无论从生活用能及其碳排放的人均水平,还是从家用电器的普及程度来看,我国与发达国家差距巨大,目前我国居民生活用能碳排放仍处于较低水平。

4.1.5 结论与讨论

本节通过对中国居民近30年来生活用能碳排放的测算,定量描述了我国居民生活用能碳排放的基本状况。通过对居民生活用能碳排放的变动趋势、能源结构及单位能耗碳排放的分析以及城乡比较与国际比较,从不同的角度揭示了我国居民生活用能碳排放的变化特点与发展趋势。研究得到以下几点结论与启示:

(1)我国居民生活用能碳排放总体上处于较低水平,未来仍存在巨大的排放需求,减排空间有限。近30年来,居民生活用能及其碳排放占全行业终端能源消费的比重呈波动下降趋势,近年来已降至10%以下。由此判断,现阶段我国居民生活用能及其碳排放仍处于满足基本生活需要的较低层次。因此,未来我国节能减排的空间更多地存在于产业部门,居民生活用能领域的碳减排空间有限。

(2)居民生活用能的能源结构有待进一步改善。近30年来,由于以电力为代表的商品能消费水平的持续提高,我国居民生活用能的能源结构已得到逐步改善,但仍存在不少问题。相对低碳排放的天然气消费在我国居民生活用能中的比重不足国际平均水平的四分之一;农村居民的煤炭终端消费比重过高,而天然气消费的比重尚不足城镇居民的1%。这些都表明我国居民(尤其是农村居民)生活用能结构优化仍有较大的提升空间。未来应通过加大清洁能源开发力度、促进天然气国际贸易等措施加快能源结构的调整步伐。

(3)居民生活用能碳排放的城乡差距明显,但正呈现不断缩小的趋势。近30年来,随着我国人口城市化的不断推进,城乡居民在人均生活用能碳排放量的变化上表现为一降一升,生活用能的能源结构不断趋同,城乡差距总体上波动缩小。由于我国社会经济城乡二元结构的客观存在,可以预见,未来生活用能碳排放的城乡差距将会趋于一个适当的水平并维持相对稳定。事实上,2005年以来的最近几年,生活用能碳排放的城乡差距缩小速度明显放缓,已呈现出城乡人均排放比在1.84附近小幅波动的趋势。考虑到农村居民生活用能在低碳排放方面的独特优势,如生物质能(沼气、薪柴等)、小水电及太阳能等的便捷应用,城乡居民在生活用能碳排放方面的适当差距表现出一定的积极意义。

(4)未来一段时期内我国需要合理拓展居民生活用能排放空间。近30年来,我国居民生活用能的人均排放量及户均排放量总体上均呈波动增长态势,这与我国作为发展中国家所处的历史阶段相适应。生活用能是居民生存与发展权益的基本保障,与发达国家居民消费水平的巨大差距提示我们,未来我国居民生活用能的排放空间非但难以压缩,更需合理拓展。未来20多年内,我国人口还将保持增长态势(联合国人口署,2007),随着社会经济的不断发展,生活水平不断提高,居民生活用能水平将得到进一步提升;能源结构及能源效率的优化尽管能在一定程度上减缓排放,但相对于人口发展与居民消费规模的扩张,短时期内难以对碳排放起到逆转性的作用。因此,未来一段时期内生活用能排放空间的拓展既是我国居民生存与发展的合理需求,也是社会经济发展的必然结果。

4.2 我国居民消费品载能碳排放测算与分析

本节基于投入产出方法测算居民消费品载能碳排放,考察我国居民消费品载能碳排放的排放规模与排放结构的主要特点与变动趋势,并进行城乡比较与国际比较。

4.2.1 研究方法

居民消费品载能碳排放是指居民消费品(不包括生活用能)在其原料、生产、运输、销售等环节中所承载的能源消耗导致的间接碳排放。以居民家庭的煤气消费为例:家用煤气燃烧所产生的碳排放为居民生活用能直接碳排放;而煤气生产部门加工、生产、运输、销售相应数量的煤气所消耗的能源(不包括转化的能量)的相应碳排放即为居民消费品载能碳排放。居民消费品载能碳排放涉及消费品生命周期的各个环节及国民经济的各个部门,反映的是消费品在各个部门各个环节的能源消耗所产生的碳排放情况的总和。其测算需要大量的社会经济基础数据作支撑,涉及消费品的种类繁多、计算过程复杂,且测算结果存在较大的不确定性。

投入产出分析从部门之间错综复杂的投入产出关系出发,将经济系统的实物运动与价值运动有机地融为一体,在消费品载能量的建模和计量研究方面具有独特的优势,也是目前国内外研究居民消费品载能碳排放的主流方法。投入产出分析由列昂惕夫(Wassily Leontief)于 1936 年提出,其主要内容是编制棋盘式的投入产出表和建立相应的线性代数方程体系,构成一个模拟现实的国民经济结构和社会再生产过程的经济数学模型。投入产出表能定量反映各经济部门之间的相互依赖关系,并提供了城乡居民在各经济部门的消费支出,这为研究居民消费品载能碳排放提供了很大的便利。本节即采用投入产出模型来进行居民消费品载能碳排放的测算。

居民消费品载能碳排放的投入产出模型表达为:

$$CF_c = CI(I-A)^{-1}Y_c \quad (c=0,1) \tag{4.2}$$

式中,下标 c 用来区分居民的城乡结构,$c=0$ 表示农村居民,$c=1$ 表示城镇居民。CI 是投入产出表中各部门单位总产出碳排放量行向量;Y 是由投入产出表中居民对各类消费品的最终消费量列向量转换而成的对角矩阵;A 为投入产出表中的直接消耗系数矩阵;CF 为各类居民消费品载能碳排放列向量。由投入产出模型可知,$(I-A)^{-1}$ 为列昂惕夫逆矩阵(亦称完全需要系数矩阵),表征某一部门中间生产技术的变化,即该部门增加一个单位的最终需求时,对国民经济各个部门的完全需要量。因此,列昂惕夫逆矩阵的变化会影响产品中间生产过程对能源消耗的需求变化,并最终影响居民消费品载能碳排放的变化。

我国现有统计体系中的《中国投入产出表》、《中国能源平衡表》及《工业分行业终端能源消费量表》提供了进行居民消费品载能碳排放投入产出分析的数据基础。测算中首先将上述三种表格进行部门归并,建立起部门投入产出与能源消耗的对应关系。对归并后的投入产出表,需重新计算投入产出系数矩阵 A。对归并后的能源平衡表重新计算各部门终端能源消费量及能源结构(包括各类化石能源的终端消费与电力、热力能源消费所转换的化石能源量),在此基础上计算各部门碳排放量,其计算表达式为:

$$CE(i) = \sum_{p=1}^{P}\left[k_p \times (EC_{fe\_p}(i) + EC_{te\_p}(i))\right] \tag{4.3}$$

式中各变量设定为:CE——能源消费碳排放量;i——部门代码;EC——能源表观消费量;k——碳排放系数。各变量下标设定为:fe——一次性能源;te——被转换的能源;p——一次性能源种类编号。

由部门终端能源消费碳排放量与部门总产出价值量的比值得到部门单位总产出碳排放量。结合城乡居民在各部门的最终消费价值量及投入产出直接消耗系数矩阵,建立居民消费品载能碳排放的投入产出模型,即可进行相应测算与分析。

4.2.2 数据来源与整理

本研究使用 1992 年以来《中国投入产出表》及《中国能源统计年鉴》中的《中国能源平衡表》与《工业分行业终端能源消费量表》进行相关测算与分析。

《中国能源平衡表》采用矩阵形式,将能源按可供消费量、加工转换投入产出量、损失量、终端消费量等分类列出,比较全面地反映了我国历年的能源生产与消费的宏观情况。但其只按产业门类进行粗线条分类,不能反映产业内部,尤其是工业生产各部门的能源消费情况。《工业分行业终端能源消费量表》则比较详细地反映了各工业部门终端能源消费状况,可作为消费品载能量测算的有效依据。因此,本研究中对中国能源平衡表进行了工业部门扩展,将工业分行业终端能源消费量编入能源平衡表的对应栏目,得到反映全行业各部门产品及服务的能源平衡关系。

我国全国投入产出表的编制从 1987 年开始,之后每逢 2、7 年份编制投入产出基本表,逢 0、5 年份编制投入产出延长表,部门分类数从 33 至 124 不等。由于投入产出表与能源平衡表及工业分行业终端能源消费量表对国民经济部门(行业)的划分不一致,需要进行归并处理。经对比分析,按产品用途、耗能模式相近的原则,将所有表格中的部门(行业)归并为可平行比较的 15 个部门。以 2007 年为例,部门归并结果如表 4.5 所示。

从部门归并结果来看,一些部门的涵盖范围比较大。如机械、电子设备及其他制造业,文教卫生、商务及其他服务等。主要原因是所考察的计算期时间跨度比较大(1992—2007 年),一些统计表的部门划分口径前后不一。如废品废料业、房地产业等,在 1997 年之后纳入投入产出表的单列部门,而在能源终端消费表中却无相应分类,归并中只能根据就近原则划入相应大类。

对归并后相关部门的经济、能源数据进行归并处理,并重新计算投入产出直接消耗系数矩阵。对实物量能源数据进行标准量折算,其中,电力数据根据测算得到的火力发电标准煤耗率及电力生产的能源结构折算相应的化石能源标准量。价值量数据统一按 2000 年不变价格折算。

表 4.5 部门归并(以 2007 年为例)

归并部门	中国投入产出表(44 部门)	中国能源平衡表+工业分行业终端能源消费量表
农林牧渔业	农林牧渔业	农、林、牧、渔、水利业
采掘业	煤炭开采和洗选业,石油和天然气开采业,金属矿采选业,非金属矿采选业	煤炭采选业,石油和天然气开采业,黑色金属矿采选业,有色金属矿采选业,非金属矿采选业,其他矿采选业
食品制造及烟草加工业	食品制造及烟草加工业	农副食品加工业,食品制造业,饮料制造业,烟草加工业
纺织、服装及皮革产品制造业	纺织业,纺织服装鞋帽皮革羽绒及其制品业	纺织业,纺织服装、鞋、帽制造业,皮革、毛皮、羽毛(绒)及其制品业
木材加工及文体用品制造业	木材加工及家具制造业,造纸印刷及文教体育用品制造业	木材加工及竹、藤、棕、草制品业,家具制造业,造纸及纸制品业,印刷业和记录媒介的复制,文教体育用品制造业
石油加工、炼焦及燃料加工业	石油加工、炼焦及核燃料加工业	石油加工、炼焦及核燃料加工业
化工及医药制造业	化学工业	化学原料及化学品制造业,医药制造业,化学纤维制造业,橡胶制品业,塑料制品业
建材及非金属矿物制品业	非金属矿物制品业	非金属矿物制品业

续表

归并部门	中国投入产出表（44 部门）	中国能源平衡表＋工业分行业终端能源消费量表
金属加工及制品业	金属冶炼及压延加工业，金属制品业	黑色金属冶炼及压延加工业，有色金属冶炼及压延加工业，金属制品业
机械、电子设备及其他制造业	通用、专用设备制造业，交通运输设备制造业，电气机械及器材制造业，通信设备、计算机及其他电子设备制造业，仪器仪表及文化办公用机械制造业，工艺品及其他制造业，废品废料	通用设备制造业，专用设备制造业，交通运输设备制造业，电气机械及器材制造业，通信设备、计算机及其他电子设备制造业，仪器仪表及文化、办公用机械制造业，工艺品及其他制造业，废弃资源和废旧材料回收加工业
电力、热力及水生产和供应业	电力、热力的生产和供应业，燃气生产和供应业，水的生产和供应业	电力、热水的生产和供应业，燃气生产和供应业，水的生产和供应业
建筑业	建筑业	建筑业
交通运输、仓储及信息服务业	交通运输及仓储业，邮政业，信息传输、计算机服务和软件业	交通运输、仓储及邮电通迅业
批发零售及住宿餐饮业	批发和零售业，住宿和餐饮业	批发和零售贸易业、餐饮业
文教卫生、商务及其他服务	金融业，房地产业，租赁和商务服务业，研究和试验发展业，综合技术服务业，水利、环境和公共设施管理业，居民服务和其他服务业，教育，卫生、社会保障和社会福利事业，文化、体育和娱乐业，公共管理和社会组织	其他

4.2.3 居民消费品载能碳排放的基本状况

测算得到相关年份我国城乡居民消费品载能碳排放的规模与结构情况如表4.6所示。

表4.6 居民消费品载能碳排量（万 tC）

消费品部类	1992年	1995年	1997年	2000年	2002年	2005年	2007年
农林牧渔业	4,773	5,001	5,454	5,139	4,411	3,920	3,429
采掘业	269	539	124	127	248	198	93
食品制造及烟草加工业	4,073	5,342	5,233	4,845	3,799	4,670	6,173
纺织、服装及皮革制品	2,060	3,598	2,321	2,187	2,122	2,876	3,279
木材加工制品及文体用品	710	1,363	724	1,187	856	1,196	568
石油加工、炼焦及燃料加工业	203	415	98	406	384	601	591
化工及医药制品	2,226	2,562	1,843	2,157	1,798	2,283	2,160
建材及非金属矿物制品	429	1,744	1,041	1,478	1,045	1,123	323
金属加工及制品	892	960	789	783	674	756	515
机械、电子设备及其他制品	2,307	2,751	3,338	3,580	2,498	4,339	5,231
电力、热力及水生产和供应	339	863	995	805	1,285	1,589	2,066
建筑业	—	—	—	—	—	—	690
交通运输、仓储及信息服务	1,034	941	1,147	1,708	1,586	3,475	3,168
批发零售及住宿餐饮服务	1,648	1,491	1,771	1,840	2,447	3,110	3,964
文教卫生、商务及其他服务	1,805	2,289	3,395	3,887	5,306	8,548	8,224
合 计	22,769	29,861	28,273	30,128	28,458	38,686	40,475

资料来源：根据国家统计局相关年份《中国投入产出表》、《中国能源统计年鉴》测算、整理。其中，由于建筑业类从2007年才开始列入投入产出表中居民消费的统计范畴，此前作缺值处理；部门经济产出数据及居民消费价值量数据统一按2000年不变价格计算。

从总量来看，1992—2007年，我国居民消费品载能碳排放呈波动上升趋势，从22769万tC增长至40475万tC，增幅为77.76%。由于同期居民生活用能碳排放从11022万tC增长至

16545万tC,居民消费产生的直接和间接碳排放之和从33791万tC增长至57019万tC,增幅为68.74%。在此期间,居民消费价值量从21729亿元持续增长至74244亿元(均按2000年不变价格折算),增幅达2.42倍(图4.10)。可知,消费品载能碳排放的增幅远低于消费价值量的增幅。

从间接排放与直接排放的对比来看,该阶段,居民消费品载能碳排放与生活用能碳排放之比在2.07~2.97之间波动,2007年的比值为2.45。消费品载能碳排放占居民消费相关碳排放总量的比重在67.38%~74.81%之间波动,2007年为70.98%。可知,居民消费的间接排放量远高于直接排放量。这与Golley等(2008)对该阶段我国居民生活消费对碳排放影响的研究结论基本吻合。

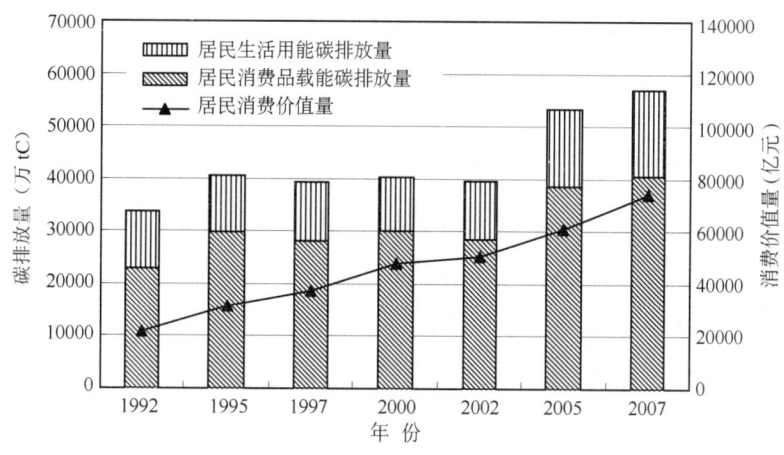

图4.10 居民消费品载能碳排放变动情况

从消费品载能碳排放与全行业碳排放的对比来看,如图4.11所示,该阶段居民消费品载能碳排放在绝对量总体增长的同时,其占全行业终端能源消费碳排放总量的比重则呈现下降波动,从1992年的35.74%降至2007年26.13%,下降了9.61个百分点。若考虑该阶段居民生活用能的直接碳排放,则计算期内居民消费碳排放(包括直接与间接碳排放)占全行业终端能源消费碳排放总量的比重从53.04%下降至36.81%。同期,我国居民消费价值量占GDP

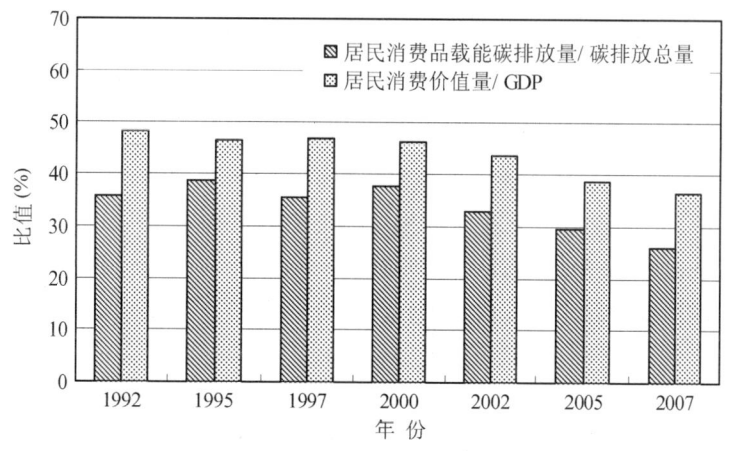

图4.11 居民消费品载能碳排放占全行业比重变动情况

的比重从48.29%下降至36.38%。可知,居民消费碳排放占全行业终端能源消费碳排放的比重与居民消费价值量所占GDP的比重(即居民消费率)具有基本同步的变动特征。

从排放结构来看,该阶段载能排放的主要消费品部类经历了从农业、食品等基本生活保障性部类向居住、交通、信息等服务性部类的转变。如图4.12所示,1992年载能碳排放比重最大的3个居民消费品部类依次是:农林牧渔业(20.96%),食品制造及烟草加工业(17.89%),机械、电子设备及其他制品(10.13%);而2007年则变化为:文教卫生、商务及其他服务(20.32%),食品制造及烟草加工业(15.25%),机械、电子设备及其他制品(12.92%)。此间,排放比重增幅最大的3个消费品部类依次是:文教卫生、商务及其他服务,电力、热力及水生产和供应,交通运输、仓储及信息服务,分别上升了12.39、3.62、3.28个百分点;排放比重降幅最大的3个消费品部类依次是:农林牧渔业,化工及医药制品,金属加工制品,分别下降了12.49、4.44、2.64个百分点。从三次产业划分角度来考察,第三产业消费品载能碳排放比重的明显增大,从19.71%上升至37.94%,提高了18.23个百分点;第一产业与第二产业的排放比重则呈现下降,分别降低了12.49和5.74个百分点。

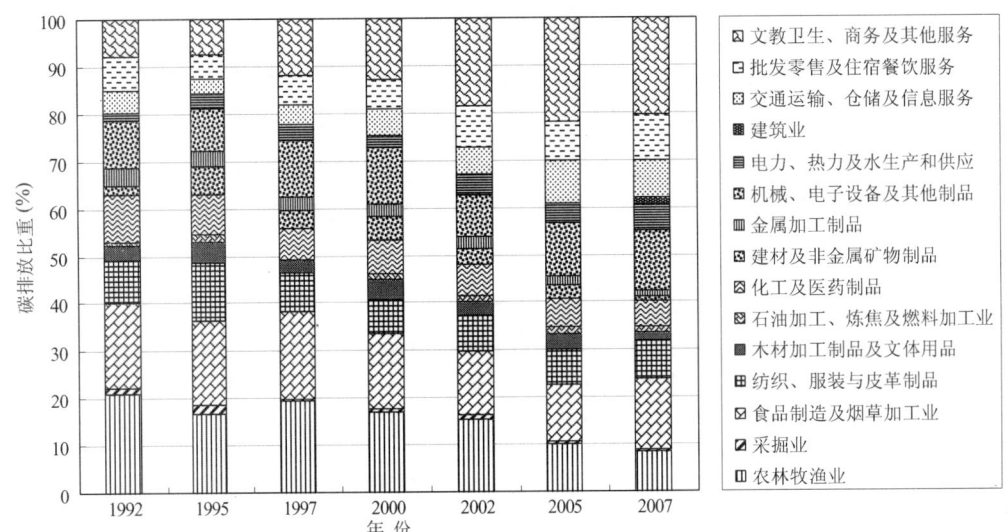

图4.12 居民消费品载能碳排放结构

从各类消费品载能排放量的变动来看,排放量大的部类大多呈增长态势,其中,居住、服务类消费的排放量增长显著。图4.13所示为2007年各类居民消费品载能碳排放及1992—2007年的变动情况。该阶段有8类消费品的载能碳排放持续增长,亦有6类消费品的载能排放有所下降。其中,电力、热力及水生产和供应部类的载能碳排放从339万tC增长至2066万tC,增幅为5.10倍,是排放量增幅最大的消费品部类;其他两个增幅较大的部类分别是:文教卫生、商务及其他服务增幅为3.56倍,交通运输、仓储及信息服务增幅为2.06倍。载能碳排放降幅最大的3个消费品部类分别是采掘业,金属加工制品,农林牧渔业,其降幅分别为65.37%、42.22%、28.17%。从三次产业划分角度来考察,第三产业消费品载能碳排放增长最为明显,从4487万tC增长至15356万tC,增幅达2.42倍;第二产业增长了60.57%;第一产业则下降了28.17%。

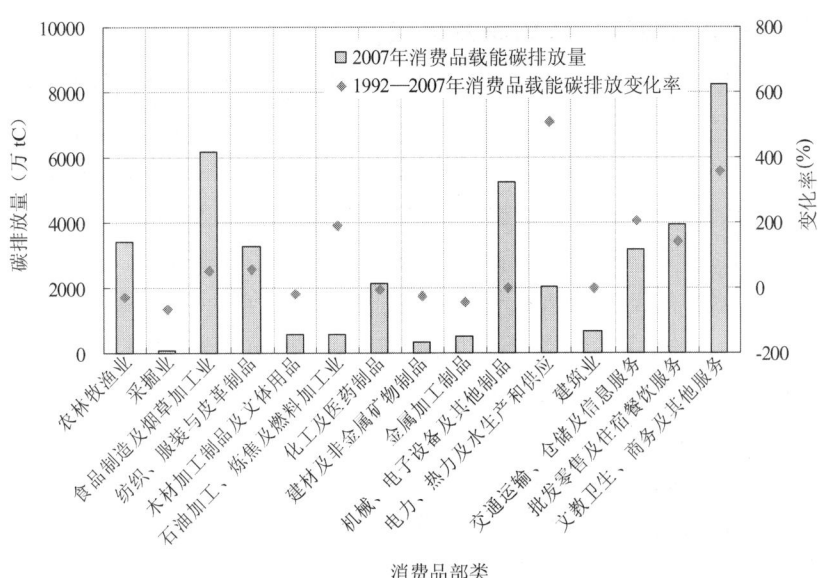

图 4.13 各类消费品载能碳排放及其变化率

从居民消费品载能碳排放结构与消费结构的对比情况来看,消费比重相对较大的消费品部类所占排放比重并不大。如图 4.14 所示,2007 年,居民消费价值量比重居前 4 位的消费品部类,其载能碳排放比重均小于消费价值量比重,其他所有消费品部类的排放比重均大于消费价值量比重。这 4 个部类依次是:文教卫生、商务及其他服务,食品制造及烟草加工业,批发零售及住宿餐饮服务业,农林牧渔业。这 4 类消费品的居民消费价值量比重总和达到消费总量的 70.74%,而其排放比重仅为总量的 53.84%。由此可见,一方面,居民消费量的增长带动了消费品载能碳排放增长;另一方面,主要消费品的载能碳排放比重大大低于其消费价值量比重,亦使得该阶段消费品载能排放的增速有所减缓。

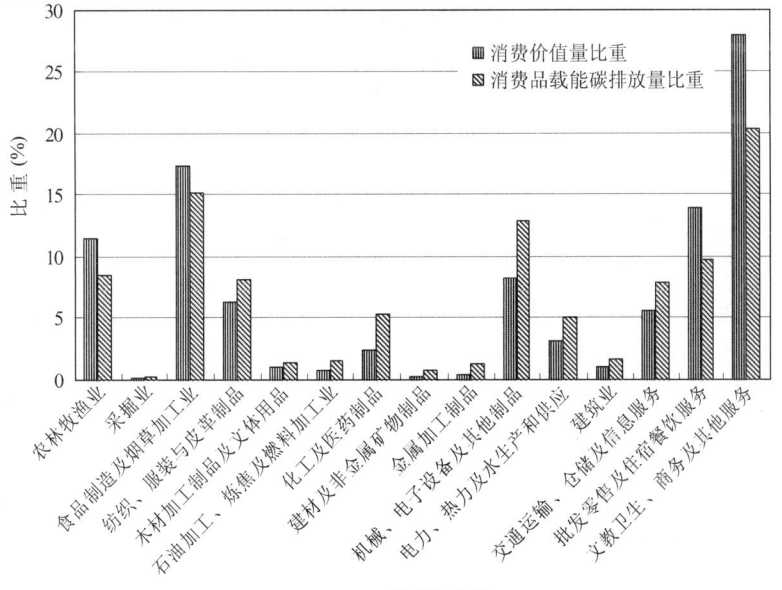

图 4.14 2007 年居民消费结构与消费品载能碳排放结构对比

4.2.4 居民消费品载能碳排放的城乡比较

从总量上看,1992—2007 年,城乡居民消费品载能碳排放量的变化表现为一升一降。其中,城镇居民排放量从 10885 万 tC 上升到 30775 万 tC,增幅为 1.83 倍;农村居民排放量则从 11884 万 tC 降至 9699 万 tC,下降了 18.38%。该阶段,我国人口城镇化率从 27.46% 上升至 44.94%,同期城镇居民消费品载能碳排放占城乡排放总量的比重从 47.81% 上升至 76.04%。可见,城镇居民的消费需求是我国居民消费品载能碳排放的主要驱动力。

图 4.15 所示为城乡居民人均消费品载能碳排放变动情况。1992—2007 年,我国居民消费品载能碳排放量的人均值从 194.32 kgC 增长至 306.33 kgC,增幅为 57.64%。但城乡之间差距明显:城镇居民人均消费间接碳排放量从 338.30 kgC 增长至 518.29 kgC,增幅为 53.21%;同期农村居民人均排放值则呈波动下降态势,从 139.82 kgC 降至 133.33 kgC,其中 2002 年最低,为 104.99 kgC,总体降幅为 4.65%。可知该阶段居民消费品载能碳排放的城乡差距呈加大趋势,人均排放的城乡比从 2.42 增至 3.89。考虑到该阶段农村居民生活用能直接碳排放上升态势明显,若将生活用能碳排放与消费品载能碳排放相加后,人均排放的城乡比在 2007 年仍达到 3.06。我国经济社会的城乡二元特征在居民消费及其碳排放领域表现明显。

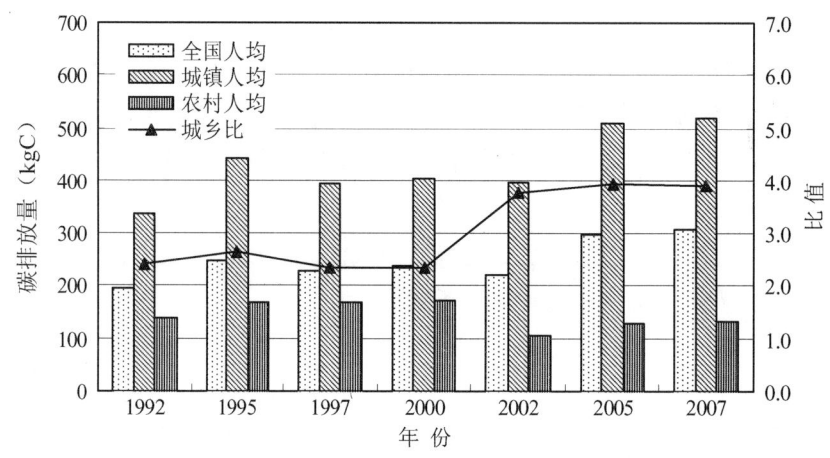

图 4.15 城乡居民人均消费品载能碳排放变动情况

从城乡居民各类消费品载能碳排放水平的对比也可以清楚地看到城乡间差距。表 4.7 所示为 2007 年城乡居民消费品载能碳排放的人均排放情况。2007 年,在所有 15 个消费品部类中,除不具可比性的建筑业外,人均排放的城乡比在 3 倍以上的消费品部类有 12 个。其中,石油加工、炼焦及燃料加工业的城乡人均排放比高达 8.89,是城乡差距最大的消费品部类。金属加工制品,建材及非金属矿物制品,木材加工制品及文体用品,纺织、服装与皮革制品等消费品的城乡排放比均在 5 倍以上。排放差距最小的两个消费品部类分别是采掘业和农林牧渔业,其中采掘业是唯一的城乡排放比小于 1 的消费品部类。由此可知,消费品载能碳排放的城乡差距主要体现在工业制成品与服务类消费。

表 4.7 2007 年城乡居民人均消费品载能碳排放

消费类别	全国人均(kgC)	城镇人均(kgC)	农村人均(kgC)	城乡比
农林牧渔业	25.95	31.04	21.80	1.42
采掘业	0.70	0.64	0.76	0.85
食品制造及烟草加工业	46.72	76.54	22.38	3.42
纺织、服装与皮革制品	24.82	44.37	8.86	5.01
木材加工制品及文体用品	4.30	7.82	1.42	5.49
石油加工、炼焦及燃料加工业	4.47	8.75	0.98	8.89
化工及医药制品	16.34	26.88	7.75	3.47
建材及非金属矿物制品	2.45	4.47	0.80	5.60
金属加工制品	3.90	7.19	1.21	5.92
机械、电子设备及其他制品	39.59	70.10	14.69	4.77
电力、热力及水生产和供应	15.63	27.76	5.74	4.84
建筑业	5.22	11.62	0.00	—
交通运输、仓储及信息服务	23.98	41.86	9.38	4.46
批发零售及住宿餐饮服务	30.00	50.15	13.56	3.70
文教卫生、商务及其他服务	62.24	109.09	24.00	4.55
合 计	306.33	518.29	133.33	3.89

从各类消费品排放量的变动来看。图 4.16 所示为 1992—2007 年城乡居民人均消费品载能碳排放的变动情况。该阶段,农村居民人均排放量变动幅度超过 1 倍的有两类消费品,分别是文教卫生、商务及其他服务(增加 2.46 倍),电力、热力及水生产和供应(增加 2.04 倍)。而有 5 类消费品人均排放水平的下降幅度超过 50%,其中,金属加工制品,建材及非金属矿物制品两类消费品的人均排放量降幅超过 75%。同期,城镇居民人均排放量变动幅度超过 1 倍的

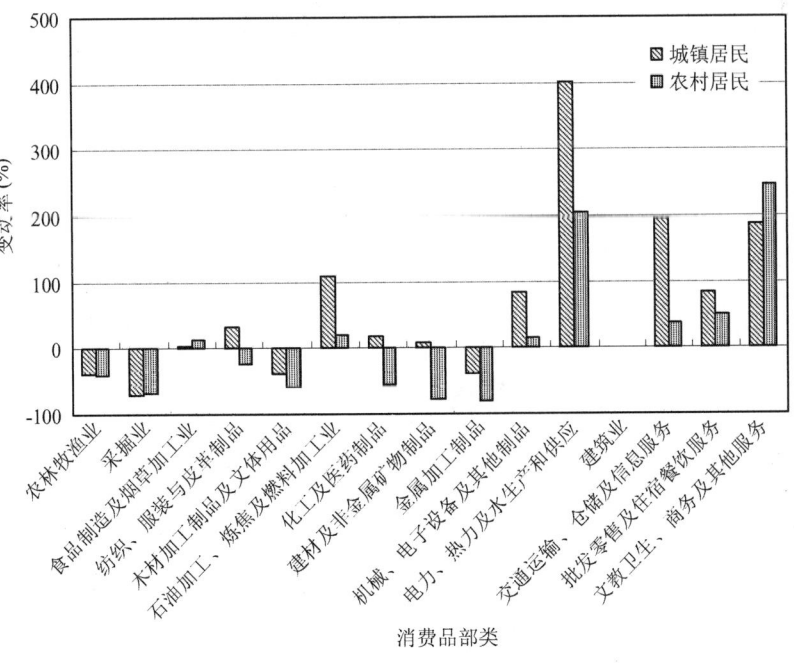

图 4.16 1992—2007 年城乡居民人均消费品载能碳排放变动对比

则有4类消费品,依次是电力、热力及水生产和供应(增加4.0倍),交通运输、仓储及信息服务(增加1.94倍),文教卫生、商务及其他服务(增加1.89倍),石油加工、炼焦及燃料加工业(增加1.10倍)。而仅有采掘业类一种消费的人均排放量降幅超过50%。城镇居民大部分消费品排放水平的普遍提高和农村居民排放水平的波动下降形成明显对比。

虽然城乡居民在消费品载能排放量的变动方面差距明显,但在排放结构的变动上却呈现出一定的趋同特征。图4.17、图4.18分别列出了1992与2007年城乡居民消费品载能碳排放结构对比情况。1992年,占农村居民排放比重最大的3类消费品依次是农林牧渔业(26.7%),食品制造及烟草加工业(14.1%),化工及医药制品(12.6%)。这3类消费品都与食品与耕作(施肥、农药)密切相关。2007年,比重最大的3类消费品则排列为文教卫生、商务及其他服务(18.0%),食品制造及烟草加工业(16.8%),农林牧渔业(16.3%)。其间,文教卫生、商务及其他服务类消费的比重增加了13个百分点,是比重上升幅度最大的消费品部类;农林牧渔业类消费的下降幅度最大,降低了10.4个百分点。占城镇居民排放比重最大的3类消费品则从1992年的食品制造及烟草加工业(22.1%),农林牧渔业(14.7%),机械、电子设备及其他制品(11.2%)变化为2007年的文教卫生、商务及其他服务(21.0%),食品制造及烟草加工

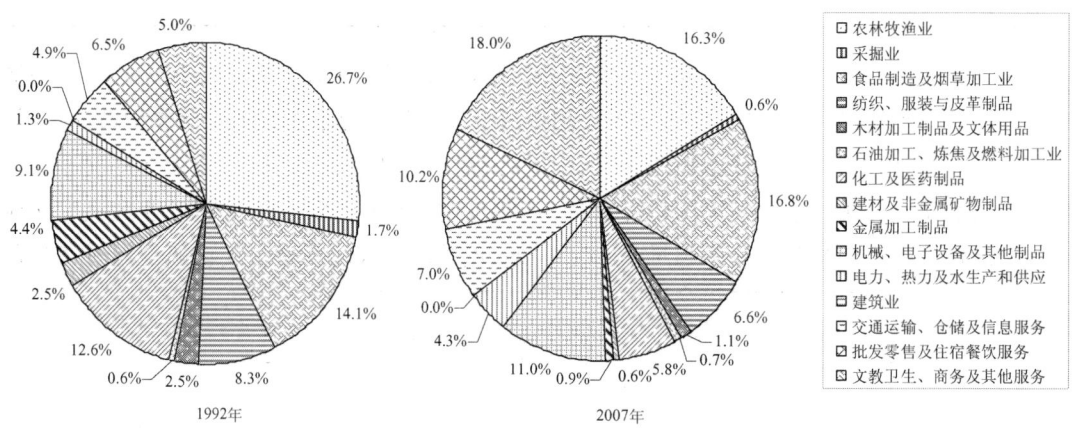

图4.17 1992、2007年农村居民消费品载能碳排放结构对比

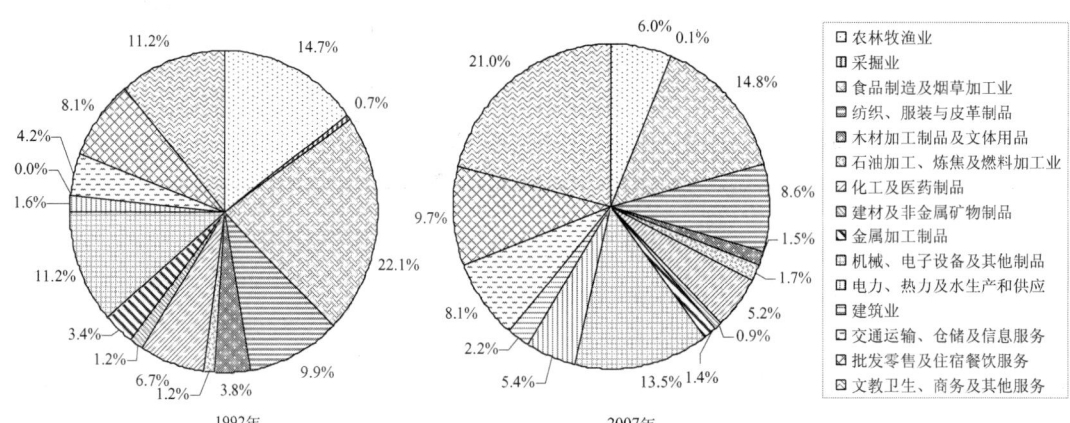

图4.18 1992、2007年城镇居民消费品载能碳排放结构对比

业(14.8%)、电子设备及其他制品(13.5%)。其间,与农村居民排放结构的变动类似,比重上升与下降幅度最大的分别是文教卫生、商务及其他服务类消费与农林牧渔业类消费,分别变动了9.9和8.7个百分点。可见,城乡居民在排放结构的变动上都表现出居住、服务类消费排放比重增加、农业及食品类消费排放比重减少的大体相同的趋势。

4.2.5 居民消费品载能碳排放的国际比较

在Weber等(2000)对欧洲、Shui等(2005)对美国的研究中,居民消费品载能碳排放被称为"间接排放",其概念界定与本研究类似,其研究数据经过相应折算后可用于进行国际比较。

如表4.8所示,从人均排放量来看,1997年,美国居民消费品载能碳排放的人均量为3287 kgC,我国居民为229 kgC,仅为美国居民的6.96%。从户均排放量来看,1990年,前西德、法国及荷兰居民消费品载能碳排放的户均排放量分别为2160、1126及2448 kgC,我国居民1992年为748 kgC,分别为三国排放水平的34.61%、66.40%及30.54%。从居民消费品载能碳排放占国家排放总量比重来看,1997年,美国居民的排放比重为58.74%,我国居民为35.74%。即使以我国居民2007年的排放水平与欧美发达国家10多年前的水平相比,差距依然巨大。另一方面,由于我国产业部门碳排放强度大大高于世界先进水平,亦高于世界平均水平,而居民消费品载能碳排放作为一种间接排放,与产业部门碳排放强度密切相关,因此,由居民消费品载能碳排放水平的国际差距所反映出来的居民实际消费水平的差距其实更大。

表4.8 居民消费品载能碳排放国际比较

国别	时间	人均消费品载能碳排放(kgC)	户均消费品载能碳排放(kgC)	居民消费品载能排放占本国排放总量比重
中国	1992	194	748	35.74%
	1997	229	832	35.38%
	2007	306	971	26.13%
前西德	1990	—	2160	—
法国	1990	—	1126	—
荷兰	1990	—	2448	—
美国	1997	3287	—	58.74%

资料来源:中国数据为本文根据相关年份《中国统计年鉴》、《中国能源统计年鉴》测算整理;前西德、法国及荷兰数据为本文作者根据Weber等(2000)折算整理;美国数据为本文作者根据Bin Shui等(2005)折算整理。

4.2.6 不确定性分析

在数据资料可得性的限制下,本研究所采用的测算与分析方法虽然相对合理,其不足之处也毋庸回避。总结起来,研究结果的不确定性主要来自以下几个方面:

第一,根据投入产出模型从产品价值量反推其载能及碳排放情况,是一种间接的测算方法,其结果是对消费品载能碳排放量的一种近似。严格意义上的消费品碳排放计算应该基于消费品在原料、生产、运输、销售及终端消费的整个生命周期中燃烧化石能源情况的第一手数据资料,而这也是消费品碳排放计算的困难所在。基于投入产出模型价值流量表的碳排放测算作为一种替代方法,在一定程度上影响测算结果的准确性。

第二,对产业部门划分的细化程度影响测算结果的准确性。本研究中,由于数据资料的限制,将能源平衡表、部门终端能源消费表及投入产出表的产业部门归并为 15 个部门,对于同一部门内不同种类的产品,均假设其具有相同的能耗水平及单位总产出排放强度。显然,这种处理方式下,部门归并的粒度越细,则测算结果的准确性越高;反之,则测算结果的准确度降低。

第三,未考虑进口商品与国内产品在载能量及碳排放水平上的差异。本研究以部门单位总产出碳排放水平作为部门排放强度的衡量指标。投入产出表中,部门总产出为中间使用与最终使用之和,而最终使用中包括了对进口商品的使用,这种测算方法实际上假定国外进口商品产业部门与国内相应的产业部门具有相同的排放强度。由于现阶段我国能源强度约为国际平均水平的 1.55~2.82 倍[1],将进口产品排放强度等同于国内产品的假设在一定程度上高估了部门排放强度。考虑到大部分产业部门的进口商品比例并不高,作为一种大尺度的碳排放研究,这种假设造成的测算误差是可以接受的。

第四,由于建筑业在 2007 年之前的投入产出表中未列入居民消费统计项目,因此,本研究中 2007 年之前建筑业部门未计入居民消费品载能碳排放统计,这使得我们的测算结果可能偏于保守。事实上,根据我们对历年部门总产出单位碳排放水平的测算,建筑业的排放强度在各产业部门中均为最低。同时,与建筑业密切相关的两个部门——建材业、房地产业,在我们的研究中均列入相关部类参与测算。因此,此种忽略所带来的计算偏差并不大,对我们把握居民消费品载能碳排放的宏观态势不致产生关键性的影响。

4.2.7 结论与讨论

本节基于投入产出模型对我国居民消费品载能碳排放进行测算与分析,考察了 1992—2007 年我国居民消费品载能碳排放的排放规模与排放结构的主要特点与变动趋势,并进行了城乡比较与国际比较。研究得到以下几点基本结论:

(1) 1992—2007 年,我国居民消费品载能碳排放的总体特征是:排放规模上升,占排放总量比重下降,排放增速远低于消费价值量增速,排放结构发生重要转变。该阶段,居民消费总价值量增加了 2.41 倍,人均量增加了 2.03 倍;居民消费品载能碳排放总量增加了 77.76%,人均量增加了 57.64%;居民消费品载能碳排放占我国能源消费排放总量的比重下降了 9.61 个百分点;农业、食品类消费品的排放大幅下降,居住、交通、文教卫生等服务性消费的排放大幅上升。

(2) 城乡居民在消费品载能碳排放的排放规模上有较大差距,排放结构的变动则表现出一定的趋同特征。该阶段,城镇居民消费品载能碳排放的人均量增长了 53.21%;农村居民则下降了 4.65%。消费品载能碳排放的人均城乡比从 2.42 增至 3.89,城乡差距呈不断加大的趋势。另一方面,城乡排放结构的变动均表现出农业、食品类下降,居住、交通等服务类上升的共同趋势。

(3) 与发达国家相比,现阶段我国居民消费品载能碳排放仍处于较低水平。无论从人均排放还是从户均排放水平比较,我国居民的排放水平与欧美发达国家差距巨大。

居民消费品载能碳排放的变动是居民消费模式(包括消费水平与消费结构)变化在碳排放

---

[1] 根据 EIA(2009) 发布的数据,2006 年,按照 2000 年市场汇率(MER)计算,我国能源强度为世界平均水平的 2.82 倍;按照 2000 年购买力平价(PPP)计算,我国能源强度为世界平均水平的 1.55 倍。

领域的反映,其中,由居民消费水平与人口规模构成的居民消费规模变动是导致消费品载能碳排放增长的最主要因素。从减缓排放角度考虑,是否意味着未来的低碳发展需要从压缩居民消费需求入手呢?答案显然是否定的。现阶段我国居民消费率持续走低,国民经济的持续高增长并未带动居民消费水平的同步高增长。我国居民总体的消费水平尚处于较低层次,作为发展中国家,努力提高居民消费水平,让国民共享改革开放成果仍是现阶段我国社会经济发展的重要任务。另一方面,虽然近年来我国人口增长速度明显放缓,但由于人口基数庞大,未来20~25年,我国人口总量还将增加约1.5亿人,居民消费规模的持续扩张成为必然趋势。

因此,从居民消费角度考虑,未来我国既要努力提升居民消费水平,又要积极增强促进减排的有效手段。从提升居民消费水平方面来看,为了应对国际金融危机而出台的拉动内需、刺激消费等政策措施无疑具有积极意义,而引导投资向基本民生相关的消费领域尤其是农村居民消费市场倾斜,应该成为相关决策部门的工作重点。同时,积极倡导"绿色消费"、"低碳消费"理念,引导居民消费向持续消费模式发展也具有重要的现实意义。

4.3 西部欠发达地区农村居民碳排放的案例研究

为了了解我国欠发达地区人口的生存碳排放情况,本节选取甘肃、青海和宁夏三省区开展了生存碳排放的调研评估工作。研究区位于我国西北欠发达地区内,是蒙古高原—黄土高原—青藏高原的过渡地带,拥有丰富的地貌单元,生态系统脆弱,自然生存条件相对恶劣,气候变化潜在威胁较大。此外,这一地区基础设施相对落后,农牧业比重较高,以雨养农业、灌溉农业和高寒农牧业为主,农业人口所占比重较高,人口受教育水平较低,贫困人口比重较大,而且是少数民族聚居区,民俗习惯和生活消费方式差异较大(曲建升等,2009)。对开展生存碳排放评估而言,该研究区具有一定的代表意义。

本研究对甘肃、青海和宁夏3省区、22个县(区)、32个乡镇、共125户农村居民家庭进行了调研(调研路线见图4.19),采用实地访谈和问卷调查相结合的方法,采集了当地575个有效的人口生活能源消费与生活消费的样本数据,并在此基础上开展了生存碳排放评估工作。评估结果标明,西北欠发达地区具有生存碳排放低、基本生存性排放比例高等特点。

4.3.1 研究区人口生存碳排放总体情况

本研究借鉴国内外相关研究,开发设计了生存碳排放评估指标体系(王琴等,2010),基于这一评估方法的计算结果显示,2008年西北欠发达地区人口每年的生存碳排放量仅为0.50 tC(图4.20),与同期基于宏观数据估算的我国人均碳排放量(1.15 tC/人)、世界人均排放量(1.27 tC/人)和美国人均排放量(5.65 tC/人)相比[1],研究区内的生存排放量处于一个较低的水平。其中,煤炭消费排放居于各项排放之首,达到43.55%,食品消费排放(14.96%)次之,之后依次为汽油和柴油消费排放(7.92%)、教育文化娱乐排放(7.58%)、衣着、居民设备及服务排放(7.09%)、医疗保险排放(6.83%)、电力消费排放(6.77%)、交通通信排放(5.17%)与

---

[1] 根据中国能源年鉴和国际能源署(IEA)2008年能源数据计算。

液化石油气(PLG)消费排放(0.10%)(图 4.21)。

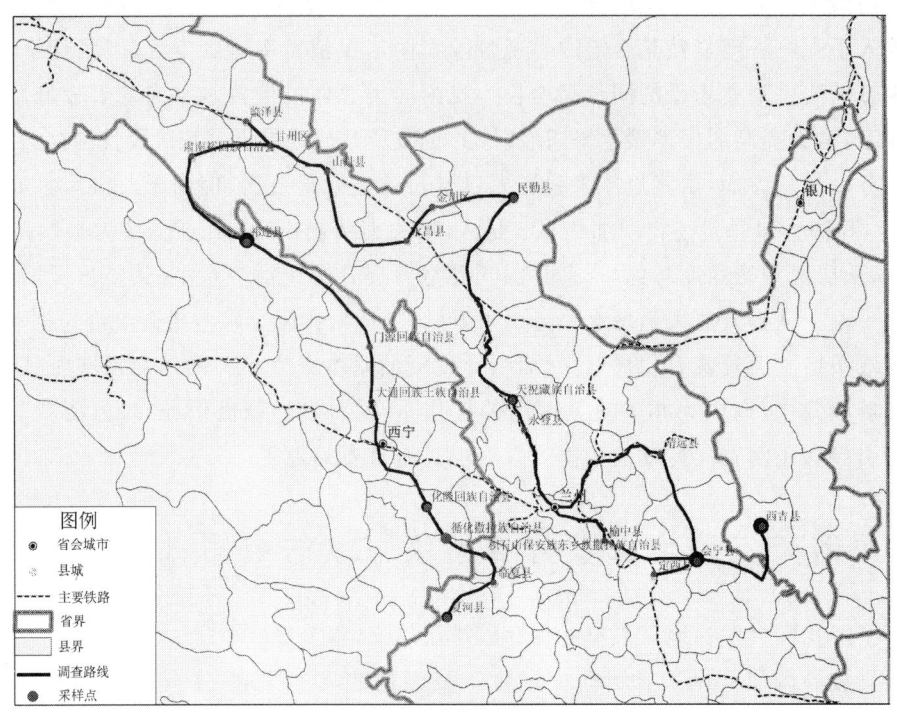

图 4.19 研究样点与调研路线图

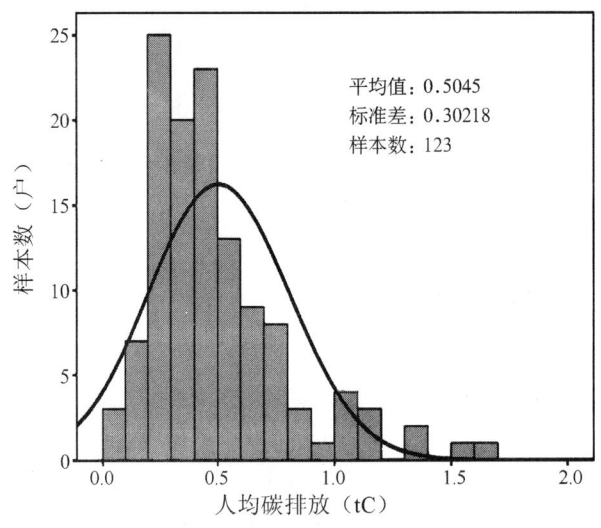

图 4.20 研究区样本人口的生存碳排放

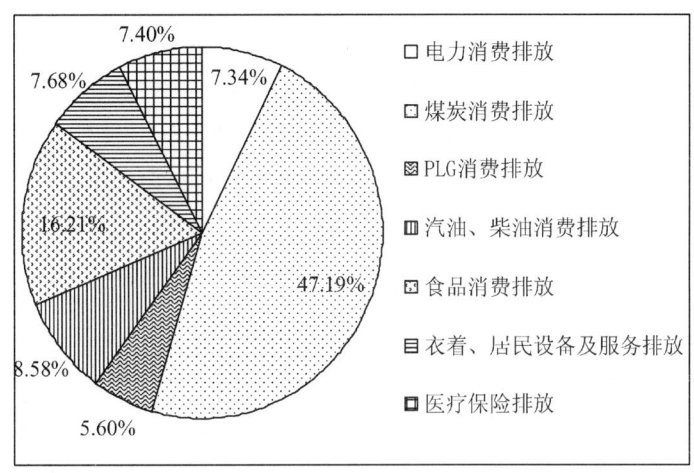

图 4.21 研究区人口生存碳排放各项内容所占比重

在研究区人口的生存碳排放结构中,基本生存碳排放(主要包括除教育文化等非生理需求之外的用于生活必需活动所产生的排放量)占到研究区居民人均生存碳排放总量的 87.25%,这一比例表明研究区居民的排放主要是基本生存消费(温饱型消费)排放,发展型消费排放较少(图 4.22)。

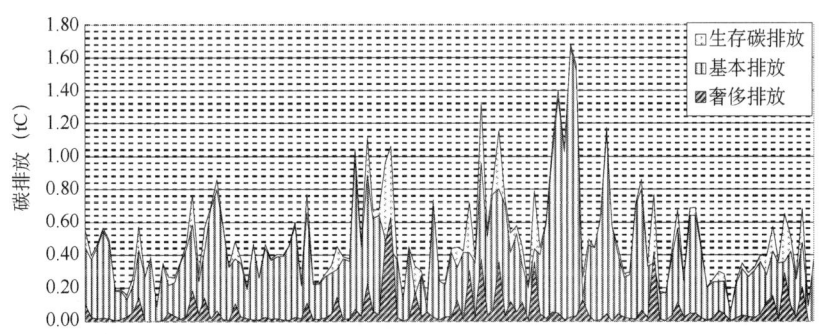

图 4.22 研究区人口基本生存碳排放与发展排放图

4.3.2 研究区人口生存碳排放的影响因素

研究发现,西北欠发达地区人口生存碳排放主要受家庭人均收入水平、地理和气候条件和家庭规模的影响。

(1) 经济收入的影响。研究区内人口的生存碳排放与家庭人均收入有着比较密切的联系。本项研究计算发现,研究区的平均生存碳排放强度(生存碳排放量/人均收入)为 0.3 kgC/RMB)。将人均收入水平由低到高排序作横坐标,碳排放强度与人口生存碳排放为纵坐标做图发现(图 4.23):随着人均收入的增加,人口生存碳排放量亦表现出增加的趋势(在低收入时更为明显),而碳排放强度则呈现下降的趋势。这同 Weber 和 Matthews(2008)的家庭收入同碳排放总量呈正相关的结论相吻合。

(2) 自然条件的影响。为了解地理和气候等自然条件对生存碳排放的影响,我们将研究区

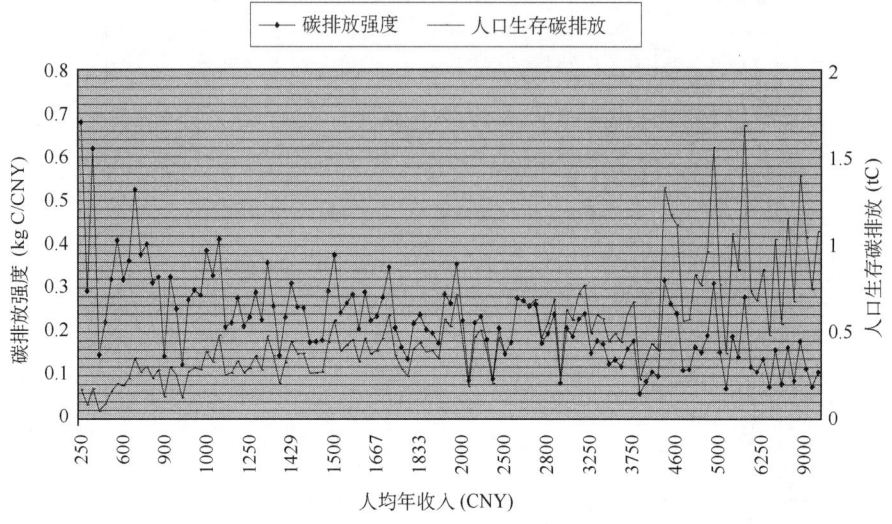

图 4.23 碳排放强度与人口生存碳排放关系图

划分为河西走廊灌溉农业区、民勤一会宁一西吉雨养农业区和祁连一甘南高寒农业区。根据分类评估比较发现,生存碳排放量由高到低依次为高寒农业区、灌溉农业区、雨养农业区。这一差异主要来自于气候条件差异带来的取暖用煤炭消费量的不同,以及由于降水条件不同所导致的收入差别而间接导致生存排放量的不同(图4.24)。

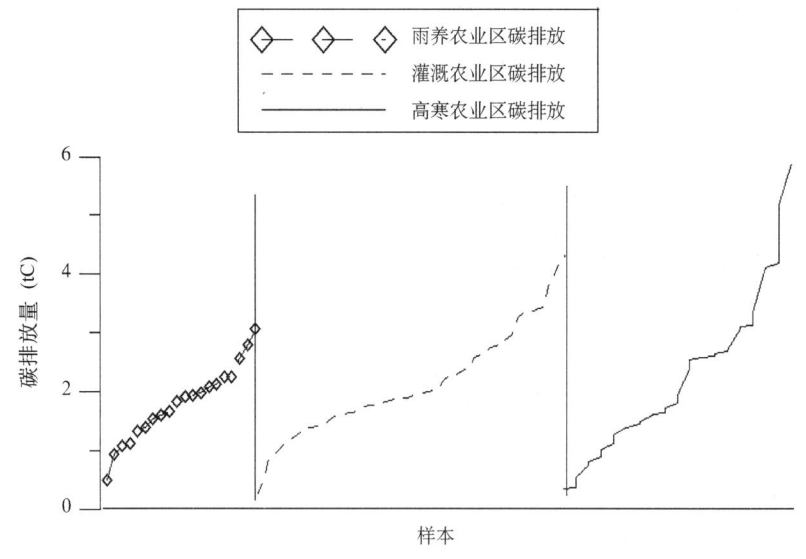

图 4.24 家庭生存碳排放总量

(3)家庭规模的影响。据 Ironmonger 等(1995)研究,家庭成年人口比例越高,越有利于能源利用的经济性。Weber 和 Matthews(2008)也指出家庭规模的扩大有助于生态有效性的提高。本项研究的计算和分析结果也反映了这种家庭规模的经济性。研究发现,生存碳排放量在家庭规模为 2 时达到最大值,然后随着家庭规模的增加呈现递减的趋势(图 4.25)。

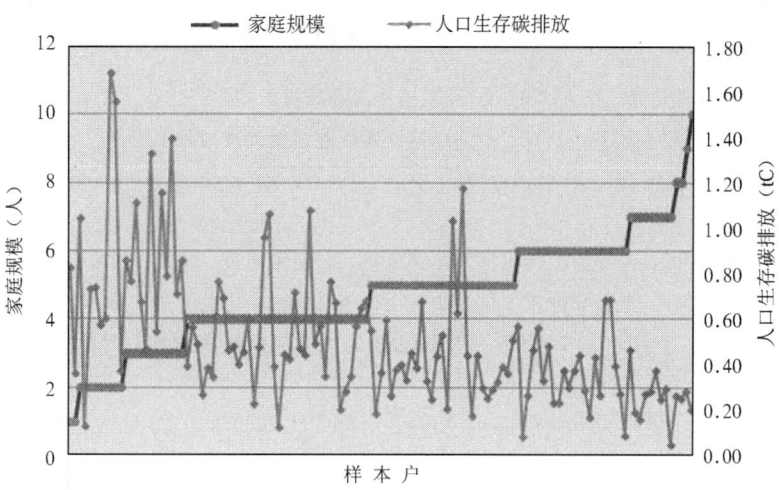

图 4.25 不同家庭规模下的人口生存碳排放

4.3.3 研究区人口生存碳排放的主要特征

生存碳排放指标的评估有助于避免宏观统计数据所掩盖的地区和人口差异。基于欠发达地区人口的生存碳排放评估工作,可以发现在我国总体人均排放量较低的情况下,还有一定数量的人口排放量更低,这有助于建立基于人口和家庭的减排与发展目标,以及基于"缩减趋同"原则的全球人均碳排放量目标,排除政治、经济等因素对排放配额分配的影响。

具体而言,研究区内人口的生存碳排放具有以下特征:

(1)家庭人均生存碳排放量水平较低。人均生存碳排放量反映了人口生活水平的高低,反映不同地区的人口对有限排放空间的占有程度,更能反映不同发展水平下的人际公平碳排放权的享有程度。研究区居民较低的生存碳排放量说明该区所享受的以工业文明为代表的现代社会经济福利较少。从人际公平碳排放的角度出发,该区居民应享有更多的排放权,以满足其生存和发展的基本权利。

(2)家庭基本生存碳排放比重高。基本生存碳排放直接反映了居民的基本生活状况和生活水平,侧面反映了居民家庭恩格尔系数的高低。研究区居民生活基本需求活动产生的排放量达到87.25%,而用于提高生活质量的发展型排放只占到总排放比重的12.75%,说明研究区居民的支出主要以基本生存型消费(温饱型消费)为主,发展型消费支出产生的碳排放较少,生活水平和质量有待进一步改善。

(3)以煤炭为的消费结构和排放结构。由于研究区地处西北,气候相对寒冷,取暖成为最重要的基本生存排放之一,煤炭消费产生的排放量也因此占到人均生存总排放量的43.55%。

(4)未来生存排放增长需求较高。基于研究区社会经济发展和当地居民改善生活的强烈需求,以及我国西部开发和统筹发展的战略布局,在技术和发展模式变化不大的情况下,研究区在未来一段时期内的生存碳排放量将有快速增长。

主要参考文献

2050中国能源和碳排放研究课题组. 2009. 2050中国能源和碳排放报告. 北京：科学出版社.

国家发展与改革委员会能源研究所. 2003. 中国可持续发展能源暨碳排放情景分析.

联合国人口署. 2007. 联合国预测21世纪上半叶中国人口的变化. http://www.un.org/av/radio/zh/detail/3373.html.

曲建升, 刘瑾, 陈发虎. 2009. 欠发达地区温室气体排放特征与对策研究. 北京：气象出版社.

王琴, 曲建升, 曾静静. 2010. 生存碳排放评估方法与指标体系研究. 开发研究,(1):17-21.

朱勤, 彭希哲, 陆志明等. 2010. 1980—2007年中国居民生活用能碳排放测算与分析. 安全与环境学报, **10**(2):72-76.

EDMC(The Energy Data and Modeling Center). 2009. EDMC Handbook of Energy & Economics Statistics in Japan. Tokyo,Japan：The Energy Conservation Center.

EIA. 2009. World Per Capita Total Primary Energy Consumption, 1980—2006. http://www.eia.doe.gov/emeu/iea/Notes%20for%20Table%20E_1c.html.

Golley J, Meagher D, Meng X. 2008. Chinese urban household energy requirements and CO_2 emissions. In：Song L G, Woo W T. ed. China's Dilemma-Economic Growth, the Environment and Climate Change. Washington D.C.：ANUE Press, Asia Pacific Press.

IEA. 2009. International Energy Agency, Statistics $ Balances. http://www.iea.org/stats.

Ironmonger D S, Aitken C K, Erbas B. 1995. Economies of scale in energy use in adult-only households. *Energy Economics*, **17**(4)：301-310.

Shui B, Hadi D. 2005. Consumer lifestyle approach to US energy use and the related CO_2 emissions. *Energy Policy*, **33**：197-208.

Weber C L, Matthews H S. 2008. Quantifying the global and distributional aspects of American household carbon footprint. *Ecological Economics*, **66**(2-3)：379-391.

Weber C, Perrels A. 2000. Modelling lifestyle effects on energy demand and related emissions. *Energy Policy*, **28**：549-566.

第5章 中国进出口贸易中的隐含碳排放*

国际贸易是国际产业分工的表现,也是影响一个国家温室气体排放增减的重要原因。中国是国际贸易的大国,随着出口贸易的不断增长,中国所排放的碳中有相当部分被用于生产满足国外消费者生产和生活需求的出口产品,美国、欧盟等发达国家是中国出口贸易碳排放的主要受惠者(Shui and Harriss,2006;Wang and Watson,2007;Levine,2008;Pan et al.,2008;Weber et al.,2008;Li and Hewitt,2008;齐晔等,2008;张晓平,2009;魏本勇等,2009;Xu et al.,2009)。国外消费者,尤其发达国家的消费者,也应对中国日益增长的温室气体排放负有责任。清楚地了解中国对外贸易中的能源消费及碳转移情况,不仅可以为国家从污染控制的角度调整产业及贸易结构提供参考,而且对于国家未来应对国际气候谈判、争取更多的碳排放权也具有重要的现实意义。

5.1 中国进出口贸易发展概况

5.1.1 进出口贸易变化趋势

改革开放以来,中国经济进入了持续快速发展时期。经济的发展促进了对外贸易的持续扩大。据统计(海关总署,2007),2007年,中国进出口贸易总额达21737.3亿美元,比1978年(206.4亿美元)增长了104.32倍,平均每年增长359.71%。尤其是2001年中国正式加入世界贸易组织(WTO)之后,中国对外贸易发展呈现急剧扩大的趋势。1997—2002年,中国进出口总额年均增长18.18%;2002年之后(2002—2007年)年均增长速度陡增到50.03%。其中,出口的年均增长从1997—2002年的15.62%,陡增至2002—2007年的54.80%。就净出口总量看,2002年中国净出口贸易总额为304.26亿美元,2007年陡增至2618.25亿美元,增长了760.53%(图5.1、图5.2)。

加工贸易在中国进出口贸易中的比重持续增加(图5.3)。从1996年始,中国加工贸易出口就已超过总出口贸易的50%,最高达到56.88%,虽然之后加工贸易出口份额有所下降,但至2007年时依然达到总出口贸易额的50.71%。而加工贸易进口在1997年之前总体呈持续增长趋势,于1997年达到最高份额49.31%,之后缓慢下降至2007年的38.55%。

5.1.2 进出口贸易主要路径

依据2007年中国同各国(地区)海关货物进出口贸易额(国家统计局,2008)的分析可见(图5.4),就出口贸易看,中国出口的货物主要去往了亚洲、欧洲和北美洲,分别占当年总出口贸易额的46.63%、23.64%和20.70%。其中,美国、欧盟、日本、韩国是中国出口贸易的主要

---

* 执笔:方修琦、魏本勇、王媛(5.1节和5.2节,5.3.2节和5.3.3小节),王岳平、李生明(5.3.1小节)

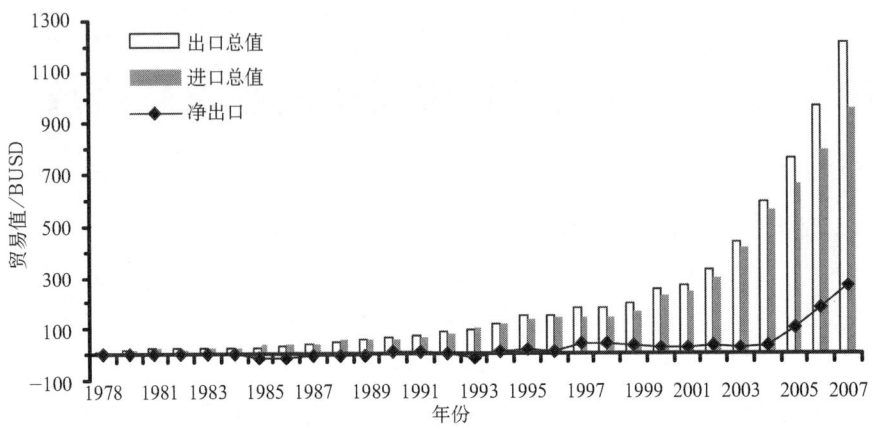

图 5.1　1978—2007 年中国对外贸易值(当年价,海关总署,2007)

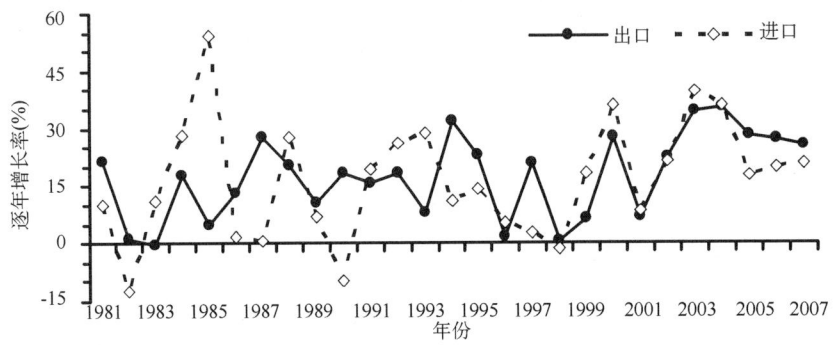

图 5.2　1981—2007 年中国进出口贸易的逐年增长率(当年价,海关总署,2007)

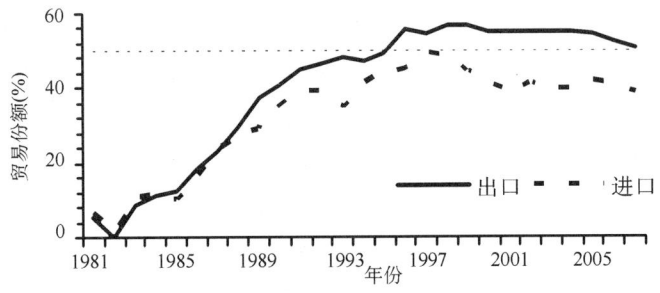

图 5.3　中国进出口贸易中加工贸易的份额(国家统计局,2008)

目的地,2007 年出口到上述 4 个地区的贸易额分别占当年中国总出口贸易额的 19.11%、18.17%、8.38% 和 4.61%,总计 50.26%。

就进口贸易看(图 5.4),2007 年中国进口货物主要来自亚洲,占当年进口总贸易额的 64.85%;其次为欧洲和北美洲,分别占总贸易额的 14.61% 和 8.41%。其中,中国进口贸易额最大的地区(国家)为日本、欧盟、韩国、中国台湾和美国,2007 年从上述 5 个地区进口的贸易额分别占当年中国总进口贸易额的 14.01%、11.09%、10.85%、10.57% 和 7.26%,共计 53.78%。

第5章 中国进出口贸易中的隐含碳排放

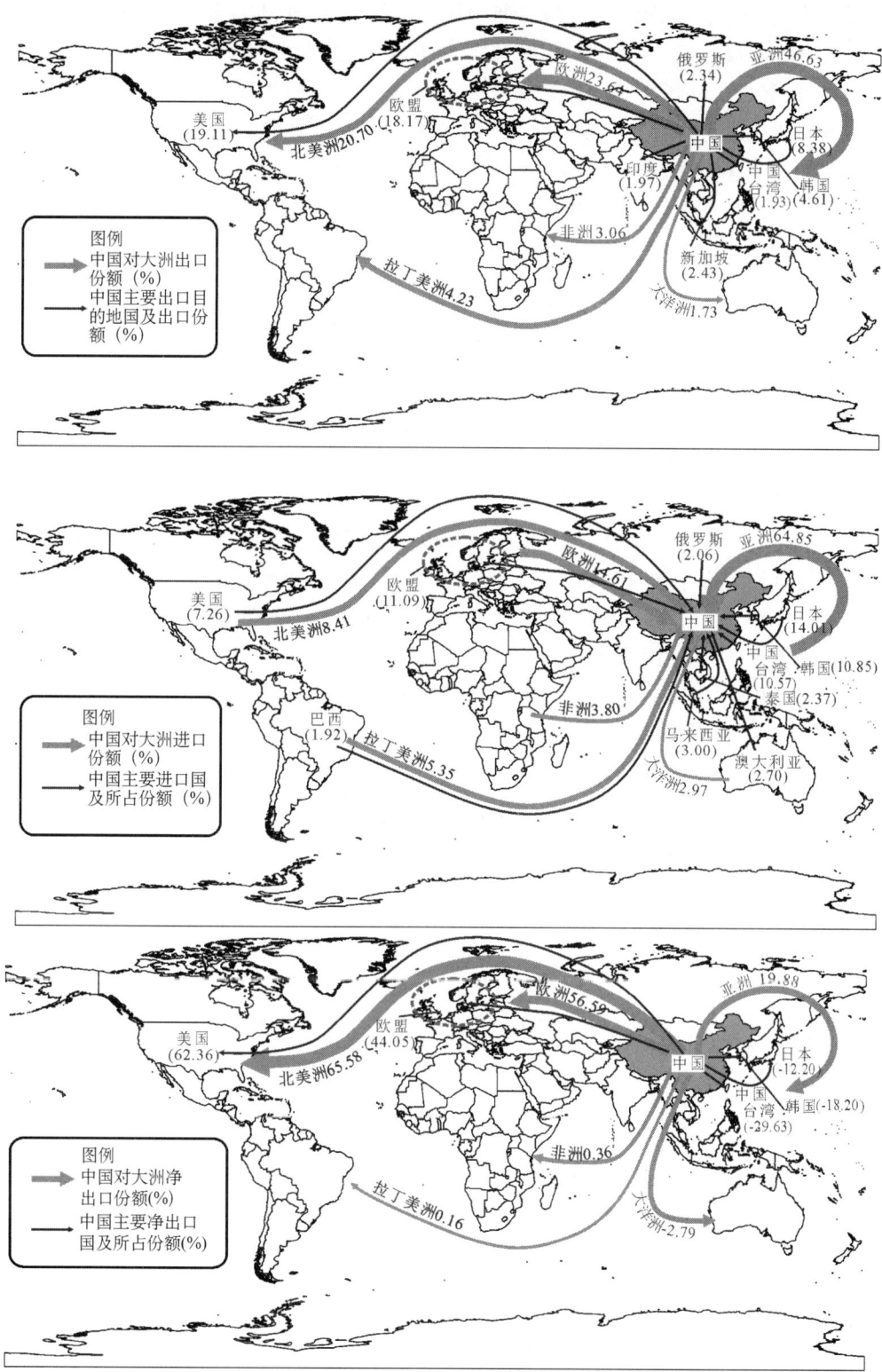

图 5.4　中国 2007 年进出口双边贸易概况（国家统计局，2008）

如果看贸易平衡状况(图 5.4),2007 年中国对北美洲、欧洲、非洲和拉丁美洲为贸易顺差,净贸易额分别为 1717.07、1481.76、9.39 和 4.28 亿美元,分别占当年净贸易总额(2618.85 亿美元)的 65.58%、56.59%、0.36% 和 0.16%;对亚洲和大洋洲为贸易逆差,净贸易额分别为 -520.53 和 -73.13 亿美元,分别占当年净贸易总额(2618.85 亿美元)的 -19.88% 和 -2.79%。其中,美国和欧盟是中国贸易顺差最高的 2 个地区,2007 年中国与美、欧盟的贸易顺差分别达 1632.86 和 1153.37 亿美元;而与中国台湾地区、韩国和日本的贸易逆差最大,分别达 -775.67、-476.53 和 -319.34 亿美元。

5.1.3 基于行业碳密集度的进出口贸易分析

按直接碳排放强度将出口贸易部门划分为低碳和高碳两大类(表 5.1),在低碳行业中,以纺织、服装、食品等为代表的劳动密集型产业的产品比重不断下降,其中纺织业由 1997 年的 7.70% 下降到 2008 年的 4.58%;服装皮革羽绒及其制品业由 24.60% 下降到 11.62%;食品烟草制造业由 5.50% 下降到 2.16%;农业也由 3.53% 下降到 1.17%。以电子、机械设备制造为代表的资本或资本技术密集型产业的出口比重不断上升,其中电气机械及通信电子设备制造业由 1997 年的 16.21% 上升到 2008 年的 31.28%,通用专用设备制造业由 4.69% 上升到 8.37%,交通运输设备制造业 2.75% 上升到 4.85%,仪器仪表及文化办公用机械制造业 4.19% 上升到 6.61%。而在高碳行业中,冶金、非金属矿物制品、化工等行业的出口比重持续增长,如金属冶炼及压延加工业由 1997 年的 2.90% 上升到 2008 年的 10.15%,非金属矿物制品由 3.78% 上升到 9.21%,化学工业由 2.51% 上升到 5.87%;相反,电力热力的生产供应业、燃气的生产供应业、石油和天然气开采业等行业的出口占世界总出口的份额总体呈下降趋势,如电力热力的生产供应业出口由 1997 年占世界出口的 5.95% 下降到 2008 年的 2.57%。

表 5.1 中国行业出口占世界出口贸易的比重(%,UNcomtrade,2010)

	行业	1997	2002	2003	2004	2005	2006	2007	2008	1997—2008
低碳行业	电气机械及通信电子设备制造业	3.56	8.77	11.6	13.8	16.24	21.03	20.79	22.52	18.96
	仪器仪表及文化办公用机械制造业	3.31	7.90	9.88	11.31	13.32	14.23	16.84	17.14	13.83
	服装皮革羽绒及其制品业	16.83	20.34	22.07	23.44	26.11	29.3	31.25	33.49	16.65
	金属制品业	3.76	6.37	6.71	7.87	9.56	10.10	11.17	11.30	7.54
	交通运输设备制造业	0.81	1.32	1.73	2.00	2.51	3.00	3.69	4.44	3.63
	木材加工及家具制造业	4.57	9.20	10.4	12.34	14.86	17.19	18.82	20.63	16.06
	其他制造业	2.63	2.08	2.04	2.20	2.54	2.49	2.56	2.49	-0.14
	通用专用设备制造业	1.37	2.82	3.28	3.81	4.51	5.28	6.24	7.48	6.11
	金属矿采选业	0.34	0.44	0.51	0.65	0.94	0.58	0.48	0.44	0.09
	食品烟草制造业	2.94	3.65	3.61	3.75	4.03	4.30	4.26	4.04	1.10
	纺织业	8.81	13.17	15.31	17.00	20.04	22.12	23.56	26.78	17.97
	农业	3.56	4.78	5.07	4.50	5.1	4.88	4.89	4.24	0.67
	非金属矿采选业	7.76	7.89	7.85	7.30	7.83	7.28	6.93	8.65	0.89
	造纸印刷及文教体育用品制造业	4.91	7.21	7.63	8.11	9.55	10.60	12.00	12.90	7.98

续表

	行业	1997	2002	2003	2004	2005	2006	2007	2008	1997—2008
高碳行业	石油和天然气开采业	0.55	0.36	0.17	0.17	0.14	0.20	0.27	0.40	−0.15
	化学工业	2.51	3.08	3.26	3.58	4.25	4.68	5.21	5.87	3.36
	非金属矿物制品业	3.78	4.78	5.36	6.04	7.01	8.40	8.41	9.21	5.43
	金属冶炼及压延加工业	2.90	2.97	3.52	5.47	6.12	7.78	8.89	10.15	7.25
	燃气生产供应业	1.77	0.16	0.01	0.05	0.01	0.16	0.04	0.13	−1.64
	煤炭开采和洗选业	5.37	12.05	12.20	11.90	9.17	7.31	6.19	5.56	0.20
	石油加工、炼焦及核燃料加工业	2.15	2.40	3.11	3.25	2.69	2.14	2.49	3.00	0.85
	电力热力的生产供应业	5.95	5.21	4.36	3.26	3.03	2.41	3.21	2.57	−3.38

从1997—2008年进口贸易看(表5.2)，大部分行业进口贸易在世界总进口中的比重不断上升，只有纺织业(下降0.68个百分点)、木材加工及家具制造业(下降0.54个百分点)等个别行业的比重是下降的。其中，在低碳行业中，进口份额增加最快的行业为金属矿采选业，由1997年的6.21%上升到2008年的31.92%，增加25.71个百分点。另外，仪器仪表及文化办公用机械制造业由1997年的2.83%上升到2008年的16.99%，非金属矿采选业由1.36%增加到13.36%，电气机械及通信电子设备制造业由2.54%上升到13.18%，增加均超过10个百分点。而在高碳行业中，进口比重增加最快的为石油加工、炼焦及核燃料加工业，由1997年的3.37%上升到2008年的22.76%，且2007—2008年猛增了近20个百分点；非化学工业由1997年的3.69%增加到2008年的6.91%；非金属矿物制品业、冶金、能源开采等高碳行业进口比重也均是增加的；而燃气的生产供应业则由1997年的15.67%下降到2007年的0.08%，在2008年又回升到7.33%。

表5.2 中国行业进口占世界进口贸易的比重(%，UNcomtrade,2010)

	行业	1997	2002	2003	2004	2005	2006	2007	2008	1997—2008
低碳行业	电气机械及通信电子设备制造业	2.54	7.25	9.18	10.08	11.17	12.22	13.13	13.18	10.64
	仪器仪表及文化办公用机械制造业	2.83	7.91	11.03	13.42	14.93	15.44	16.45	16.99	14.15
	服装皮革羽绒及其制品业	1.37	1.42	1.42	1.49	1.48	1.56	1.57	1.53	0.17
	金属制品业	1.40	1.97	2.39	2.53	2.59	2.68	2.68	2.66	1.26
	交通运输设备制造业	1.00	1.61	2.14	2.02	1.93	2.55	2.60	2.86	1.87
	木材加工及家具制造业	1.44	1.08	1.21	1.12	0.91	0.85	0.88	0.90	0.54
	其他制造业	0.81	0.79	0.67	0.74	0.88	0.69	0.75	1.03	0.22
	通用专用设备制造业	3.93	6.19	7.19	7.90	6.97	6.71	7.15		3.22
	金属矿采选业	6.21	13.19	16.94	22.20	25.18	22.4	26.73	31.92	25.71
	食品烟草制造业	1.34	1.37	1.51	1.76	1.71	1.80	2.10	2.33	0.99
	纺织业	8.36	8.62	8.54	8.27	8.13	8.18	7.69	7.68	−0.68
	农业	3.36	4.51	6.38	8.50	8.40	8.74	8.83	11.02	7.66
	非金属矿采选	1.36	4.95	6.43	7.41	9.22	8.70	10.09	13.36	12.00
	造纸印刷及文教体育用品制造业	2.47	3.65	3.91	4.27	4.40	4.52	4.97	5.29	2.82

续表

	行业	1997	2002	2003	2004	2005	2006	2007	2008	1997—2008
高碳行业	石油和天然气开采业	0.45	1.21	1.67	1.83	1.62	1.41	1.42	1.52	1.07
	化学工业	3.69	5.39	5.74	6.32	6.59	6.64	6.92	6.91	3.22
	非金属矿物制品业	1.22	2.30	2.58	2.78	2.64	3.01	3.04	3.06	1.85
	金属冶炼及压延加工业	4.01	8.34	10.55	8.66	8.54	6.76	7.03	6.78	2.77
	燃气生产供应业	15.67	16.09	1.42	0.38	0.50	0.23	0.08	7.33	−8.33
	煤炭开采和洗选业	0.40	1.39	1.37	2.16	2.50	2.78	3.63	3.19	2.79
	石油加工、炼焦及核燃料加工业	3.37	3.05	3.74	4.11	3.24	3.93	3.69	22.76	19.39
	电力热力的生产供应业	0.04	1.04	1.01	0.98	1.07	0.92	0.95	0.69	0.65

注：按2007年各行业的直接碳排放强度由低到高排列划分标准，直接碳排放强度超过0.20 tC/万元为高碳行业，低于0.20 tC/万元为低碳行业。

5.1.4 典型高能耗产品进出口贸易及其主要路径

选取典型高能耗产品钢铁、铝、水泥、有机化学品和肥料（合成氨）分析高能耗产品进出口贸易变化的变化特征。根据联合国商品贸易数据库（UNcomtrade，2010）中（HS92标准，美元当年价）的统计，中国出口这些高耗能产品在世界相应总出口中的份额总体呈持续增长的态势（图5.5）。其中，钢铁及其制品出口份额占世界总出口贸易额的比重由1997年的3.71%增长到2007年的11.72%，增加8.01个百分点；铝及其制品出口份额由1.55%增长到7.60%，增加6.05个百分点；水泥及其制品出口份额由2.95%增长到7.57%，增加4.63个百分点；有机化学品出口份额由2.77%增长到6.39%，增加3.62个百分点；肥料（合成氨）出口份额也由1.39%增长到10.46%，增加9.07个百分点。在进口贸易方面（图5.6），中国高耗能产品进口在世界相应总出口中的份额有增有减。其中，钢铁、铝和水泥产品的进口份额总体呈现出先增后减的特点，其在1997—2007年世界总进口贸易中的平均份额分别为5.86%、4.13%和0.51%，份额最高值出现于2003—2004年，分别为9.27%、5.48%和0.75%；有机化学品的进口份额在1997—2007年总体呈现稳定上升的趋势，由2.32%增长到的10.86%，增加8.55个百分点；而肥料（合成氨）的进口份额则总体呈现持续下降的趋势，由1997年的16.71%下降到2007年的6.42%，下降了10.29个百分点。

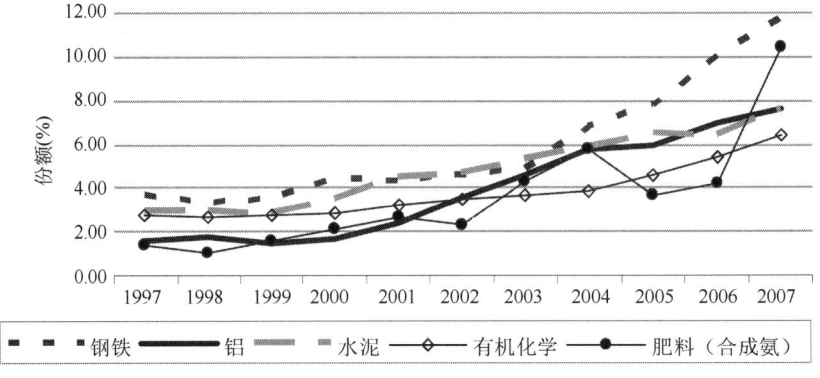

图5.5 中国部分高耗能产品出口在世界总出口贸易中的比重（UNcomtrade，2010）

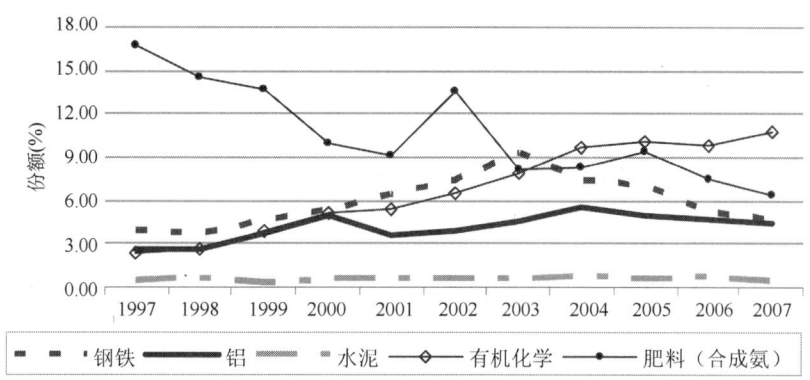

图 5.6　中国部分高耗能产品进口在世界总进口贸易中的比重(UNcomtrade,2010)

中国主要高耗能产品出口的目的地主要为欧盟、美、韩、日等发达国家和地区(图 5.7)。2007 年,欧盟与美韩日进口了中国钢铁及其制品总出口额的 50.73%、铝及其制品的 48.43%、水泥及其制品的 37.71%、有机化学品的 50.83% 和肥料的 15.31%。如果以 G8 国家(美、英、法、日、德、意、加、俄)作为整体,则 2007 年中国高耗能产品的出口中,钢铁及其制品的 32.45%、铝及其制品的 34.74%、水泥及其制品的 25.70%、有机化学品的 34.35%、肥料的 10.22% 是出口到 G8 国家。

另外,中国高耗能产品出口到印度、越南、泰国等南亚、东南亚地区的份额也较高。以印度为例,其从中国进口的肥料占中国肥料总出口的 19.80%,位居首位;其进口的有机化学品占中国总出口的 11.69%,仅次于美国;另外,其钢铁及其制品、铝及其制品和水泥及其制品进口也分别占中国出口总量的 3.45%、2.41% 和 1.55%,属于进口份额较高的国家(图 5.7)。

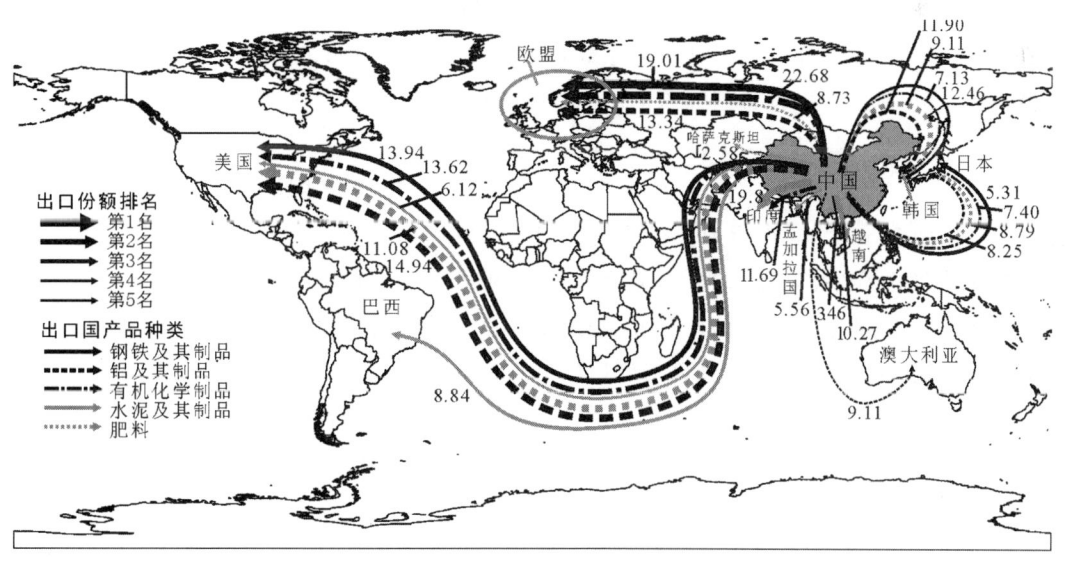

图 5.7　2007 年中国部分高耗能产品出口的主要目的地(UNcomtrade,2010)

5.2 中国进出口贸易碳排放的变化

5.2.1 基于投入产出模型的进出口隐含碳排放的计算方法

1) 投入产出模型

投入产出分析是由瓦西里·列昂惕夫于20世纪30年代研究并创立的一种分析方法。它是一种有效的、从宏观尺度评价嵌入到商品和服务中的资源或污染量的工具,并且自20世纪60年代以来被广泛地应用于环境问题研究(Daly,1968; Leontief,1970; Batra et al.,1998; Lenzen,2001; Machado et al.,2001; Lenzen et al.,2004; Peters and Hertwich,2006,2008; Mongelli et al.,2006; Ackerman et al.,2007)。

从最终需求的角度,一国总产出可被表达为:

$$X = (I - A)^{-1} y \tag{5.1}$$

其中,X 为社会总产出列向量;y 为社会最终产品列向量;A 为生产技术系数矩阵,I 为单位矩阵;$(I-A)^{-1}$ 为列昂惕夫逆矩阵,反映单位最终需求的直接和间接投入量。

对于一个开放的经济系统,A 又分为 A^d 和 A^m 两部分,分别代表中间使用的国内投入部分和进口投入部分的直接消耗系数矩阵,且 $A = A^d + A^m$。这种分解在计算国际贸易中的隐含碳排放时是非常重要的(Peters and Hertwich,2006)。同样,社会最终需求 y 也可分解为国内消费需求 y^d(包括最终消费和资本形成)和出口需求(Z)两部分。因而,在一个开放经济系统中,考虑中间使用流和最终需求目的的一国总产出(X^d)应表达为:

$$X^d = (I - A^d)^{-1}(y^d + Z) \tag{5.2}$$

设 $E = \{F_j^d / X_j^d\}$ 为国内单位总产出的直接碳排放强度矩阵,其中,F_j^d 为部门 j 在国内直接产生的碳排放总量,则满足中国最终需求的国内隐含碳排放(C^d)为:

$$\begin{aligned} C^d &= EX^d = E(I - A^d)^{-1}(y^d + Z) \\ &= E(I - A^d)^{-1} y^d + E(I - A^d)^{-1} Z = R^d y^d + R^d Z \end{aligned} \tag{5.3}$$

其中,$R^d = E(I - A^d)^{-1}$ 表示为获得单位最终需求的国内直接和间接碳排放;$R^d y^d$ 表示用于满足国内消费的国内排放部分(C^{dd});$R^d Z$ 表示国内出口排放(C^{dz})。

然而,为了获得最终需求的产品和服务,中国还需进口中间投入产品($A^m X^d$);另外,最终消费品也可能会有部分从国外进口得到(y^m)。因而,中国从国外总进口的产品和服务(M)为:

$$M = A^m X^d + y^m = A^m (I - A^d)^{-1}(y^d + Z) + y^m \tag{5.4}$$

关于国外进口产品或服务的碳排放强度的确定,取决于研究的目的:是为单一的国家,还是为真正的国际碳排放流分析(Hereendeen and Bullard,1976)。如果是后者,则需要根据进口原产国的投入产出表计算新的碳排放强度矩阵。但受数据获取的限制,研究者可以通过选择典型国家代替或主要出口国家(相对于中国)加权平均的方法来估算(Machado et al.,2001)。本章是为了研究中国对外贸易中的隐含碳排放流,需要用多区域投入产出表进行分析,但限于数据获取限制,且很难确认进口投入的具体来源国,因此,本研究只利用中国投入产出表,采用对主要出口国家(相对于中国)单位 GDP 碳排放强度(反映不同国家或地区产品生产的碳排放强度的差异)加权平均的方法求得进口的碳排放强度。其中,权重为各出口国对中国出口占中国当年总进口贸易的份额。因而,中国进口产品或服务在国外直接和间接排放的总碳量可表达为:

$$C^{tm} = R^m M = R^m A^m (I - A^d)^{-1} (y^d + Z) + R^m y^m$$
$$= R^m A^m (I - A^d)^{-1} y^d + R^m A^m (I - A^d)^{-1} Z + R^m y^m \tag{5.5}$$

其中,R^m 表示为获得单位最终需求而在国外直接和间接排放的隐含碳量;$R^m A^m (I - A^d)^{-1} y^d$ 表示为满足国内消费的进口投入排放;$R^m A^m (I - A^d)^{-1} Z$ 表示用于出口需求的进口投入排放,即进口再出口排放(C^{mz});$R^m y^m$ 表示直接用于最终消费的进口消费品排放。

因而,为满足中国的最终需求而产生的总排放(C^t),包括国内排放(C^d)和进口总排放(C^{tm}),可表达为:

$$C^t = C^d + C^{tm} = R^d y^d + R^d Z + R^m A^m (I - A^d)^{-1} y^d$$
$$+ R^m A^m (I - A^d)^{-1} Z + R^m y^m$$
$$= [R^d + R^m A^m (I - A^d)^{-1}](y^d + Z) + R^m y^m \tag{5.6}$$

其中,$R^d + R^m A^m (I - A^d)^{-1}$ 表示为满足中国单位生产而在国内和国外直接和间接排放的隐含碳量。

如果考虑到进口再出口排放,中国总出口的隐含碳排放(国内和国外)为:

$$C^{tz} = R^d Z + R^m A^m (I - A^d)^{-1} Z \tag{5.7}$$

同样,扣除进口再出口排放,也可得中国为满足国内消费需求而实际进口的隐含碳排放为:

$$C^{md} = R^m A^m (I - A^d)^{-1} y^d + R^m y^m \tag{5.8}$$

因而,由上文分析可得中国进出口贸易中隐含碳排放的净平衡(C^b)为:

$$C^b = C^{tz} - C^{tm} = C^{dz} - C^{md} = R^d Z - R^m A^m (I - A^d)^{-1} y^d - R^m y^m \tag{5.9}$$

如果进出口净平衡为正值,表明中国出口转入国内的碳排放超过进口转出的,为贸易碳排放净出口国;相反,如果进出口净平衡为负值,表明中国出口转入国内的碳排放低于进口转出的,为贸易碳排放净进口国。

2) 基于消费端排放责任认定原则的隐含碳计算模型

一直以来,国际社会,尤其 OECD 国家基本都采用"污染者负责原则"作为其环境政策制定的基本依据。目前,IPCC 公布的国家碳排放数据也是依据基于领土责任的"污染者负责原则"计算的,即要求生产者为其造成的排放支付费用。然而,这一方法仅考虑了被研究国家国界内与每个部门直接相关的污染排放,不包括与其相关的其他排放源对全球污染排放的贡献;并且没有考虑污染排放用于出口和国内消费的差异,而全部认为是国内消费目的(Munksgaard and Pedersen,2001)。

在上述情形下,如果一个国家只是通过进口国外制造的商品来代替国内生产,就会出现高标准的生活水平与低污染排放水平相伴的自相矛盾的现象;而为其他国家生产商品的国家就不得不为这部分出口的污染排放"买单",这显然有失公平。尤其对于中国,随着其"世界加工厂"地位的不断增强,其出口贸易的比重持续增长,加之目前其整体较高的能耗/碳排放强度,基于生产端的碳排放核算原则将很可能对中国产生极大的不公平。

从上文分析可知,如果只从生产端考虑,则中国生产产生的总排放(C^{pro})可表达为:

$$C^{pro} = C^{dd} + C^{dz} = R^d Y^d + R^d Y^z \tag{5.10}$$

然而,如果从消费端考虑,则中国为满足国内消费引起的总排放(C^{cop})可表达为:

$$C^{cop} = C^{dd} + C^{md} = R^d Y^d + R^m A^m (I - A^d)^{-1} Y^d + R^m Y^m \tag{5.11}$$

同理,如果$C^{pro} > C^{cop}$,即出口隐含碳大于进口($C^b > 0$),说明中国是隐含碳的净出口国,为其他国家承担了碳排放责任;如果$C^{pro} < C^{cop}$,则为隐含碳的净进口国($C^b < 0$),表明中国为满足国内消费需求向国外转移了部分碳排放。

3) 数据来源与处理

应用上述投入产出模型,需要两种数据资料:投入产出表和能源消费统计。中国投入产出表每5年编制一次。本节分析主要以1997年(40部门)、2002年(42部门)和2007年(42部门)的全国投入产出调查表(价值型)为基础,评估国家总需求和进出口贸易中隐含碳排放,及其时间变化趋势。其中,全国投入产出调查表来自国家统计局国民经济核算司(1999,2006,2009),分行业的能源消费数据主要来自各年中国统计年鉴(国家统计局,1997,2002,2007)。

为尽量避免不同数据源引起的统计标准不一的问题,本研究中所用部门进出口(包括商品进出口和服务进出口)数据直接取自相应年份的中国投入产出表,其中商品进出口数据来源于海关统计资料,服务进出口数据主要依据国际收支平衡表及其有关资料加工计算得到。

虽然投入产出表与能源消费中的行业分类均是以国民经济行业分类标准为依据,其总体行业分类标准一致,但也存在一些差异。这种差异不仅体现具体分类上,也体现不同年份之间上,主要原因是其参考的国民经济行业分类标准自身的修订调整。如1997年投入产出表和能源消费中的行业分类均是依据《国民经济行业分类标准》(GB/T4754—94)制定的;2007年它们相应的行业分类则是按照《国民经济行业分类》(GB/T4754—2002)制定的;而2002年的投入产出表的行业分类是按照(GB/T4754—2002)标准制定,能源消费行业分类却还是按照(GB/T4754—94)标准制定。因而为了统一上述行业分类,本研究以《国民经济行业分类》(GB/T4754—2002)为基本参考标准,统一调整合并上述各行业分类为27个部门。同时,分别对调整后的行业部门统计其各自的化石燃料消费量,并依据化石燃料的平均碳排放系数(表5.3),将部门j的燃料消费量转化为直接碳排放量。

表5.3 化石燃料平均碳排放系数

类型	固体燃料	液体燃料	气体燃料
碳排放系数/kgC·GJ^{-1}	25.54	19.90	15.15

数据来源:中国气候变化国别研究组,2000.

根据中国统计年鉴(国家统计局,1999,2004,2008)可知,1997年、2002年和2007年中国进口贸易额最大的前5个国家或地区均为日本、中国台湾、韩国、美国和德国,它们分别占到三年中国总进口贸易额的58.20%、55.57%和47.44%。考虑到它们在进口中所占据的比例优势,本研究在利用单位GDP的能源/碳排放强度差异表征进口的能源/碳排放强度时,上述5个国家或地区的单位GDP能源/碳排放强度全部选取在内,而其他出口中国商品和服务的国家或地区均以世界平均的单位GDP能源/碳排放强度表示(表5.4)。之后,利用其各自在当年中国总进口贸易额中的份额为权重,利用加权平均法,结合中国当年的单位GDP能源/碳排放强度,求取各年中国进口商品和服务的平均能源/碳排放强度(R^m)。

表 5.4 中国进口贸易主来源国(或地区)及其各自的碳排放强度

年 份	项 目	日本	中国台湾	韩国	美国	德国	世界	中国	R^m/R^d
1997	碳强度(tC/千 USD)	0.07	0.22	0.19	0.16	0.10	0.17	0.75	0.21
	份额(%)	20.37	11.55	10.49	11.45	4.34	41.80		
2002	碳强度(tC/千 USD)	0.08	0.24	0.17	0.14	0.08	0.16	0.57	0.27
	份额(%)	18.11	12.89	9.67	8.98	5.92	44.43		
2007	碳强度(tC/千 USD)	0.07	0.21	0.15	0.13	0.08	0.17	0.61	0.25
	份额(%)	14.01	10.57	10.85	7.26	4.75	52.56		

另外,由于全国投入产出表只统计了各部门总的进口产值,而未建立进口的中间使用矩阵和最终使用矩阵,本研究按照投入产出表中总中间使用矩阵的结构,以及中间使用与最终使用(扣除出口)的比例,对部门的总进口进行分解,以获得进口中间使用矩阵和进口最终使用矩阵。之后,从总中间使用矩阵中减去进口中间使用矩阵以获得国内中间使用矩阵(魏本勇等,2009)。

5.2.2 中国进出口隐含碳排放总量

1) 全国总隐含碳排放结构

图 5.8 为中国总的隐含碳排放的构成。就总量看,中国总排放量(包括国内和国外排放)在 1997 年、2002 年和 2007 年呈现持续增长,分别为 1071.27 MtC、1194.89 MtC 和 2217.92 MtC。1997—2007 年,中国总排放增幅为 107.04%,年均增幅 10.70%。其中,2002 年相对于 1997 年增幅为 11.54%,年均增长约 2.31%;而 2007 年相对于 2002 年增幅高达 85.62%,年均增长为 17.12%。

在总排放中,有 93% 以上的排放来自国内生产过程,其中 1997、2002 和 2007 年的国内排放分别为 1020.98 MtC、1114.02 MtC 和 2066.30 MtC,分别占到当年相应总排放的 95.31%、93.23% 和 93.16%。中国总进口的排放不足 7%,其中 1997、2002 和 2007 年的总进口排放分别为 50.29 MtC、80.86 MtC 和 151.61 MtC,分别占到当年相应总排放的 4.69%、6.77% 和 6.84%,总进口排放的份额略有上升。而在总进口排放中,又分别有 84.68%(42.58 MtC)、81.30%(65.74 MtC)、84.86%(128.66 MtC)为用于中间使用的进口投入品在国外的生产排放(直接和间接排放);直接用于最终消费使用的进口排放分别只占相应年份总进口排放的 15.32%(7.70 MtC)、18.70%(15.12 MtC)和 15.14%(22.95 MtC)(图 5.13)。

图 5.9 为中国总隐含碳排放的使用目的。在 1997、2002 和 2007 年,国内消费排放分别为 821.13 MtC、909.94 MtC 和 1450.65 MtC,分别占当年总排放的 76.65%、76.15% 和 65.41%,占总排放的比例从 3/4 以上减少到不足 2/3;相应地,总排放中用于满足国外消费需求的总出口排放分别达 250.14 MtC、284.94 MtC 和 767.26 MtC,占总排放的份额呈现增加的趋势,分别为 23.35%、23.85%、34.59%,尤其是 2002 年以来呈显著增加。在各年总出口中,国内生产过程产生的出口排放分别占 96.09%(240.36 MtC)、93.73%(267.07 MtC)和

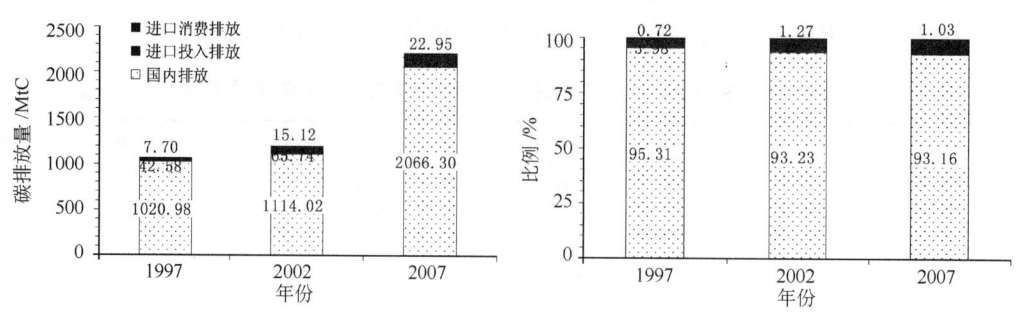

图 5.8 中国总的隐含碳排放构成

93.62%(718.31 MtC);进口产品经国内再加工生产过程产生的进口再出口排放分别占相应总出口的 3.91%(9.78 MtC)、6.27%(17.87 MtC)和 6.38%(48.96 MtC)。

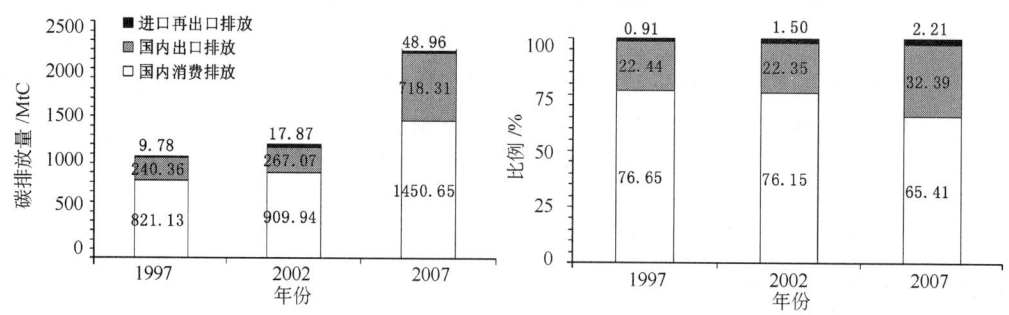

图 5.9 中国隐含碳排放的用途

对比我国生产端和消费端的排放核算量,可见以生产端为基础的核算量比以消费端为基础的核算量分别高出 199.85、204.08 和 615.65 MtC(图 5.11),表明中国为国外消费者的消费需求净生产了碳排放。如果从消费端考虑,1997—2007 年中国排放的年均增长速度会下降 2.57 个百分点(由 10.24% 下降为 7.67%)。因而,在对一国碳排放进行核算时,应充分考虑对外贸易引起的隐含碳转移,把以生产端为主的核算原则向以消费端为主的原则转变。

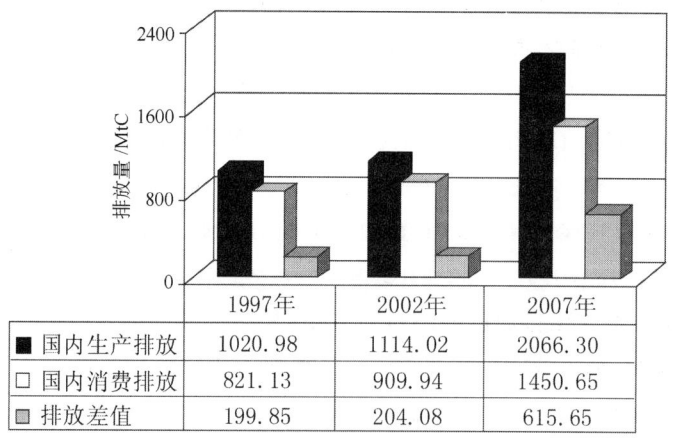

图 5.10 中国国内的生产与消费排放

2) 进出口贸易中的隐含碳排放

图 5.11 为中国用于自身消费的实际进口排放与用于再出口需求的进口排放的对比。从中可以看出,中国 1997、2002 和 2007 年的总进口排放中,分别有 19.45%(9.78 MtC)、22.10%(17.87 MtC)和 32.29%(48.96 MtC)的排放是为了再出口需求;实际用于国内自身消费需求的进口排放分别为各年总进口排放的 80.55%、77.90% 和 67.71%。从绝对进口排放量看,实际进口排放和进口再出口排放均在不断增加;但从排放结构看进口再出口排放在总进口排放中的比例是持续扩大的,尤其 2002—2007 年份额增加了 10.19 个百分点,表明中国加工贸易的规模是在不断增大的。从中国加工贸易的发展中也可得到佐证,2002 年中国加工贸易出口为 1799.28 亿美元,至 2007 年猛增至 6175.60 亿美元,增幅超过 240%,年均增长率达 48.65%;加工贸易出口在中国总出口中的份额已经超过 50%(国家统计局,2008)。

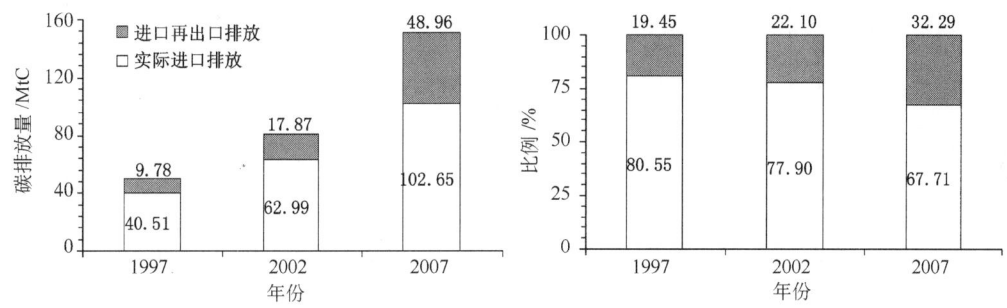

图 5.11 中国进口排放的构成

1997、2002 和 2007 年中国实际进口排放(总进口中扣除进口再出口排放)分别为 40.51 MtC、62.99 MtC 和 102.65 MtC(图 5.11)。1997—2007 年中国实际进口排放增幅为 153.42%,年均为 15.34%。其中,2002 年相对于 1997 年增幅 55.50%,年均增幅 11.10%;2007 年相对于 2002 年增幅 62.97%,年均增幅为 12.59%。其占国内排放的比例 1997 年为 3.97%,2002 年上升到 5.65%,而 2007 年下降到 4.97%。

如果不考虑进口再出口排放,在 1997、2002 和 2007 年中国国内出口的隐含排放分别达 240.36 MtC、267.07 MtC 和 718.31 MtC。1997—2007 年国内出口排放增幅达 198.85%,年均为 19.88%。其中,2002 年相对于 1997 年增幅为 11.11%,年均增幅 2.22%;而 2007 年相对于 2002 年的增幅上升到 168.96%,年均增幅跃升至 33.79%。相应地,国内出口排放占国内排放的比例也分别由 1997 年的 23.54%、2002 年的 23.97%,猛增到 2007 年的 34.76%(图 5.12)。

从进出口贸易隐含排放的净平衡看(图 5.12),中国一直是贸易隐含碳排放的净出口国家。1997、2002 和 2007 年,中国净出口的隐含碳排放分别达 199.85、204.08 和 615.65 MtC,净出口排放增幅在 1997—2007 年达 208.05%,年均增幅为 20.81%。其中,2002 年相对于 1997 年增幅仅 2.12%,年均 0.42%;而 2007 年相对于 2002 年增幅跃升到 201.67%,年均增幅高达 40.33%。净出口排放占国内排放的比例 1997 年为 19.57%,2002 年下降为 18.32%,到 2007 年陡增到 29.79%。2007 年,中国净出口排放量已超过除美国以外的所有排放大国当年的国内总排放(EIA,2009),是欧盟 27 国当年总排放量的 53.04%(图 5.13)。

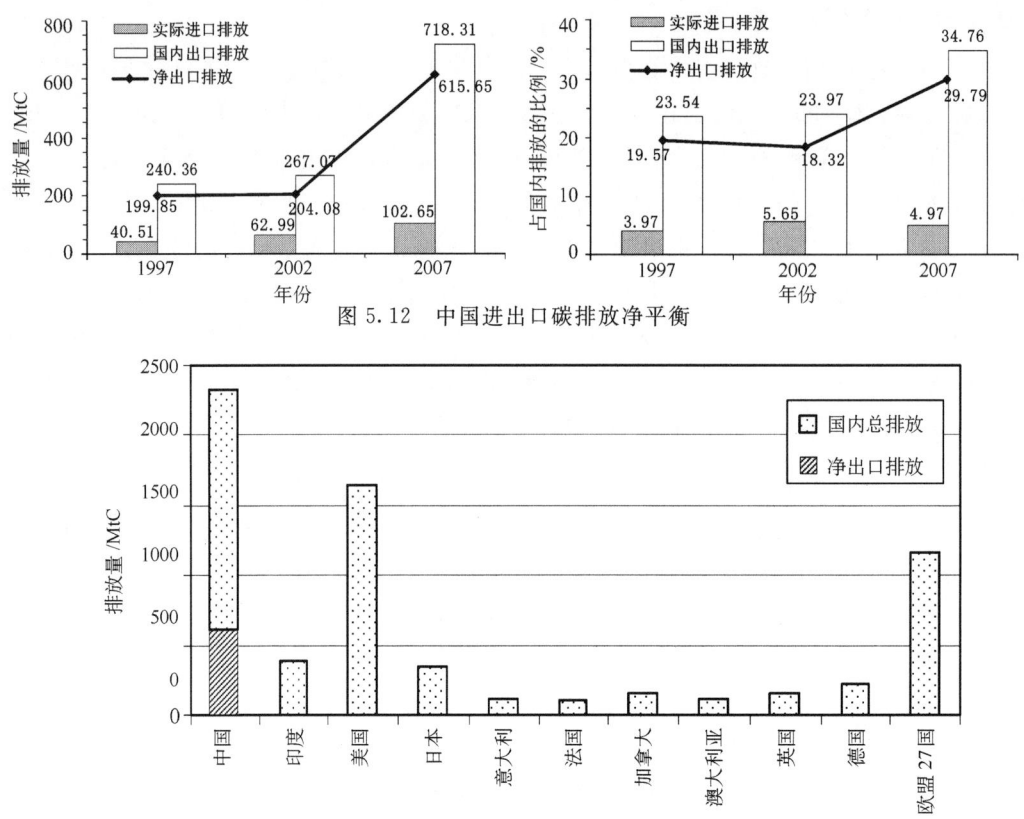

图 5.12 中国进出口碳排放净平衡

图 5.13 2007 年中国净出口排放与其他国家碳排放的比较

5.2.3 部门进出口隐含碳排放

1) 2007 年部门间隐含碳排放的比较

表 5.5 和表 5.6 分别揭示的是 2007 年中国各部门的隐含碳排放量及其各项排放占国家相应总排放的份额。从中可以看出,2007 年,建筑业、其他服务业、电气机械及通信电子设备制造业、化学工业是总需求排放最多的部门,分别为 548.07 MtC、243.60 MtC、263.55 MtC 和 130.90 MtC,分别占当年国家总排放量(2217.92 MtC)的 24.71%、10.98%、11.88%、5.90%,4 部门合计占 53.47%。相反,非金属矿采选业(0.08%)、水的生产供应业(0.14%)、煤炭开采和洗选业(0.20%)、燃气生产供应业(0.24%)则是总需求排放最小的部门。

从国内看,电力热力的生产供应业,石油加工、炼焦及核燃料加工业,金属冶炼及压延加工业,化学工业和交通运输业是中国当年国内直接排放的主要生产部门,分别占 2007 年国内直接总排放(2066.30 MtC)的 34.66%(716.25 MtC)、19.14%(395.42 MtC)、15.96%(329.78 MtC)、6.38%(131.93 MtC)和 5.26%(108.62 MtC),总量超过 80%。然而,当年国内总排放的 26.50%(547.57 MtC)是为了满足建筑业的最终需求、11.62%(240.05 MtC)用于其他服务业、11.26%(232.72 MtC)用于电气机械及通信电子设备制造业、7.23%(149.41 MtC)用于通用专用设备制造业,即用于满足上述 4 个部门最终需求的国内排放占国内总排放的比例接近60%,是国内各部门中最终需求排放最多的部门。相反,国内需求排放最少的部门主要为石油和天然气开采业(0.04%)、非金属矿采选业(0.05%)、金属矿采选业(0.11%)、煤炭开采和洗选业(0.17%)等采掘业部门及水的生产供应业(0.15%)、燃气生产供应业(0.26%)。

表5.5 2007年中国部门隐含碳排放(MtC)

部门	总需求排放	直接排放	国内排放	总进口排放	实际进口排放	总出口排放	国内出口	净出口
农业	54.54	31.13	52.65	1.89	1.52	2.53	2.16	0.64
煤炭开采和洗选业	4.38	89.78	3.58	0.80	0.53	4.16	3.89	3.36
石油和天然气开采业	12.64	19.25	0.90	11.74	7.56	5.60	1.41	−6.15
金属矿采选业	13.15	2.52	2.19	10.96	6.38	5.46	0.88	−5.50
非金属矿采选业	1.78	3.78	1.13	0.65	0.50	1.46	1.31	0.81
食品烟草加工业	85.14	17.41	83.53	1.60	1.40	7.96	7.75	6.35
纺织业	51.31	13.77	50.03	1.28	0.57	52.12	51.41	50.84
服装皮革羽绒及其制品业	58.45	2.30	57.71	0.74	0.59	27.67	27.52	26.93
木材加工及家具制造业	23.37	2.37	22.96	0.41	0.31	14.64	14.54	14.23
造纸印刷及文教用品制造业	20.19	19.32	18.64	1.55	1.08	17.43	16.95	15.87
石油加工、炼焦及核燃料加工业	25.80	395.42	16.48	9.31	6.34	22.70	19.72	13.38
化学工业	130.90	131.93	104.78	26.11	16.54	92.60	83.03	66.49
非金属矿物制品业	18.97	102.52	17.64	1.34	1.16	21.18	21.00	19.84
金属冶炼及压延加工业	77.98	329.78	60.66	17.32	11.11	88.86	82.65	71.54
金属制品业	48.10	2.96	46.55	1.55	1.07	38.22	37.74	36.67
通用专用设备制造业	163.53	10.79	149.41	14.12	11.34	48.79	46.01	34.66
交通运输设备制造业	112.42	6.31	107.43	4.99	4.24	22.58	21.82	17.58
电气机械及通信电子设备制造业	263.55	3.57	232.72	30.83	19.06	188.00	176.23	157.17
仪器仪表及文化办公用机械制造业	23.46	0.26	18.41	5.04	3.72	17.95	16.62	12.90
其他制造业	18.83	2.68	16.98	1.85	1.29	6.66	6.10	4.81
电力热力的生产供应业	49.06	716.25	48.88	0.19	0.13	2.74	2.68	2.56
燃气生产供应业	5.40	8.78	5.40	0.00	0.00	0.00	0.00	0.00
水的生产供应业	3.10	0.22	3.10	0.00	0.00	0.00	0.00	0.00
建筑业	548.07	8.79	547.57	0.50	0.50	3.69	3.69	3.19
交通运输业	88.01	108.62	85.16	2.85	2.21	42.25	41.61	39.40
零售餐饮业	72.20	14.55	71.75	0.45	0.37	16.49	16.41	16.03
其他服务业	243.60	21.22	240.05	3.54	3.14	15.55	15.15	12.01
总量	2217.92	2066.30	2066.30	151.61	102.65	767.26	718.31	615.65

表5.6 2007年部门排放占各项国家总排放的比例(%)

部门	总需求排放	直接排放	国内排放	总进口排放	实际进口排放	总出口排放	国内出口	净出口
农业	2.46	1.51	2.55	1.25	1.48	0.33	0.30	0.10
煤炭开采和洗选业	0.20	4.35	0.17	0.53	0.52	0.54	0.54	0.55
石油和天然气开采业	0.57	0.93	0.04	7.75	7.36	0.73	0.20	−1.00
金属矿采选业	0.59	0.12	0.11	7.23	6.22	0.71	0.12	−0.89
非金属矿采选业	0.08	0.18	0.05	0.43	0.48	0.19	0.18	0.13
食品烟草加工业	3.84	0.84	4.04	1.06	1.36	1.04	1.08	1.03
纺织业	2.31	0.67	2.42	0.84	0.55	6.79	7.16	8.26

续表

部门	总需求排放	直接排放	国内排放	总进口排放	实际进口排放	总出口排放	国内出口	净出口
服装皮革羽绒及其制品业	2.64	0.11	2.79	0.49	0.58	3.61	3.83	4.37
木材加工及家具制造业	1.05	0.11	1.11	0.27	0.30	1.91	2.02	2.31
造纸印刷及文教用品制造业	0.91	0.94	0.90	1.02	1.05	2.27	2.36	2.58
石油加工、炼焦及核燃料加工业	1.16	19.14	0.80	6.14	6.18	2.96	2.75	2.17
化学工业	5.90	6.38	5.07	17.22	16.11	12.07	11.56	10.80
非金属矿物制品业	0.86	4.96	0.85	0.88	1.13	2.76	2.92	3.22
金属冶炼及压延加工业	3.52	15.96	2.94	11.42	10.82	11.58	11.51	11.62
金属制品业	2.17	0.14	2.25	1.02	1.04	4.98	5.25	5.96
通用专用设备制造业	7.37	0.52	7.23	9.31	11.05	6.36	6.40	5.63
交通运输设备制造业	5.07	0.31	5.20	3.29	4.13	2.94	3.04	2.86
电气机械及通信电子设备制造业	11.88	0.17	11.26	20.33	18.57	24.50	24.53	25.53
仪器仪表及文化办公用机械制造业	1.06	0.01	0.89	3.33	3.62	2.34	2.31	2.10
其他制造业	0.85	0.13	0.82	1.22	1.26	0.87	0.85	0.78
电力热力的生产供应业	2.21	34.66	2.37	0.12	0.12	0.36	0.37	0.42
燃气生产供应业	0.24	0.43	0.26	0.00	0.00	0.00	0.00	0.00
水的生产供应业	0.14	0.01	0.15	0.00	0.00	0.00	0.00	0.00
建筑业	24.71	0.43	26.50	0.33	0.48	0.48	0.51	0.52
交通运输业	3.97	5.26	4.12	1.88	2.15	5.51	5.79	6.40
零售餐饮业	3.26	0.70	3.47	0.30	0.37	2.15	2.28	2.60
其他服务业	10.98	1.03	11.62	2.34	3.06	2.03	2.11	1.95

2) 部门进口隐含碳排放

1997—2007年绝大多数部门(24个)的进口排放都呈增加趋势(图5.14,图5.15)。相对于1997年,2007年中国进口排放的增加,主要来自电气机械及通信电子设备制造业、化学工业、金属矿采选业、金属冶炼及压延加工业、石油和天然气开采业、通用专用设备制造业六个部门,这六个部门总进口排放增加分别为24.29、16.43、10.16、10.06、9.16和8.42 MtC,实际进口排放增加分别为13.76、9.15、5.81、5.65、5.62和6.28 MtC;6部门增加的总进口排放和实际进口排放分别共计78.52 MtC和46.28 MtC,分别占1997—2007年国家总进口排放增加(101.32 MtC)的77.49%和实际进口排放增加总量(62.15 MtC)的74.47%。

无论是总进口排放还是实际进口排放(扣除进口再出口排放),1997、2002和2007年,电气机械及通信电子设备制造业、化学工业、金属冶炼及压延加工业、通用专用设备制造业均是部门中进口排放最多的4个部门,四者合计分别占各年国家总进口排放的58.02%、57.86%、58.29%和国家实际进口排放的57.29%、56.86%、56.55%(图5.14和图5.15)。2007年,四个部门分别占中国总进口排放(151.61 MtC)的20.33%(30.83 MtC),17.22%(26.11 MtC)、11.42%(17.32 MtC)、9.31%(14.12 MtC),占中国实际进口排放(102.65 MtC)的18.57%(19.06 MtC)、16.11%(16.54 MtC)、10.82%(11.11 MtC)、11.05%(11.34 MtC);同时,这些部门用于中间投入的进口排放也是部门中最高的;而所有部门中进口消费品排放最高的部门则是电气机械及通信电子设备制造业(29.70%)、通用专用设备制造业(24.17%)、其他服务业(9.15%)和交通运输设备制造业(8.83%)。2007年进口隐含排放最少的部门主要为

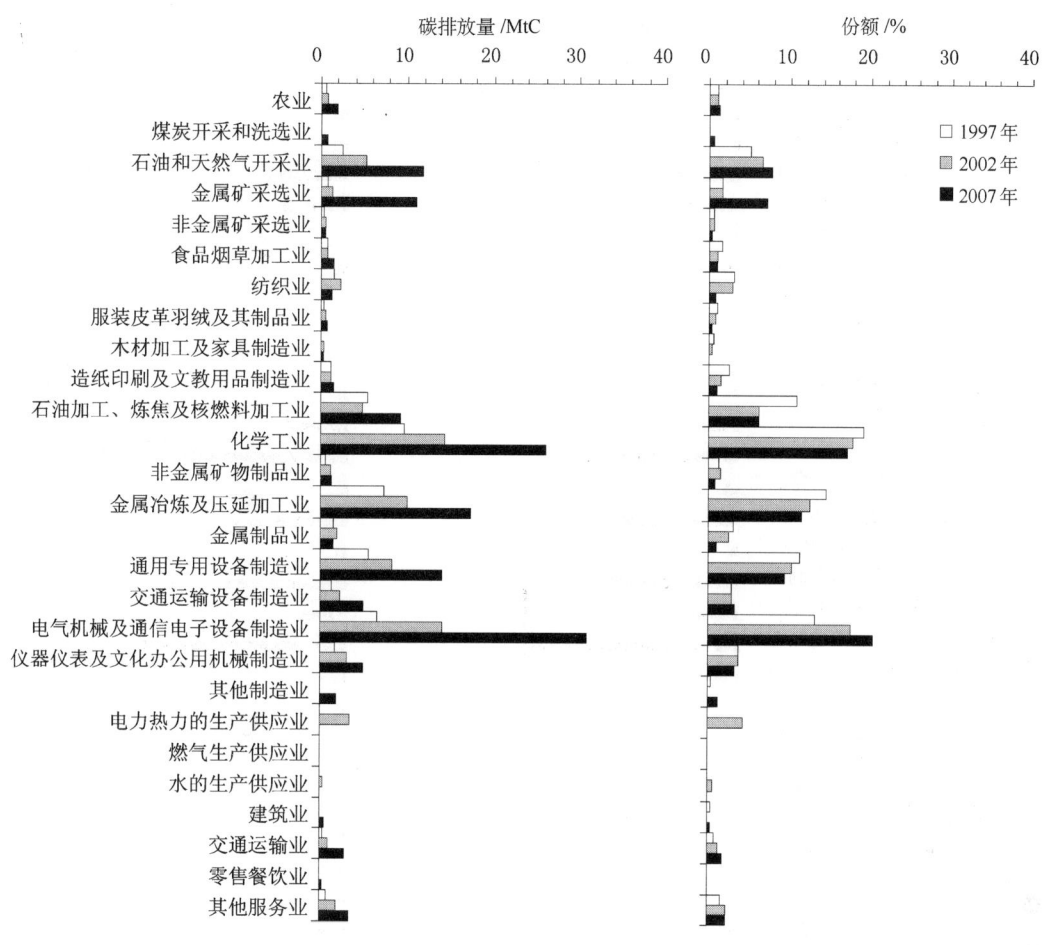

图 5.14 部门总进口碳排放及其份额

水的生产供应业、燃气生产供应业、电力热力的生产供应业、木材加工及家具制造业、零售餐饮业、建筑业，它们仅占总进口排放的 1.02%(1.55 MtC)，实际进口排放的 1.37%(1.41 MtC)，其中水的生产供应业和燃气生产供应业进口隐含排放均为 0 MtC(表 5.5，表 5.6)。

3) 部门出口隐含碳排放

1997—2007 年绝大多数部门（总出口 24 个和国内出口 23 个）的出口排放的绝对量都呈增加趋势（图 5.16，图 5.17）。相对于 1997 年，2007 年出口隐含碳排放的增加主要来自电气机械及通信电子设备制造业、金属冶炼及压延加工业、化学工业、通用专用设备制造业、纺织业和交通运输业 6 个部门，这 6 个部门的总出口排放分别增加了 149.19、66.66、57.26、40.70、36.80 和 32.74 MtC，国内出口排放分别增加了 138.66、62.25、49.98、38.56、36.63 和 32.15 MtC；6 部门增加的总出口排放和国内排放分别共计 383.34 MtC 和 358.24 MtC，分别占 1997—2007 年国家总出口排放增加（517.12 MtC）的 74.13% 和国内出口排放增加总量（477.95 MtC）的 74.95%。

中国碳排放的历史与现状

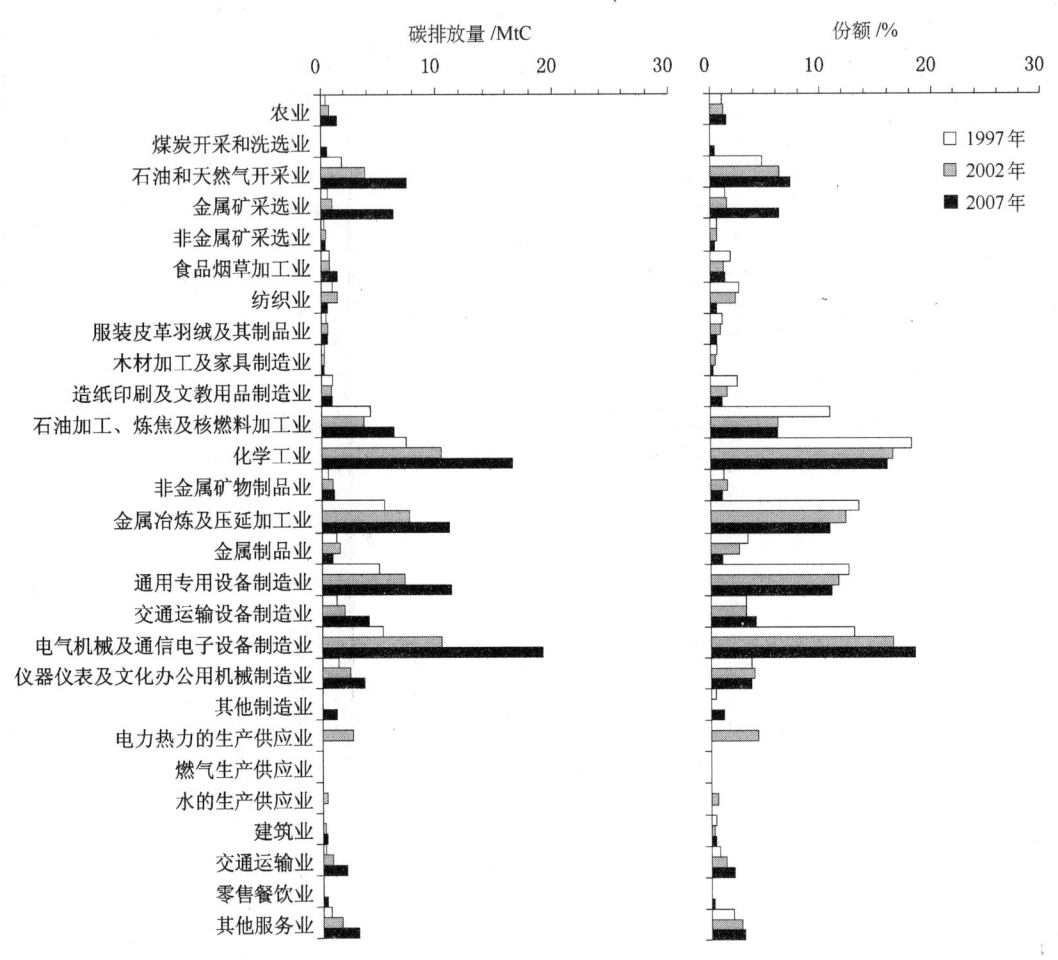

图 5.15 部门实际进口碳排放及其份额

无论是总出口排放还是国内出口排放(扣除进口再出口排放),1997、2002 和 2007 年,电气机械及通信电子设备制造业、化学工业、金属冶炼及压延加工业、纺织业都是出口排放最多的四个部门,四者合计分别占各年国家总出口排放的 44.64%、43.79%、54.95% 和国内出口排放的 44.01%、42.63%、54.76%(图 5.16,图 5.17)。2007 年,上述 4 个部门的出口隐含碳排放分别占中国国内出口排放(718.31 MtC)的 24.53%(176.23 MtC)、11.56%(83.03 MtC)、11.51%(82.65 MtC)和 7.16%(51.41 MtC),以及中国总出口排放(767.26 MtC)的 24.50%(188.00 MtC)、12.07%(92.60 MtC)、11.58%(88.86 MtC)和 6.79%(52.12 MtC)。2007 年,国内排放中用于出口需求最低的部门分别是水的生产供应业(0%)、燃气生产供应业(0%)、金属矿采选业(0.12%)、非金属矿采选业(0.18%)、石油和天然气开采业(0.20%)、农业(0.30%)、电力热力的生产供应业(0.37%);如果把进口再出口排放也考虑在内,则部门总出口排放中水的生产供应业(0%)、燃气的生产供应业(0%)、非金属矿采选业(0.19%)、农业(0.33%)、电力热力的生产供应业(0.36%)和建筑业(0.48%)的"贡献"比例是最低的(表5.5,表 5.6)。

第5章 中国进出口贸易中的隐含碳排放

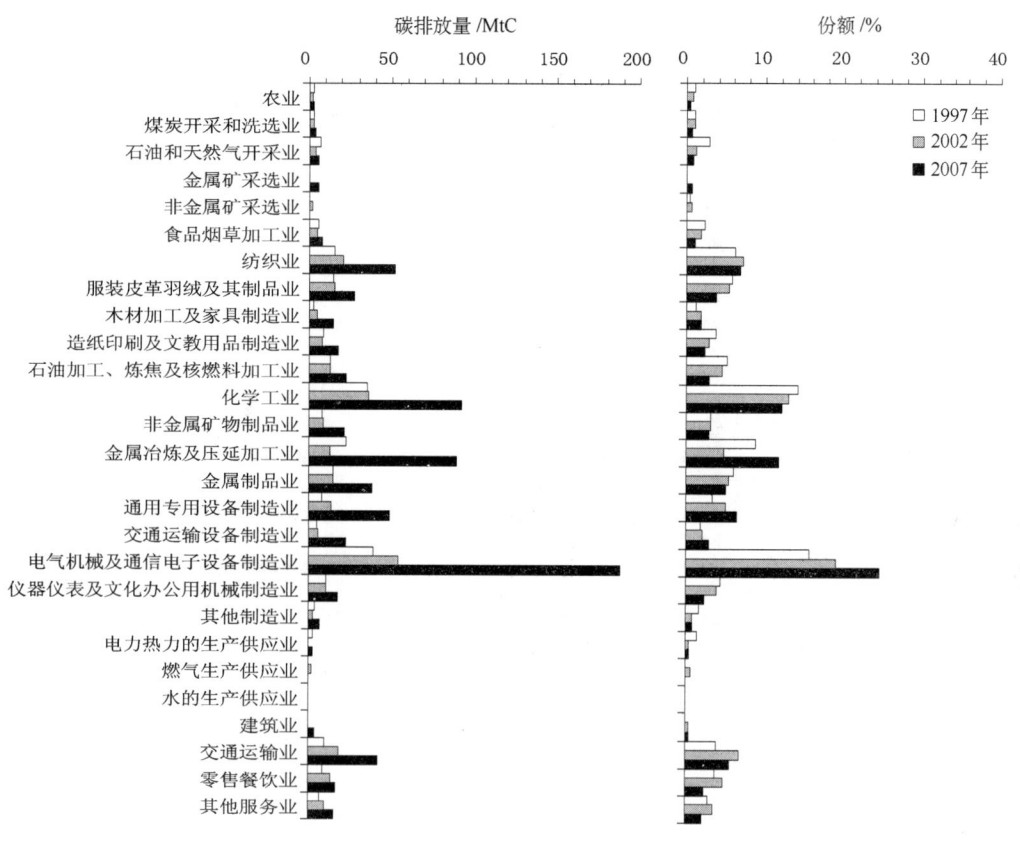

图 5.16 部门总出口碳排放及其份额

4) 部门净出口隐含碳排放

1997—2007 年绝大多数部门(22 个)的净出口排放都呈增加趋势(图 5.18)。相对于 1997 年,2007 年中国净出口排放的增加,主要来自电气机械及通信电子设备制造业、金属冶炼及压延加工业、化学工业、纺织业、通用专用设备制造业和交通运输业 6 个部门,这 6 个部门的净出口排放分别增加了 124.90、56.60、40.83、37.10、32.28 和 30.26 MtC,共计 321.97 MtC,占 1997—2007 年国家净出口总排放增加(415.80 MtC)的 77.43%。

1997、2002 和 2007 年,电气机械及通信电子设备制造业、化学工业和纺织业是传统的三大净出口排放部门,三者合计分别占各年国家净出口排放总量的 35.86%、39.61%、44.59%。如果将近年来净出口排放增加迅速的金属冶炼及压延加工业、金属制品业和交通运输业也考虑在内,则这 6 个部门占各年国家净出口排放总量的比例将分别达 54.57%、56.35% 和 68.56%(图 5.18)。

2007 年(表 5.5、表 5.6),只有 2 个部门(石油和天然气开采业 −6.15 MtC,金属矿采选业 −5.50 MtC)的净出口排放量为负值,即这 2 个部门进口的隐含排放超过其出口的,在国际贸易中获得了环境收益。水的生产供应业和燃气的生产供应业进出口排放均为 0。而其他部门出口的隐含排放均高于它们各自进口的,在国际贸易的环境效益中处于不利的地位。尤其是

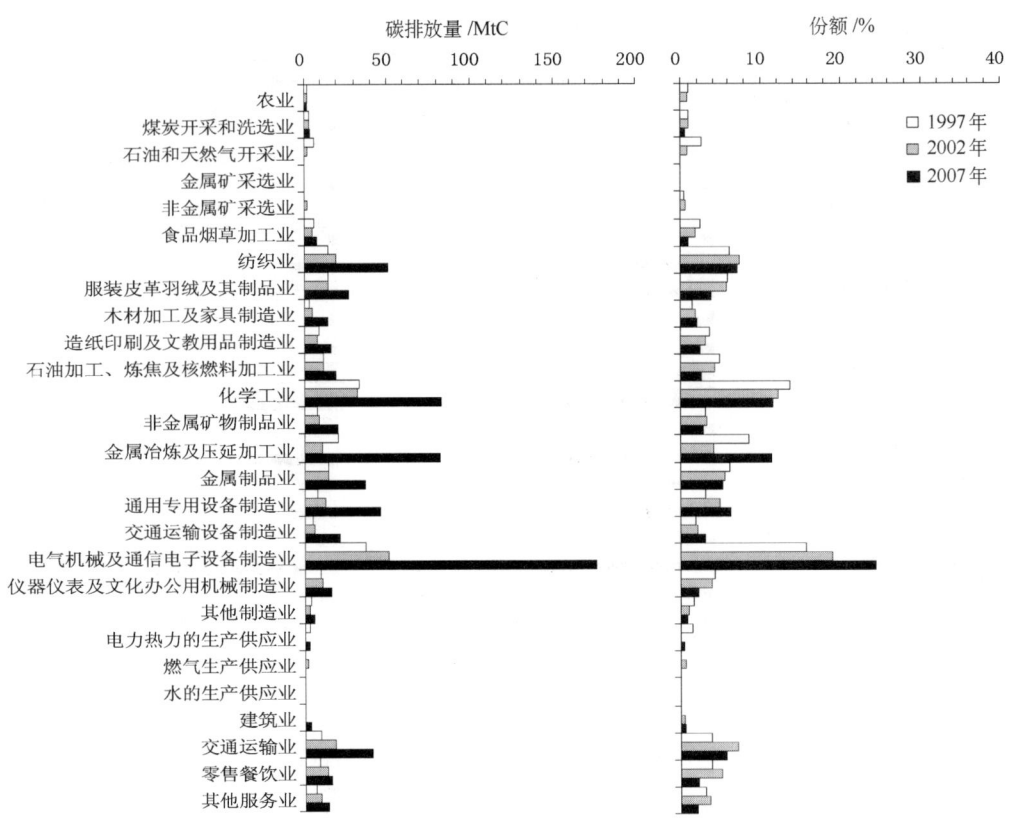

图 5.17 部门国内出口碳排放及其份额

电气机械及通信电子设备制造业(157.17 MtC)、金属冶炼及压延加工业(71.54 MtC)、化学工业(66.49 MtC)、纺织业(50.84 MtC)和交通运输业(39.40 MtC),它们净出口的隐含排放最高,分别占到当年国家总净出口隐含排放(615.65 MtC)的 25.23%、11.62%、10.80%、8.26%和 6.40%,合计占 61.59%。

5) 部门总进口排放的构成及变化

部门总进口排放按来源构成,可分为进口投入排放和进口消费品排放两部分;按最终使用需求,又可分为用于国内消费实际进口排放和用于出口需求的进口再出口排放两部分(表5.7)。

1997、2002 和 2007 年中,进口投入排放占总进口排放的比例值高于国家当年平均水平(分别为 84.68%、81.30%、84.86%)的部门数分别为 14 个、13 个和 13 个,表明这些部门有更高比例的进口排放来自用于部门生产的中间投入品。其中,矿采选业,石油加工、炼焦及核燃料加工业,金属冶炼及压延加工业,用于中间投入生产过程的进口排放比例总体最高。相反,其他部门,如建筑业、其他服务业、服装皮革羽绒及其制品业、食品烟草加工业等,其进口投入与总进口排放的比例值相对最低,表明这些部门进口的排放主要来自部门直接消费品的需求排放,用于中间投入的进口排放相对最少。1997—2007 年,服装皮革羽绒及其制品业、食品烟

第5章 中国进出口贸易中的隐含碳排放

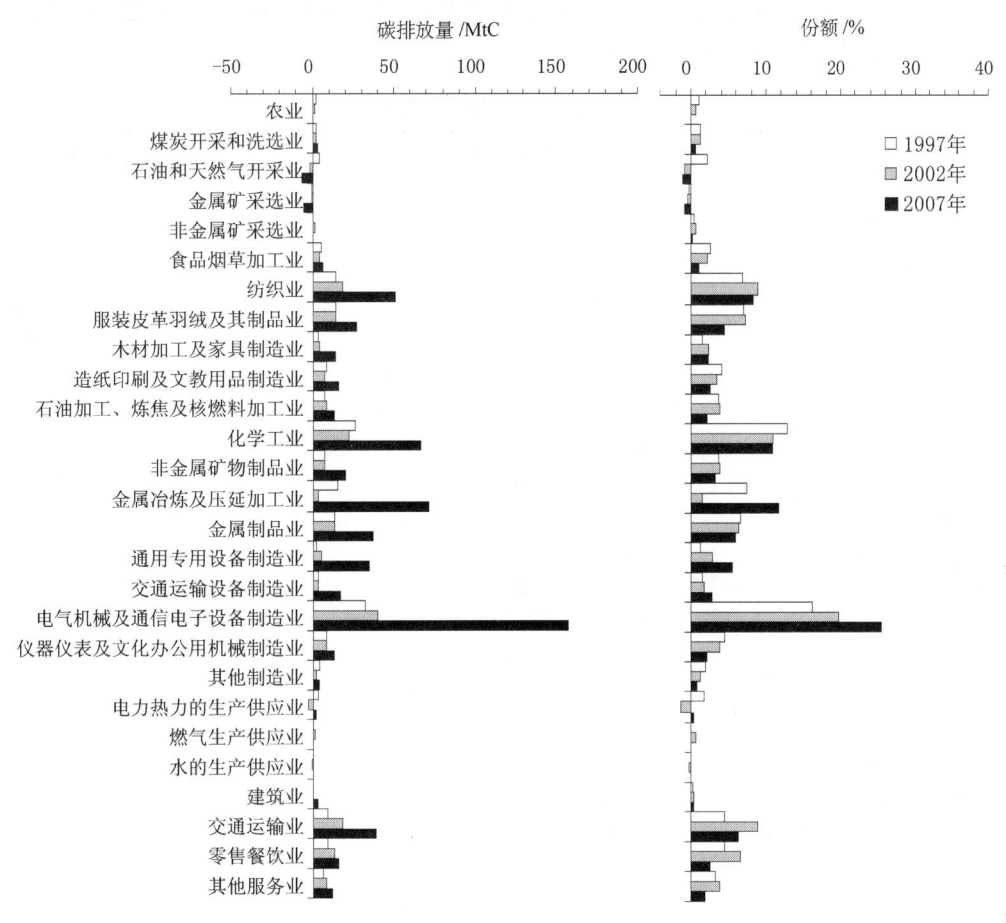

图 5.18 部门净出口碳排放及其份额

草加工业和农业进口投入排放占总进口排放的比重增加最快,分别由 1997 年的 32.95%、37.89% 和 54.37%,增加到 2007 年的 52.93%、55.58% 和 71.72%;而零售餐饮业、仪器仪表及文化办公用机械制造业、金属冶炼及压延加工业、石油和天然气开采业的比重降低最大,2007 年比 1997 年的比重分别降低了 10.45、9.82、6.94 和 5.84 个百分点。

1997、2002 和 2007 年进口再出口排放占总进口排放的比例分别有 8 个、8 个和 7 个部门的比值高于当年国家平均水平(分别为 19.45%、22.10% 和 32.29%),意味着这些部门有更高比例的进口排放是用于中国的再出口需求。其中,纺织业、金属矿采选业、化学工业等是总体进口再出口排放比重相对最高的部门。相反,其他部门,如建筑业、其他服务业、食品烟草制造业、非金属矿物制品业等,进口再出口排放的比值相对最低,意味着这些部门大部分的进口排放主要是为了满足国内自身的最终需求。

1997—2007 年,绝大多数(18 个)部门进口再出口排放占总进口排放比例不断增大,表明这些部门通过中间投入品进口的隐含碳排放中用于加工再出口需求的排放比重不断增大。其中,以纺织业,电气机械及通信电子设备制造业,金属制品业,金属矿采选业,石油加工、炼焦及核燃料加工业,化学工业的比重增加最快,1997—2007年其进口再出口比重分别增加了21.09、19.15、15.98、13.55、13.51和12.97个百分点;而比重下降的部门只有建筑业,由1997年的0.83%下降到了2007年的0.46%。

表5.7 部门总进口排放的构成(%)

部门	进口投入排放与总进口排放			进口再出口排放与总进口排放		
	1997	2002	2007	1997	2002	2007
农业	54.37	56.76	71.72	9.08	10.26	19.50
煤炭开采和洗选业	98.74	83.25	98.16	20.73	18.96	33.32
石油和天然气开采业	105.33	95.15	99.49	25.20	25.02	35.63
金属矿采选业	98.26	99.02	98.67	28.18	26.81	41.73
非金属矿采选业	97.47	95.52	99.88	13.52	14.15	23.90
食品烟草加工业	37.89	43.45	55.58	5.85	8.12	12.80
纺织业	86.50	86.44	96.84	34.63	40.34	55.72
服装皮革羽绒及其制品业	32.95	39.18	52.93	10.41	14.69	19.82
木材加工及家具制造业	72.87	87.68	80.78	12.16	15.74	24.67
造纸印刷及文教用品制造业	90.00	89.45	96.30	19.75	22.35	30.41
石油加工、炼焦及核燃料加工业	100.70	98.05	96.95	18.42	22.24	31.93
化学工业	91.97	91.82	95.59	23.69	27.05	36.66
非金属矿物制品业	89.85	93.96	98.50	7.35	12.03	13.06
金属冶炼及压延加工业	105.90	97.72	98.97	24.73	23.30	35.84
金属制品业	84.98	91.15	90.21	15.23	20.01	31.21
通用专用设备制造业	60.40	57.49	60.72	11.17	12.18	19.69
交通运输设备制造业	56.47	60.93	59.42	9.97	12.35	15.06
电气机械及通信电子设备制造业	72.19	71.22	77.89	19.03	26.54	38.18
仪器仪表及文化办公用机械制造业	86.35	80.64	76.52	17.69	17.64	26.30
其他制造业	75.74	70.13	78.13	18.91	17.63	30.21
电力热力的生产供应业	93.71	85.47	92.80	20.66	20.94	31.60
燃气生产供应业	43.40	56.37	—	8.41	13.68	—
水的生产供应业	—	66.59	—	—	14.77	—
建筑业	5.91	6.55	3.24	0.83	1.02	0.46
交通运输业	84.89	81.21	85.32	15.20	18.08	22.38
零售餐饮业	70.44	66.01	60.00	15.02	15.36	17.16
其他服务业	37.09	38.40	40.76	6.46	7.81	11.26
平均	84.68	81.30	84.86	19.45	22.10	32.29

注:— 表示部门当年的进口为0。

5.2.4 隐含碳转移的主要路径

1) 国际产业分工对碳转移影响的国别分类

依据2007年中国同各国(地区)海关货物进出口贸易额的分析,中国出口的货物主要去了亚洲、欧洲和北美洲,分别占当年总出口贸易额的46.63%、23.64%和20.70%。其中,美国、欧盟、日本、韩国4个地区占中国总出口贸易额的50.26%。2007年,中国进口货物主要来自亚洲,占当年进口总贸易额的64.85%;其次为欧洲和北美洲,分别占总贸易额的14.61%和8.41%。其中,从日本、欧盟、韩国、中国台湾和美国5个国家(地区)进口的贸易额占中国总进口贸易额的53.78%。2007年中国对北美洲、欧洲、非洲和拉丁美洲为贸易顺差,分别占当年贸易总顺差(2618.85亿美元)的65.58%、56.59%、0.36%和0.16%;对亚洲和大洋洲为贸易逆差,分别占当年净贸易总额的－19.88%和－2.79%(图5.4)。

在中国的进出口贸易中,中国与主要14个贸易伙伴国(或地区)的贸易总额占中国2007年总贸易额的73%,计算这14个国家的低、中、高碳行业的贸易竞争力指数(表5.8),根据与这14个主要贸易国的贸易分工形式可以分为三类国家和地区。

表5.8 中国与主要14个贸易伙伴国(或地区)贸易竞争力指数

类别	国家	总贸易额比例	进口贸易额比例	出口贸易额比例	贸易竞争力指数(TC)		
					低碳产业	中碳产业	高碳产业
Ⅰ类(TC全部大于0,且从大到小依次为中、低、高)	美国	14%	7%	19%	0.56	0.7	0.33
	欧盟主要国家	14%	10%	17%	0.4	0.42	0.22
	墨西哥	1%	0%	1%	0.56	0.73	0.36
	小计	28%	17%	37%	——	——	——
Ⅱ类(低碳产业和高碳产业TC小于0)	东盟主要国家	9%	11%	7%	－0.14	0.01	－0.05
	韩国	7%	11%	5%	－0.41	－0.12	－0.22
	亚洲其他未定义地区	6%	11%	2%	－0.72	－0.25	－0.57
	日本	11%	14%	8%	－0.08	－0.01	－0.36
	小计	33%	47%	22%	——	——	——
Ⅲ类(高碳产业TC小于0)	哈萨克斯坦	1%	1%	1%	0.98	1	－0.58
	中东国家	3%	4%	3%	0.99	0.99	－0.51
	加拿大	1%	1%	2%	0.63	0.4	－0.18
	俄罗斯联邦	2%	2%	2%	0.98	－0.1	－0.47
	澳大利亚	2%	2%	1%	0.46	0.68	－0.67
	巴西	1%	2%	1%	0.51	0.42	－0.52
	印度	2%	2%	2%	0.66	0.83	－0.13
	小计	12%	13%	12%	——	——	——
总计		73%	78%	71%			

注:数据采用2007年对外进出口贸易数据,来源于联合国统计的国际贸易数据库,根据Weber和Matthews(2007)应用MRIO模型得到的中国、加拿大、韩国、英国、德国、日本、墨西哥、美国8个国家46个产业的基于实际购买力完全碳排放强度(单位:MtC/$M1997US)的平均值,将进出口行业分为低碳行业(完全碳排放强度<500 MtC/$M1997US)、中碳行业(500 MtC/$M1997US≤完全碳排放强度<750 MtC/$M1997US)和高碳行业(750 MtC/$M1997US≤完全碳排放强度)。

(1)美国、欧盟、墨西哥(Ⅰ类)。该类国家与中国的贸易额占总量的28%,是中国主要商品净出口国,出口的商品涵盖了低、中、高碳产业,是通过国际贸易向中国转移碳的主要来源国。从碳排放的角度看,在与此类国家的贸易中,中国在各类产业中的优势都比较明显,其中中碳产业的优势程度最大,其次是低碳产业,高碳产业优势程度最小,但高碳产业内部贸易最活跃。

(2)日本、东盟、韩国及亚洲其他未定义地区(Ⅱ类)。与中国的贸易额占总量的33%,是中国国际贸易中低碳产业唯一没有成为优势的地区,各类产业内部贸易十分活跃,以中碳产业的产业内贸易最为活跃。中国与东盟的贸易分工没有显著的优势和劣势产业,产业内部贸易最活跃。中国与此类地区的贸易分工形式明显区别于欧美国家,是产业内部存在产品内分工可能性最大的地区,即进口半成品或零部件是为了生产出口产品。

(3) 哈萨克斯坦、中东国家、加拿大、澳大利亚、巴西、俄罗斯联邦、印度(Ⅲ类)。中国与此类别国家贸易额占总量的12%,在与此类国家的贸易中产业间贸易分工非常显著,但却是产业内贸易最不活跃的地区,中国的高碳行业为绝对劣势产业,而低碳产业成为绝对优势产业。中国与此类国家主要是低碳和高碳的产业间贸易,中国输出低碳产业产品,进口能源和金属类的高碳产业产品。

2) 以中国为中转站的两条进口再出口碳转移排放路径

在中国与14个主要贸易伙伴国(或地区)的贸易中,半成品或零部件的进口主要来自日本、东盟、韩国及亚洲其他地区(Ⅱ类地区),能源和金属等初级产品的进口主要来自于哈萨克斯坦、中东国家、澳大利亚、巴西、俄罗斯联邦等国(Ⅲ类地区),上述进口产品经过在中国的生产过程再出口,欧美等发达国家(Ⅰ类国家/地区)为其主要进口国/地区,由此形成了以中国为中转站的两条进口再出口碳转移排放路径。2007年,中国与14个主要贸易国/地区的贸易总额占中国总贸易额的73%(进口占78%,出口占71%),中国与14国/地区进口再出口贸易排放量约为38.19 MtC(图5.19)。

第一条路径主要受产业间分工影响,通过一般进出口贸易方式实现。中国从Ⅲ类地区输入能源、金属等高碳产业产品(表现为中国高碳产业净出口隐含碳值为负,高碳产业贸易总隐含碳量最大),中国再利用这些进口能源和原材料中的一部分制成工业制成品输出到世界各国。2007年,中国通过进口向Ⅲ类国家(或地区)转移隐含排放量约31.15 MtC,其中的11.92 MtC(占总进口7.86%)是中国从Ⅲ类国家进口能源、金属等高碳产品和原材料,经再加工成制成品后的出口到Ⅰ类国家/地区,是Ⅰ类国家经中国向Ⅲ类国家间接转移的碳排放。

第二条路径主要受产业内分工和产品内分工影响,通过加工贸易进出口方式实现。中国从Ⅱ类地区进口大量半成品或零部件产品,组装后再出口到世界各国。表现为进出口贸易总隐含碳量最大,而净出口隐含碳值为负,说明此类区域是中国主要进口来源地区。2007年中国通过进口向Ⅱ类国家(或地区)转移隐含排放量约64.26 MtC,其中的26.27 MtC(占总进口17.33%)是中国从Ⅱ类国家进口半成品或零部件经再加工后的出口排放,产品目的地为Ⅰ类国家/地区,是Ⅰ类国家经中国向Ⅲ类国家间接转移的碳排放。

2007年,两类以中国为中转站的进口再出口转移碳排放共38.19 MtC,它们被欧美等发达国家(Ⅰ类国家/地区)所间接使用。

3) 欧美等发达国家是中国出口隐含碳转移的主要受益者

欧美等发达国家除直接通过一般贸易进口方式向中国转移隐含碳排放外,还通过加工贸易进口向中国间接地转嫁隐含碳排放。中国与14个主要贸易国/地区的贸易总额占中国总贸易额的73%(进口占78%,出口占71%),假设国外的生产技术水平的差别可忽略,按此比例推算中国与14国/地区贸易排放量为:国内出口排放510.00 MtC,总进口排放为

118.26 MtC,实际进口 80.07 MtC,净出口 429.93 MtC,进口再出口 38.19 MtC,其转移的主要路径如下(图 5.19):

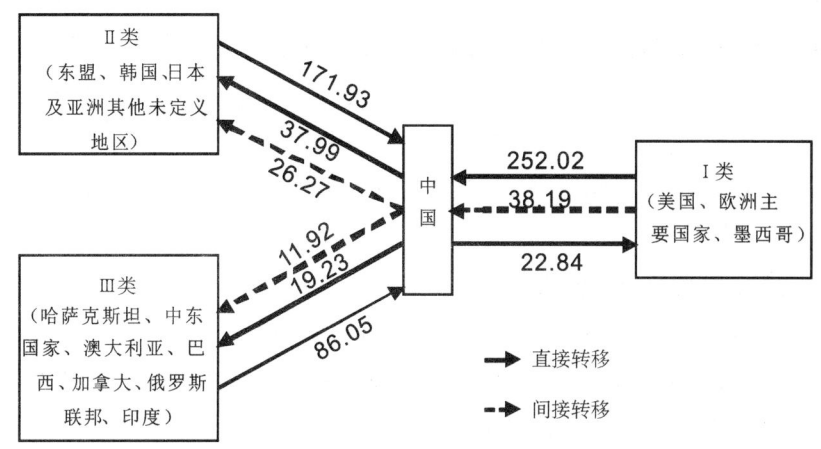

图 5.19　2007 年中国对外贸易隐含碳转移路径(MtC)

(1)日本、东盟、韩国及亚洲其他地区(Ⅱ类地区)向中国转移的隐含排放量约 171.93 MtC,占中国国内出口排放(718.31 MtC)的 23.94%,中国向Ⅱ类国家(或地区)转移隐含排放量约 64.26 MtC,占中国进口总排放(151.61 MtC)的 42.39%,这其中由中国最终消费而向Ⅱ类国家的实际转移量为 37.99 MtC(占总进口 25.06%)。因此,Ⅱ类国家净转移到中国的排放为 133.94 MtC,占中国净出口排放(615.65 MtC)的 21.76%;另外的 26.27 MtC(占总进口的 17.33%)为欧美等发达国家(Ⅰ类国家/地区)经中国向Ⅱ类国家的间接转移。

(2)哈萨克斯坦、中东国家、澳大利亚、巴西、俄罗斯联邦等国(Ⅲ类地区)向中国转移的隐含排放 86.05 MtC(占中国国内出口排放的 11.98%)。中国向Ⅲ类国家(或地区)转移隐含排放量约 31.15 MtC,占中国进口总排放的 20.55%,其中中国自身消费的 9.23 MtC(占总进口的 12.68%)为中国向Ⅲ类国家的实际转移量。因此,Ⅲ类国家净转移到中国的碳排放量为 66.82 MtC,占中国净出口转移排放的 10.85%;另外的 11.92 MtC(占总进口 7.86%)为欧美等发达国家(Ⅰ类国家/地区)经中国向Ⅲ类国家间接转移的碳排放。

(3)欧美等发达国家(Ⅰ类国家/地区)通过一般贸易直接向中国转移隐含排放约 252.02 MtC,占当年中国国内出口排放的 35.09%;中国向Ⅰ类国家(或地区)转移的隐含排放为 22.84 MtC,占中国进口总排放的 15.06%。因此,Ⅰ类国家/地区通过进出口贸易向中国净转移的隐含排放约 229.18 MtC,占中国净出口排放的 37.23%。如果将以中国为中转站分别向Ⅱ类和Ⅲ类国家间接转移的 38.19MtC 碳排放也计算在内,则 2007 年欧美等发达国家(Ⅰ类)向中国转移的隐含碳排放共计 290.21 MtC,占当年中国总出口排放(767.27 MtC)的 37.82%。占中国净出口排放(615.65 MtC)的 47.14%。

5.3 国际产业分工对中国国际贸易碳排放的影响

5.3.1 中国在"三重"国际产业分工格局中的地位

第二次世界大战以来,特别是 20 世纪 80 年代以来,随着科技进步及全球化的发展和深化,出现了全球范围内的生产要素的广泛流动,国际经济联系由贸易转向生产,国际产业增长、发展格局出现新的变化,并由此形成了不同于传统的新的国际分工格局,对各国的产业发展及结构变化产生重要影响。

1) 从"二重"到"三重"国际产业分工格局

从 18 世纪中叶到 20 世纪 50 年代,当时的国际分工的最大特点是经济相对发达的工业国主要生产和出口工业制成品,经济落后的农业国则主要生产出口农矿产品,呈现工业国工业制成品生产和农业国初级产品生产的"二重国际分工格局"。

20 世纪 60—70 年代,随着现代科学技术的发展和跨国公司全球战略的实施,不仅发达国家间的社会再生产过程相互交织,而且还将发展中国家纳入了跨国公司内部的生产过程中,出现了发达国家主要生产和出口资本和技术密集型产品,而发展中国家主要生产和出口劳动密集型产品的新格局。

20 世纪 70 年代末和 80 年代初,随着各国的经济发展和产业转移,发展中国家出现了分化,一部分新兴工业化国家和地区(如韩国、中国台湾、新加坡等)脱颖而出,参与了发达国家在高新技术领域中的分工。与此同时,发达国家的传统产业不断地进行技术改造,产品在向高档次方向发展。由此,逐渐形成了这样的一种分工格局:发达国家主要生产高技术产品、中高档资本密集产品和某些档次较高的劳动密集型产品;新兴工业化国家和地区除了继续发发展一些资本密集型产品外,也开始逐步生产一些技术密集型产品;而大部分发展中国家主要发展劳动密集型产品和某些资本密集型产品及初级产品"三重结构"的国际分工格局的雏形开始出现(汪斌,2006)。

20 世纪 90 年代以来,随着全球化进程的加速推进以及知识经济的迅速崛起,国际分工出现了以跨国公司为主体的国际分工格局,国际分工呈现出产业间、产业内和产品内并存的混合型分工形态。继亚洲四小龙之后,"金砖四国"、亚洲四小虎等利用自身的比较优势参与全球价值链的分工,工业化进程快速推进,并逐步成为世界经济的增长的重要推动力量。新兴国家在国际经济中的地位越来越高,与发达国家的差异不断缩小;另一方面,由于各种原因,非洲、中东、中亚等地区多数发展中国家的经济发展并不明显,在国际经济分工中的地位没有发生太大变化,某些国家甚至处于全球化的边缘状态。由此,"三重结构"的国际分工格局得到深化,并成为当今国际分工的基本格局:发达国家主要生产中高技术产品,同时制造业的研发和销售等高附加值环节逐渐从制造业中分离出来,制造业比重下降,但服务业比重上升,并通过控制核心技术和销售来控制制造业;由于新兴工业化国家承接了发达国家高新技术产业的加工及组装环节的生产,高新技术产业不断发展,比重不断提高,在产值和竞争力上逐渐缩小与发达国家的差距;而其他发展中国家,虽然也有一定的发展,但在国际分工中仍主要以提供原料为主,制造业部门发展缓慢。

2) 国际产业向中国转移的主要特征

和其他新兴工业化国家类似,中国自从改革开放以来,主要承接来自发达国家和韩国、中国台湾、中国香港等其他新兴工业化国家和地区的产业转移。

① 转移的主体是制造业。20世纪90年代,特别是2001年加入WTO后,中国产业经历了新一轮的快速发展,发达国家各制造业的衰退并向外转移对中国此次产业的快速发展影响巨大,促使中国成为"世界工厂"。1995—2006年,发达国家的食品制造、纺织服装以及石油化工、金属冶炼和机械制造等行业增加值占世界的比重不断下降,烟草、服装、皮革、电气机械和其他运输设备制造业比重下降超过20个百分点,纺织、造纸、石油、基本金属、橡胶及塑料制品等行业比重下降也超过10个百分点。与此形成鲜明对照的是,除个别行业,中国各制造业行业增加值占世界的比重都得到了明显提高(图5.20),各行业比重的提高程度与发达国家下降的程度高度相关,相关系数达-0.905(其他新兴工业化国家或地区与发达国家相关系数绝对值均小于0.4)。利用外商直接投资是各发展中国家,同时也是中国承接国际产业转移的主要方式。1998年以来,中国外商直接投资中,制造业比重一直占50%以上,是中国承接国际产业转移的主要行业。从1997年到2007年中国机械设备制造业占GDP的比例从18.98%增加到25.63%;同期,美国机械设备制造业的比例从5.59%减少到1.97%。

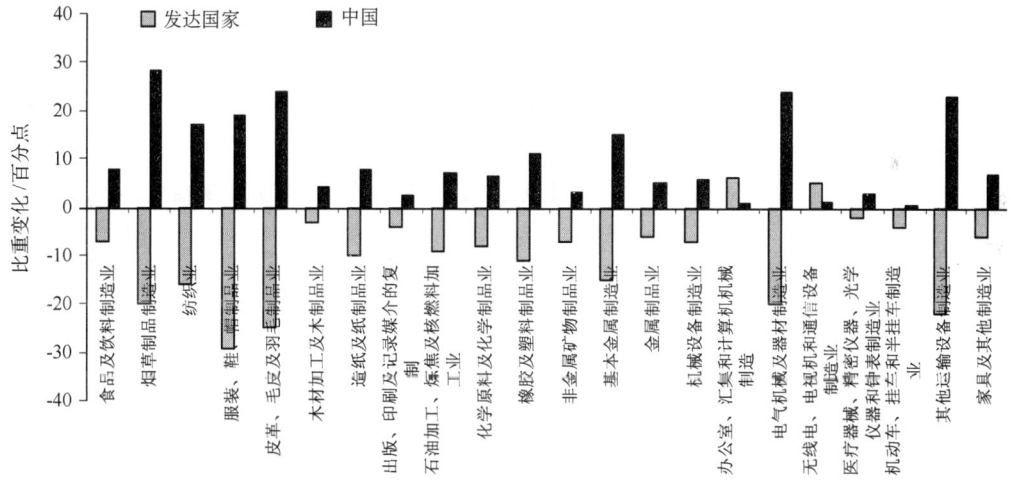

图5.20 1995—2006年发达国家和中国制造业各行业增加值占世界比重(百分比)的变化

数据来源:United Nations Industrial Development Organization:《International yearbook of industrial statistics》(2007,2008)

② 主要以加工贸易方式承接技术密集型产业的低附加值环节。20世纪90年代以来,越来越多的跨国公司直接到中国来投资,大量制造业务使用了外包的方式,直接或间接与加工贸易有关的外商投资约占外商投资总额的80%,承接国际产业转移主体已经开始从资源劳动密集型产业转向资本技术密集型产业。虽然通过承接发达国家的产业转移,对于加速中国工业化进程和保障就业起到积极作用,承接国际产业转移主体已经开始从资源劳动密集型产业转向资本技术密集型产业,但在所承接的资本技术密集型产业中,主要承接的是价值链低端的最

终消费品组装环节,价值链高端的零部件产品大多依赖进口,从而限制了制造业参与国际分工的收益,以及整体的竞争力水平。其中电子设备制造业(通信设备、计算机等)在技术密集型产业的低附加值环节类型中最为具有代表性,是中国承接的最主要的行业,外商[①]投入(外商所有者权益)、产出(工业增加值)及其占全国该行业所有者权益和工业增加值的比重均位居首位(图5.21,图5.22)。但1995—2006年的数据表明(图5.20),发达国家一直在该行业由于拥有核心技术,控制高附加值关键环节,增加值占世界比重不仅没有下降,反而提高了,而中国的该行业处在从属的位置,占世界增加值的比重提高很慢。

③ 承接的高能耗行业占据重要地位。在2007年外商对中国的投资中,投入(外商所有者权益)最大的前10个行业中高能耗行业就占据了7个,包括交通运输设备制造业(第2位)、化学原料及化学制品制造业(第3位)、通用设备制造业(第5位)、非金属矿物制品业(第7位)、专用设备制造业(第8位)、塑料制品业(第9位)、黑色金属冶炼及压延加工业(第10位)(图5.21)。

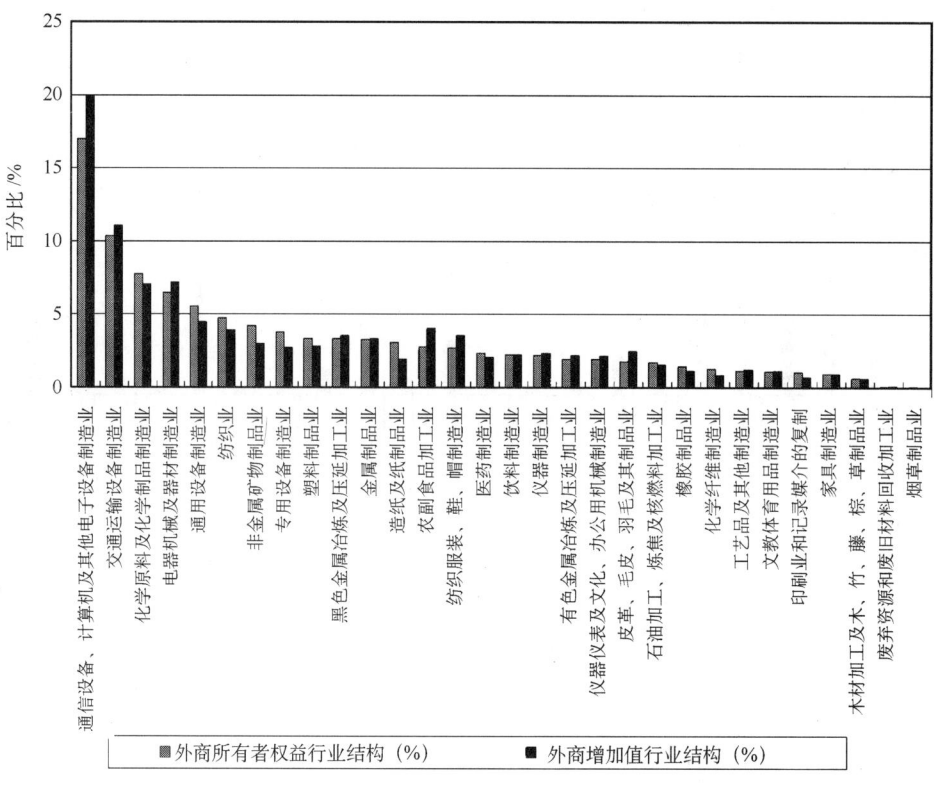

图5.21 2007年中国外商增加值行业结构与所有者权益行业结构图

(数据来源:历年中国工业经济统计年鉴)

---

① 包含港澳台商等大陆境外投资者。

④ 传统开放度较高的劳动密集型行业中外商投资仍占据较大比例。虽然中国产业结构中传统的劳动密集型行业比重不断下降,但在 2007 年在中国各行业外商投入(所有者权益)比重最大的前 10 个行业中,劳动密集型行业仍占据了 6 个,包括文教体育用品制造业(第 2 位),皮革、毛皮、羽毛及其制品业(第 3 位),纺织服装、鞋帽制造业(第 4 位)、仪器仪表及文化、办公用机械制造业(第 5 位),家具制造业(第 6 位),工艺品及其他制造业(第 10 位),并且其中有 4 个行业位于前 5 位之内(图 5.22)。

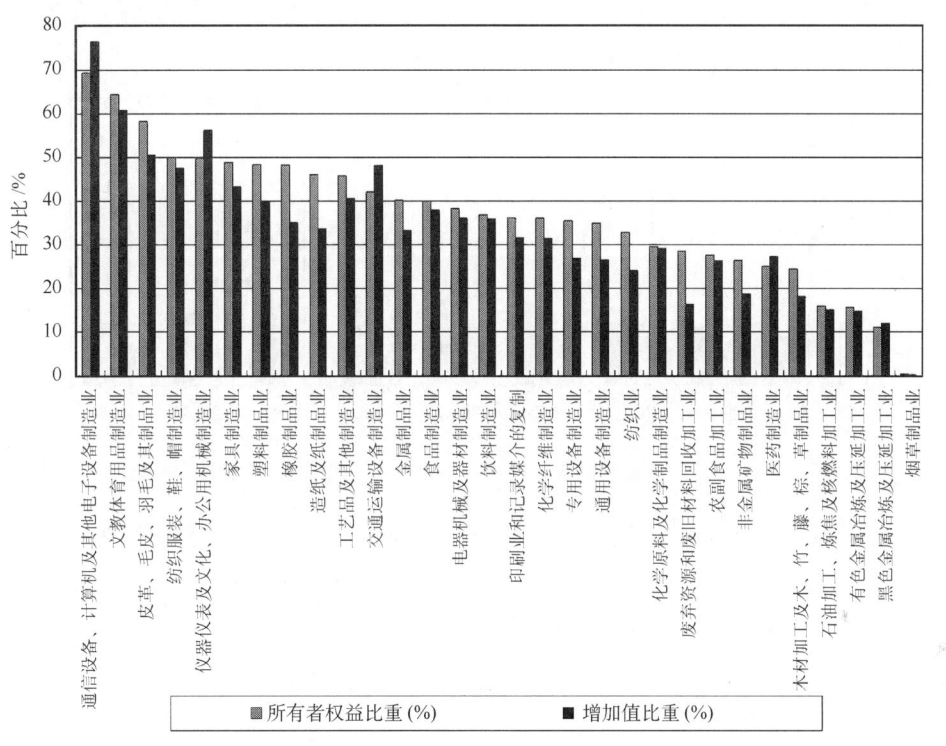

图 5.22 2007 年中国各行业外商增加值比重与所有者权益比重图
(数据来源:历年中国工业经济统计年鉴)

3) 中国在国际分工中地位的变化

作者以联合国的商品贸易统计数据库(UN COMTRADE)、国家统计数据库(http://219.235.129.58/welcome.do)及《中国海关统计年鉴》的数据为基础,采用刻画产品或产业在国际贸易中竞争力的相关指标,分析了中国在国际分工中地位变化的主要特征。

① 劳动密集型产业是中国工业竞争力的核心,资本和技术密集型产业竞争力在持续提高。在国际贸易中,中国出口的工业制成品已占绝对优势,工业产品出口占世界的比重由 1992 年的 2.47% 上升到 2008 年的 10.37%,在 34 个工业行业中有 12 个行业出口值占世界出口值的 10% 以上。在国际分工中,中国主要是承担劳动密集型产业或劳动密集型的加工组装环节的分工。劳动密集型产业是中国工业竞争力的核心,在国际贸易中一直具有较高的比较优势(图 5.23)。而中国资本和技术密集型产业的竞争力在不断提高,已处于比较劣势向比较优势过渡的时期,其中的某些产业如黑色金属冶炼及压延加工业、交通运输设备制造业、电气

机械及器材制造业和电子及通信设备制造业竞争力提高比较明显。1992—2008年,资本技术密集型产品在中国各类产业进口与出口贸易中均为增长最显著的,其出口比重由1992年的30.24%大幅上升到2008年的58.29%,贸易额从逆差转变为顺差。以食品、纺织、服装为代表的劳动密集型产品进口在1992—2008年无显著变化,而出口持续增加,顺差不断扩大,但劳动密集型产业出口的比重由1992年的55.98%下降到2008年的24.68%。资本密集型产品的进出口额均呈增长的趋势,其出口比重由1995年的11.86%上升到2008年的16.24%,进出口贸易的差额不大。资源密集型产业在国际贸易中已处于绝对劣势。资源密集型产品进口增加显著,而出口呈下降的趋势(图5.24)。

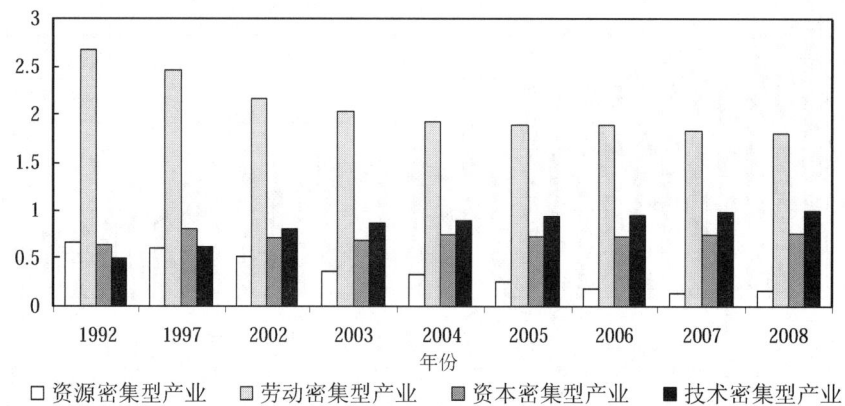

图5.23 中国不同类型产业比较优势指数变化(大于1表示具有比较优势)

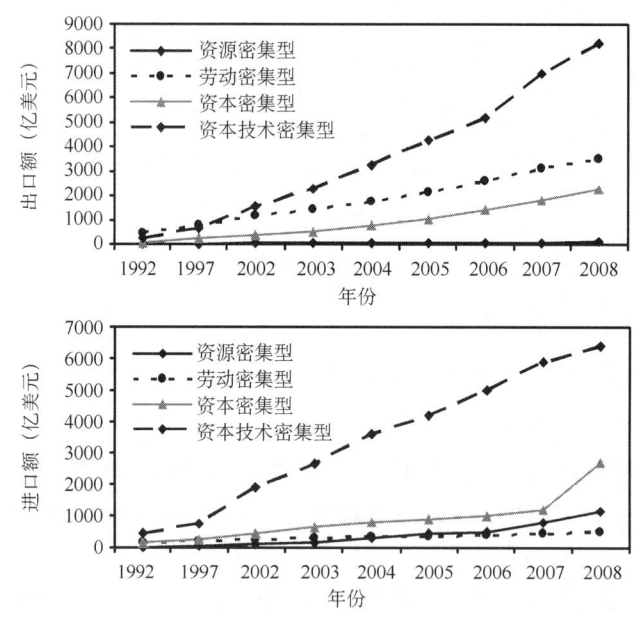

图5.24 1992—2008年中国各类产业进出口贸易额的变化(美元当年价)

② 中国在国际产业分工中还处于价值链的低端,但比较优势逐渐向中高端延伸。进口原料和零部件,进行产品加工和组装,并出口最终消费品是中国参与国际分工的最主要模式。从价值链的角度看,中国主要是在生产环节的中后期阶段参与国际分工,目前中国的竞争优势还

主要集中在最终产品阶段,特别是附加值较低的消费品阶段,在国际分工体系中的地位不高。但已经逐渐由生产简单消费品向复杂资本品,再向精密零部件逐步转变,分工地位有了明显改善。半成品从比较劣势转变为初具比较优势;零部件产品的劣势在不断缩小;资本品由比较劣势转变为明显的比较优势;消费品的比较优势虽有所削弱,但依然具有很强竞争力。从技术层次来看,目前中国的出口贸易品主要集中在低技术产品和高技术产品,分别占工业制成品出口的比重为30.58%和32.47%,具有比较优势;初级产品和资源型产品出口比重分别只有3.44%和8.70%,具有明显的比较劣势。在产品内分工条件下,专业化生产阶段的价值链属性才真正决定了一国的分工地位。中国在最终消费品阶段,从资源型产品到高技术产品(加工组装)都具有很强的国际竞争力,中低技术产品在这一阶段的比较优势更为明显。在资本品阶段,中低技术产品同样具有较强的竞争力。但在零部件生产阶段,只有资源型产品和低技术产品还能保持优势地位,中高技术产品都处于比较劣势,处于国际分工体系的从属位置。

4) 中国参与国际产业分工的发展趋势

在经济全球化加速推进的背景下,在更广领域、更高层次、更大范围全面融入世界经济是中国未来参与国际分工与合作的基本趋势。

根据党中央、国务院的战略部署,中国将在2020年基本实现工业化,估计在2010年前后将从工业化中期转入工业化后期阶段。未来中国的工业结构将进一步优化,在国际分工中的地位将呈现以下变化特征:

一是伴随着出口结构的高度化,中国国际分工地位将明显提高。中国工业自主创新能力将进一步增强,产业技术集约化趋势将更加明显。随着研发力度的加大,传统的劳动密集型产业将得到提升,产品的自主知识产权化得到强化。以资金密集型为特征的重化工业过程将逐步完成,发展趋于稳定,进入提升质量阶段。以信息产业为代表的电子与信息技术、航空航天技术、海洋工程技术、新能源与高效节能技术、环境保护新技术等技术密集型产业得到快速发展,并成为中国在工业化后期生存与发展的战略性支柱产业。伴随着中国产业结构技术密集化趋势,中国出口结构将进一步高度化,出口的工业制成品的技术含量将有很大提高,技术密集型产业将是中国参与国际分工的主要竞争优势产业。

二是服务贸易的发展将促使中国在产品内分工占据一定的高端。服务业将成为经济增长的主导产业。特别是生产性服务业,产前、产中、产后的生产性服务业的发展对制造业效率的提高起着至关重要的作用。先行工业化国家后期工业化的一个重要特点,是服务业和加工业的融合,并以服务业为中心将价值链的各个环节串联起来。而且整个价值链中,表现为一条两端的研究、设计、品牌营销、供应链管理等环节附加价值和盈利率高、中间的加工环节附加价值和盈利率低的"微笑曲线"。中国的法律、审计、会计、咨询、信息、金融、保险等第三产业将在工业化后期得到快速发展,成为国民经济的支柱产业,随着上海等国内金融中心的发展及中国经济总量和竞争能力的提升,中国的金融、信息等产业将初步具有国际竞争能力。中国服务业的快速发展及产业技术创新能力的提高,将促使中国在更多的产业领域内参与全球分工,并占据着"微笑曲线"的两端。

5.3.2 出口贸易规模效应对中国净出口碳排放的影响

在三重国际产业分工的格局下,随着中国在国际分工中的地位的改变,中国对外贸易额的不断增加。1997—2007年中国出口贸易和国内生产总值均表现出持续的增长趋势(图5.25)。但出口贸易的逐年增长率总体明显高于国内生产总值的(图5.26)。如2002年相对于1997年,出口贸易增长了78.12%,而国内生产总值的增长率为52.61%;2002—2007年,国内生产总值的增长率虽然高达125.72%,但出口贸易的增长更快,达到274.01%。这种增长也反应在出口贸易额对中国国内生产总值的逐年贡献率上,从1997—2007年,出口贸易贡献率由19.19%稳步增长到37.11%,2002年后的增长更为明显。

出口贸易规模的持续扩大,必然会促进中国隐含碳排放出口的快速增长,出口规模效应是影响我国净出口碳排放的最主要因素。中国因生产排放的碳量远大于因消费排放的碳量,而且2002年加入WTO之后,中国出口碳排放的增速尤其迅猛。1997、2002和2007年中国国内出口的隐含排放分别达240.36 MtC、267.07 MtC和718.31 MtC,分别占国内排放的23.54%、23.97%和34.76%;1997、2002和2007年,中国由于对外贸易而净出口的隐含碳排放分别达199.85 MtC、204.08 MtC和615.65 MtC,分别为当年国内排放的19.57%、18.32%和29.79%。2002—2007年的出口碳排放占总排放的份额增加了10.8%(23.97%~34.76%),与2002—2007年中国出口对GDP贡献率的增加份额(增加了14.71%)比较一致。综合不同学者估算的1997—2007年历年的净出口碳排放占国内排放的贡献率的结果,对比其与中国出口贸易对GDP贡献率的关系(图5.25),可以发现整体上出口排放份额与出口贸易对GDP的贡献率基本对应。

相比之下,1997—2007年,技术进步带来的影响并不十分显著,消除价格影响的中国行业间的平均完全碳排放强度2002年为0.15 kgC/RMB,2007年降至0.10 kgC/RMB。如果再抵消出口结构对碳排放的影响,目前技术进步产生的减排效果还很有限。

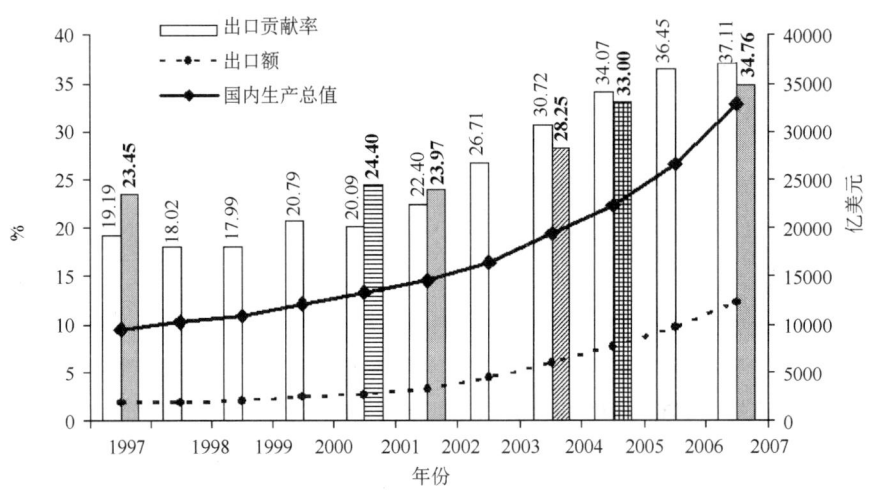

图5.25 1997—2007年中国国内生产总值和出口贸易的逐年变化

(其中出口碳排放份额分别来自下列研究结果:水平线柱为Peters et al.,2008;斜线柱为Davis et al,2010;网格柱为Weber et al,2008;灰色柱为魏本勇,2010评估结果)

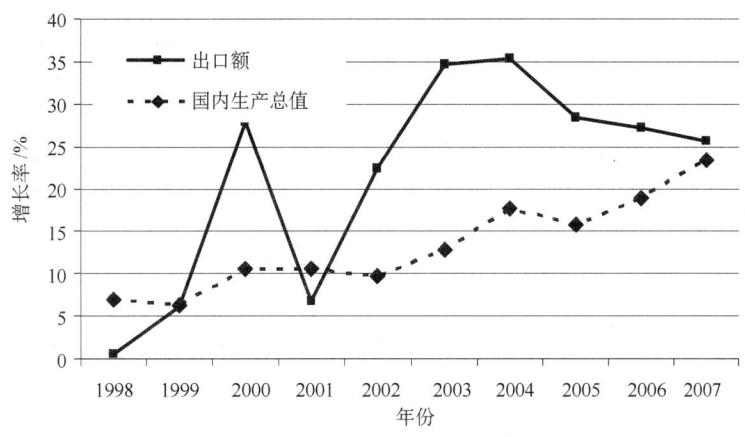

图 5.26　中国出口贸易和国内生产总值的逐年增长率

应用 LMDI 方法对 2005 年中国净出口隐含碳排放量进行分析，比较三种情景下由完全碳排放系数反映的强度效应、进出口总额反映的规模效应和进出口行业份额反映的结构效应的影响，情景一为考虑加工贸易的情况，情景二为不考虑加工贸易的情况，情景三为不考虑强度效应的情况。三种情景的计算结果都显示：强度效应和规模效应为正效应，结构效应为负效应（表 5.9）。其中，规模效应不仅体现在贸易顺差的贡献，还体现着加工贸易的影响。2005 年，如果考虑加工贸易，规模效应的相对贡献率仅次于强度效应，为 55%；如果不考虑加工贸易的影响，规模效应的相对贡献率显著下降至 30%，而其他效应的贡献率相对增加，强度效应的相对正贡献率从 60% 增加至 96%，结构效应的相对负贡献率也从 14% 增加到 26%[①]。

表 5.9　三种情景下各种效应对 2005 年净出口碳排放的贡献[①]

	情景一 （考虑加工贸易的情况）		情景二 （不考虑加工贸易的情况）		情景三 （不考虑强度效应的情况）	
	贡献值(MtC)	贡献率	贡献值(MtC)	贡献率	贡献值(MtC)	贡献率
规模效应	216.17	55%	88.75	30%	145.21	155%
结构效应	−56.35	−14%	−76.80	−26%	−51.37	−55%
强度效应	235.84	60%	282.64	96%	0	0%
总效应	395.66	100%	294.58	100%	93.84	100%

5.3.3　国际产业分工中产业链低端位置的影响

与世界及主要国家或地区的完全碳排放强度相比（图 5.27），不管是基于汇率（MER），还是基于购买力平价（PPP）调整后的统计，中国单位 GDP 的碳排放强度都远高于世界平均水平，1991—2007 年为世界平均水平的 3~6 倍；即使消除国家间购买力的差别（PPP），中国单位 GDP 的碳排放强度仍高出世界平均水平的 1.5~3 倍。

不论是否考虑加工贸易，强度效应对净转移隐含碳贡献率都是最大。LMDI 方法分解的

---

① 王媛，方修琦，魏本勇等，2011. 基于 LMDI 方法的中国国际贸易隐含碳分解. 中国人口·资源与环境.（接受待刊）.

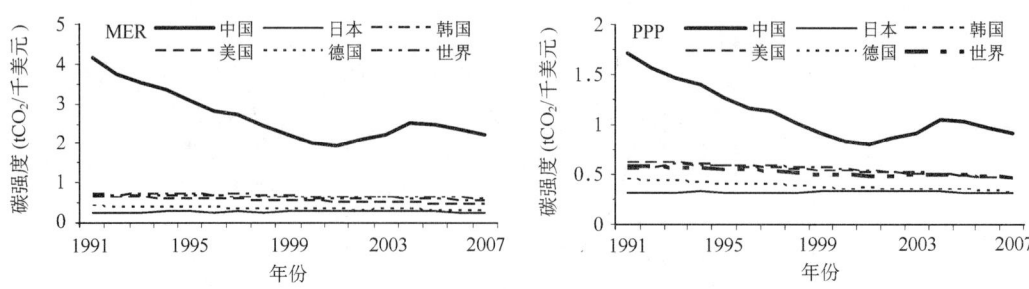

图5.27 中国与主要国家/地区单位GDP碳排放强度对比(2005年美元价)(EIA,2009)

结果表明,2005年的贡献率分别为60%和96%(表5.9)。中国相对于国外的高碳排放强度加剧了碳转移的效果,如果中国继续维持高碳排放强度,即使出现贸易逆差,仍可能发生隐含碳向中国的净转移。

中国的高碳排放强度,不仅与我国的生产技术相对落后有关,也受中国在国际产业分工中所处的地位影响。和其他新兴工业化国家类似,中国所承接国际产业转移的主要类型是制造业中的高能耗重化工业、劳动密集型产业和技术密集型产业的低附加值环节。进出口产品附加价值和能源消耗强度的差异,有可能使中国的资源消耗和外贸收益都处于"亏损"状态。

电气机械及通信电子设备制造业、金属冶炼及压延加工业、化学工业、通用专用设备制造业、纺织业和交通运输业6个部门出口排放的变化对中国总出口排放的变化影响最大。其中,归于金属冶炼及压延加工业钢铁行业是典型的能源消费和碳排放密集型行业,钢铁工业能源消费量占全国能源消费量的比重在近10年来一直在12%~15%,单位增加值能耗是全国工业平均水平的3倍以上。中国不仅是全球最大的钢铁生产国和消费国,还是全球最大的钢铁产品进出口国,随着中国钢铁产品国际贸易规模的扩大,近年来中国钢铁产品对外贸易获取的贸易顺差也在逐年增加,2007年达2.74×10^{10}美元。钢铁产品生产过程中70%~80%以上的能源消耗量集中在材料制备阶段,尤其是铁前工序至生铁冶炼工序是能源消耗强度最大的环节。中国在国际钢铁产品贸易中处于垂直产业内贸易的低端,进出口产品具有典型的异质性,出口的主要是低附加值的产品,集中在生铁、铁锭与钢锭、钢筋、铁管与钢管等初级产品,而进口的是合金钢卷材和轧钢等高附加值的产品。1992—2007年,中国对日本出口钢铁产品中,生铁一直占绝对份额;而同期日本对中国出口的主要是各类高附加值的钢材产品,日本基本不出口生铁和初级中间产品。受在垂直产业内贸易的位置影响,即使是2004年、2005年,中国钢铁产品对外贸易表现为逆差,但仍然产生CO_2排放量向中国的净转移,受钢铁产品出口结构和规模双重影响,2007年净转移到中国的CO_2排放量达1.19×10^8 tCO_2(图5.28)(张晓平等,2010)。

第5章 中国进出口贸易中的隐含碳排放

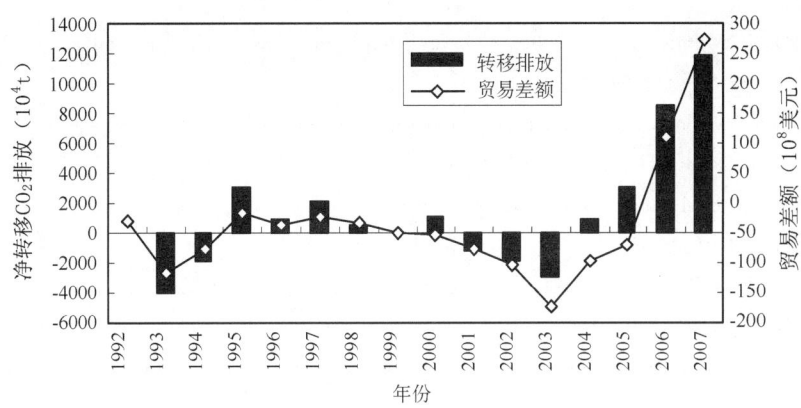

图 5.28 中国钢铁产品进出口贸易差额及净转移到中国的 CO_2 排放量(1992—2007 年)(张晓平等,2010)

主要参考文献

国家统计局国民经济核算司,2006.中国投入产出表(2002 年).北京:中国统计出版社.
国家统计局国民经济核算司,2009.中国投入产出表(2007 年).北京:中国统计出版社.
国家统计局国民经济核算司,1999.中国投入产出表(1997 年).北京:中国统计出版社.
国家统计局.中国统计年鉴 1997/1999/2002/2004/2007/2008.北京:中国统计出版社.
齐晔,李惠民,徐明.2008.中国进出口贸易中的隐含碳估算.中国人口·资源与环境,18(3):8-13.
汪斌.2006.中国产业:国际分工地位和结构的战略性调整—以国际区域为新切入点的理论与实证分.北京:光明日报出版社.
魏本勇,方修琦,王媛等.2009.基于投入产出分析的中国国际贸易碳排放研究.北京师范大学学报(自然科学版),45(4):413-419.
魏本勇.2010.中国国际贸易中的碳转移及减排潜力.北京师范大学博士学位论文.
张晓平,王兆红,孙磊.中国钢铁产品国际贸易流与碳排放跨境转移.地理研究,2010,29(9):1650~1658.
张晓平.2009.中国对外贸易产生的 CO_2 排放区位转移效应分析.地理学报,64(2):234-242.
中国气候变化国别研究组(CCCCS).2000.中国气候变化国别研究.北京:清华大学出版社.
中华人民共和国海关总署编.2007.中国海关统计年鉴 2007.北京:中国海关杂志社.
Ackerman F,Ishikawa M,Suga M. 2007. The carbon content of Japan-US trade. *Energy Policy*,**35**(9):4455-4462.
Batra R,Beladi H,Frasca R. 1998. Environmental pollution and world trade. *Ecological Economics*,27:171-182.
Daly H. 1968. On economics as a life science. *Journal of Political Economy*,**76**:392-406.
Davis S J,Caldeira K. 2010. Consumption-based accounting of CO_2 emissions. Proceedings of the National Academy of Sciences of the United States of America,**107**(12):5687-5692.
Energy Information Administration (EIA). 2009. International Energy Statistics. http://www.eia.doe.gov/.
Herendeen R A,Bullard C W. 1976. US energy balance of trade,1963-1967. *Energy Systems and Policy*,**1**(4):383-390.
Lenzen M. 2001. A generalized input-output multiplier calculus for Australia. *Economic Systems Research*,**13**

(1): 65-92.

Lenzen M, Pade L L, Munksgaard J. 2004. CO_2 multipliers in multi-region input-output models. *Economic Systems Research*, **16**(4): 391-412.

Leontief W. 1970. Environmental repercussions and the economic structure: an input-output approach. *Review of Economics Statistics*, **52**(3): 262-271.

Levine M D. 2008. Global carbon emissions in the coming decades: the case of China. http://repositories.cdlib.org/lbnl/LBNL-372E.

Li Y, Hewitt C N. 2008. The effect of trade between China and the UK on national and global carbon dioxide emissions. *Energy Policy*, **36**: 1907-1914.

Machado G, Schaeffer R, Worrell E. 2001. Energy and carbon embodied in the international trade of Brazil: an input-output approach. *Ecological Economics*, **39**(3): 409-424.

Mongelli I, Tassielli G, Notarnicola B. 2006. Global warming agreements, international trade and energy/carbon embodiments: an input-output approach to the Italian case. *Energy Policy*, **34**(1): 88-100.

Munksgaard J, Pedersen K A. 2001. CO_2 accounts for open economies: producer or consumer responsibility? *Energy Policy*, **29**(4): 327-335.

Pan J H, Phillips J, Chen Y. 2008. China's balance of emissions embodied in trade: approaches to measurement and allocating international responsibility. *Oxford Review of Economic Policy*, **24**: 354-376.

Peters G P, Hertwich E G. 2006. Pollution embodied in trade: The Norwegian case. *Global Environmental Change*, **16**: 379-387.

Peters G P, Hertwich E G. 2008. CO_2 embodied in international trade with implication for global climate policy. *Environment Science & Technology*, **42**(5): 1401-1407.

Shui B, Harriss R C. 2006. The role of CO_2 embodiment in US-China trade. *Energy Policy*, **34**: 4063-4068.

UNcomtrade. 2010. United Nations Commodity Trade Statistics Database. http://comtrade.un.org/db/default.aspx.

United Nations Industrial Development Organization. 2007. International yearbook of industrial statistics 2007. UK: Edward Elgar Publishing Limited.

United Nations Industrial Development Organization. 2008. International yearbook of industrial statistics 2008. UK: Edward Elgar Publishing Limited.

Wang T, Watson J. 2007. Who Owns China's Carbon Emissions? Tyndall Briefing Note No. 23. http://tyndall.webappl.uea.ac.uk/.

Weber C L, Peters G P, Guan D B, et al. 2008. The contribution of Chinese exports to climate change. *Energy Policy*, **36**: 3572-3577.

Weber C, Matthews H S. 2007. Embodied environmental emissions in U.S. international trade, 1997-2004. *Environment Science & Technology*, **41**: 4875-4881.

Xu M, Allenby B, Chen W Q. 2009. Energy and air emissions embodied in China-U.S. trade: eastbound assessment using adjusted bilateral trade data. *Environment Science & Technology*, **43**(9): 3378-3384.

第6章 中国减排的途径与潜力*

6.1 未来中国社会经济发展的碳排放需求

人类活动所导致的温室气体排放源于维持人类社会发展的需求。虽然国际社会要求中国减排的压力越来越大,但中国正处在经济快速发展的过程中,排放的高速增长是不可规避的事情。如果设定了国际减排目标,中国未来的排放空间也可能被限定了,因此需要对未来中国发展的碳排放需求及其与排放空间之间可能存在的矛盾有清醒的认识。

6.1.1 实现我国未来经济发展目标的碳排放需求

基于到2020年实现国内生产总值比2000年翻两番、2050年我国达到发达国家水平的经济社会发展目标,在给定的经济增长速度和产业部门结构的条件下(表6.1,表6.2),国家发展和改革委员会能源研究所设想了三种可能的排放情景,第一种是不采取气候变化与减排对策的基准情景(BAU),即将单纯的经济增长指标作为发展的主要驱动因素;第二种是低碳情景(Low Carbon Scenario,LC)或政策情景,即在考虑到中国国家能源安全、国内环境约束、低碳发展要求的因素下,采取国家政策促进所能够实现的低碳排放情景;第三种是强化低碳情景(Enhenced Low Carbon Scenario,ELC),即设想在全球共同一致减缓气候变化的愿景下,中国可以出的进一步贡献,以此作为依据,分别估算现在到2050年中国的能源需求和CO_2排放的大致情景(表6.3)(姜克隽,2009)。

表6.1 2000—2050年中国各部门GDP增长率(%)

部门结构	2000—2005年	2010—2020年	2020—2030年	2030—2040年	2040—2050年
GDP	9.67	8.38	7.11	4.98	3.60
第一产业	5.15	4.23	2.37	1.66	1.16
第二产业	10.32	8.27	6.39	3.80	2.46
第三产业	10.17	9.35	8.39	6.19	4.48

表6.2 不同年份各部门GDP构成(%)

部门结构	2005年	2010年	2020年	2030年	2040年	2050年
第一产业	12.4	10.1	6.8	4.3	3.1	2.5
第二产业	47.8	49.2	48.7	45.5	40.6	36.4
第三产业	39.8	40.8	44.5	50.2	56.2	61.2

---

*执笔:葛全胜、方修琦、戴君虎(6.1节),刘卫东、张雷和唐志鹏(6.2和6.3节),葛全胜、程邦波(6.4节),殷培红,方修琦、李蓓蓓(6.5节)。

表 6.3 不同情景下我国的一次能源需求量(Mtce)和化石燃料燃烧 CO_2 排放量(MtC)(姜克隽,2009)

情景		2000年	2005年	2010年	2020年	2030年	2040年	2050年
基准情景	能源需求量	1346	2189	3438	4817	5526	6202	6657
	CO_2排放量	867.2	1409.3	2134	2779	3179	3525	3465
低碳情景	能源需求量	1346	2189	3087	3996	4474	4833	5250
	CO_2排放量	867.2	1409.3	1943	2262	2345	2398	2406
强化低碳情景	能源需求量	1346	2203	2971	3921	4275	4660	5014
		867.2	1409.3	1943	2194	2228	2014	1395

根据以上估算结果,如果 2010—2020 年中国经济的增长率保持在 8.38%,在基准情景下,到 2020 年我国化石燃料燃烧排放的 CO_2 总量将达到 2.78 GtC,比 2005 年的 1.41 GtC 增加近 1 倍(97%)。即使在低碳情景下(通过采取能源结构调整、产业结构调整和大规模提高能源效率等减排措施实现减排),中国到 2020 年化石燃料燃烧排放的 CO_2 总量仍将在 2005 年 1.41 GtC 水平的基础上增加 60%,到达 2.26 GtC(姜克隽,2009)按排放量匀速增长计算,2006—2020 年的累计排放量 29.41 GtC。按 2020 年我国人口规模达到 14.5 亿推算,低碳情景下的人均排放将达 1.56 tC/人。低碳情景的排放量相当于我国实现 2020 年 GDP 51.9 万亿元发展目标(李善同等,2003),且单位 GDP 排放较 2005 年减少 40%~45% 的情况下的 CO_2 排放量(2.38~2.18 GtC)。

2050 年基准情景下,一次能源需求量由 2005 年的 21.89 亿 tce 增加到 66.57 亿 tce,相应地,化石燃料燃烧排放的 CO_2 总量将到达 3.47 GtC(姜克隽,2009),2006—2050 年的累计排放量 131.68 GtC。在低碳情景下,2050 年一次能源需求量增加到 52.50 亿 tce,相应地,化石燃料燃烧排放的 CO_2 总量将到达 2.41 GtC(姜克隽,2009),2006—2050 年的累计排放量 100.18 GtC。强化低碳情景下,2050 年一次能源需求量达到 50.14 亿 tce,而化石燃料燃烧排放的 CO_2 总量在 2030 年达到峰值 2.23 GtC 后,下降到与 2005 年相当的水平,到达 1.40 GtC(姜克隽,2009),2006—2050 年的累计排放量 89.43 GtC。

6.1.2 以发达国家为参照的未来碳排放需求

1) 以代表性发达国家现代人均碳排放水平为参照

丁仲礼等(2009a)以发达国家现今的人均排放量作为参照,假设中国的人均排放量从 2008 年约 1.4 tC 到 2035 年达到 2005 年日本(最节能的以化石能源消费为主的发达国家)的 2.62 tC,至 2050 年降至 2005 年法国(以核电为主的发达国家)的 1.86 tC,则中国预期 2006—2050 年将总共排放 130 GtC 左右,相当于在基准情景下我国 2006—2050 的累计排放量(姜克隽,2009)。目前,中国仅有极少数大城市接近日本的人均水平。如,2006 年上海的人均排放量为 2.48 tC,天津为 2.34 tC。因此,中国要确保高峰年时人均排放不超过 2.64 tC,必将是重大挑战。法国之所以目前的人均排放只有 1.84 tC,是因为其总电力生产的 80% 以上来自核电和水电,而中国目前 70% 电力来自火电,因此中国要在 2050 年将人均排放控制在 1.84 tC 之内,也是有很大难度的(丁仲礼等,2009a)。

2) 以发达国家现代人均基础设施和民生水平为参照

基础设施、建筑和耐用消费品属于具有较长使用寿命的人文发展存量需求物品,其人均拥有量是一个国家社会经济发展水平的重要标志。任何国家在其从不发达到发达的发展过程中,均会不可避免地伴随有大规模的基础设施的建设和耐用消费品的快速增长。与发达国家相比,中国主要基础设施和基本民生设施的人均拥有水平显著偏低,大规模建设时期尚未结束,由此而产生的对能源消耗和碳排放的巨大需求是不可避免的。

从公平与发展的角度出发,以人均公路(等级公路)、铁路里程反映公共基础设施建设水平,以人均住宅面积和人均汽车拥有量反映基本民生水平,评估未来中国未来主要基础建设及民生条件改善产生的能源消费需求。假设到2030年我国人均基础设施和民生水平达到21世纪初发达国家日本或美国某一比例的水平,或达到新兴国家韩国的水平,考虑道路设施、城市居民住房和乘用车的使用寿命,计算为达到不同预设目标情景下各自所需新增及重新建造的总数量,估算由此而消耗的钢铁和水泥等原料的生产所产生的能源消费需求,进而依照中国1998—2007年主要基础设施、居民住房建设及乘用车制造产生的能源消费量之和占同期国家总能源消费的比例(6.55%),推算我国总的能源需求和碳排放需求。

目前,中国公路的人均拥有量只有韩国的95%、日本的22%、美国的10%;中国铁路的人均拥有量只有韩国的86%、日本的33%、美国的8%;中国城市居民人均住宅面积与韩国的水平相当,只有日本和美国20世纪90年代初期人均水平的87%和45%;中国每千人拥有的乘用车数量只有日本和美国的4%左右、韩国的7.6%(表6.4)。

表6.4 2030年中国人均基础设施和民生设施拥有量达到目前韩国、日本和美国不同水平所需的能耗

项目		等级公路(m/人)		铁路(m/人)	住宅面积(m^2/人)	汽车(辆/千人)	2009—2030年年均需求预期		
		高速公路	其他公路	总量				设施建设能耗(亿tce)	全国总能耗(亿tce)	碳排放(GtC)
中国现状		0.05	2.05	2.09	0.06	27.10	18.30	1.19①	18.91①	1.15①
参照标准	韩国	0.07	2.13	2.20	0.07	22.90	239.80	1.42	21.69	1.24
	2/3日本	0.04	6.19	6.23	0.12	20.67	155	2.37	36.21	2.07
	日本	0.06	9.29	9.35	0.18	31.00②	441.00	3.80	57.96	3.32
	1/3美国	0.08	7.07	7.15	0.25	20.00	155	2.69	41.10	2.35
	1/2美国	0.13	10.59	10.72	0.38	30.00②	233.50	4.23	64.61	3.70

注:①1998—2007年平均值;②1990年代数值;其余现状数值的年份在2004—2008年间。计算人均值所用原始数据的主要来源包括:中国统计年鉴、行业统计公报、美国中央情报局、韩国国土海洋部(MLTM)等网站,以及相关公开发表的论文。

为使2030年中国人均公路和铁路里程、住房面积和乘用车拥有量达到美国目前水平的一半或日本水平,即使到2030年我国的钢铁和水泥生产的能耗水平可达到目前的国际先进水平,2009—2030年间生产所需钢铁和水泥而产生的能源消费需求将分别达平均每年4.23或3.80亿tce(图6.1),分别是目前(1998—2007年)年均需求(1.19亿tce)的3.5倍和3.2倍。按目前用于基础设施和民生条件改善的能耗份额占总份额的比例6.55%推算,实现2030年中国人均公路和铁路里程、住房面积和乘用车拥有量达到美国目前水平的一半或日本水平的目标,2009—2030年间我国能源消费总量将分别达约142.14 Gtce和127.51 Gtce,即平均每

年需求约 64.61 亿 tce 和 57.96 亿 tce(图 6.2),分别为目前年均能源总消费需求(18.91 亿 tce)的 3.4 倍和 3.1 倍;按目前的碳排放标准折合 CO_2 排放量,平均每年需排放约 37.00 亿 tC(2030 年 15 亿人,则 2.47 tC/人)和 33.19 亿 tC(2030 年 15 亿人,则 2.21 tC/人),为目前年均 CO_2 排放(11.51 亿 tC)的 3.2 倍和 2.9 倍(图 6.3)。

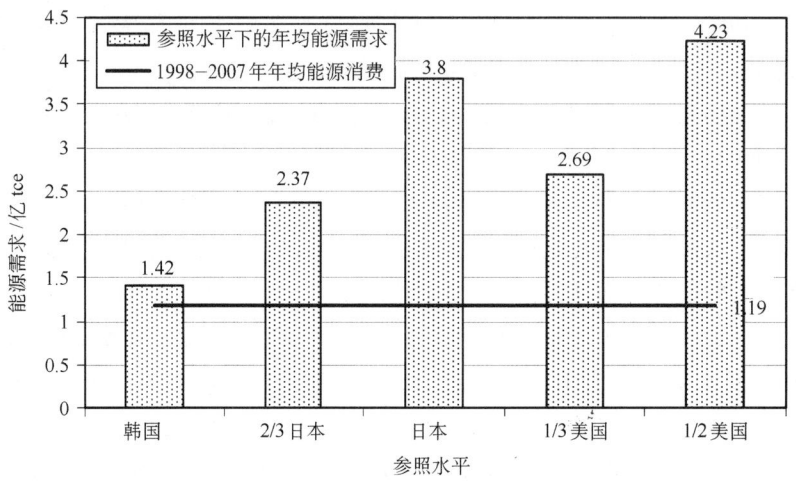

图 6.1 2009—2030 年各参照水平下中国基础设施建设及民生改善的年均能源消费需求

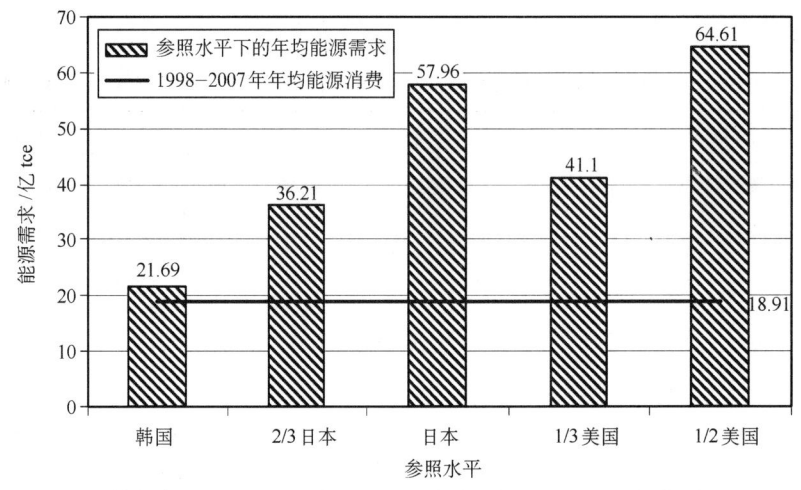

图 6.2 2009—2030 年各参照水平下中国国家发展需求的年均能源消费量

如果使 2030 年中国人均公路和铁路里程、住房面积和乘用车拥有量达到美国目前水平的 1/3 或日本水平的 2/3,同样条件下,2009—2030 年间生产新建和翻修基础设施和民生条件改善所需钢铁和水泥而产生的能源消费需求将分别达平均每年 2.69 或 2.37 亿 tce(图 6.1),分别是目前(1998—2007 年)年均需求(1.19 亿 tce)的 2.3 倍和 2.0 倍。进而推算,2009—2030 年间我国能源消费总量将分别达约 90.42 和 79.66 Gtce,即平均每年需求约 41.10 和 36.21 亿 tce(图 6.2),分别为目前年均能源总消费需求(18.91 亿 tce)的 2.2 倍和 1.9 倍;按目前的碳排放标准折合 CO_2 排放量,平均每年需排放约 23.54 亿 tC 和 20.74 亿 tC,为目前年均碳排放的2.05倍和1.8倍(图6.3)。

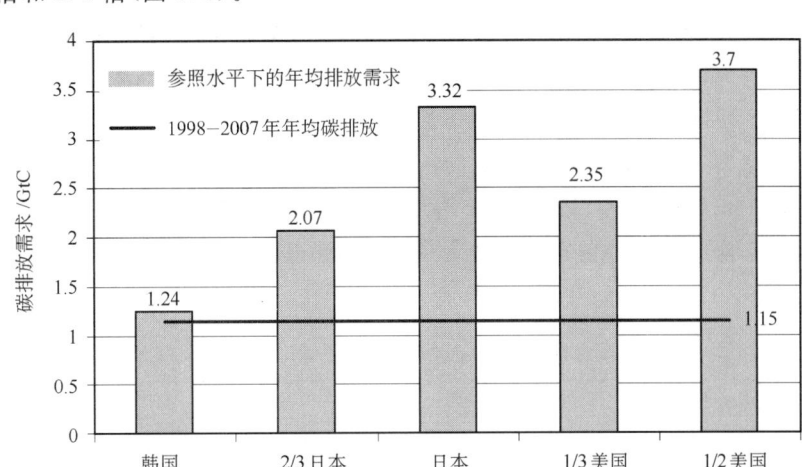

图6.3 2009—2030年各参照水平下中国国家发展需求的年均CO_2排放空间

若使2030年中国人均公路和铁路里程、住房面积和乘用车拥有量达到韩国水平,2009—2030年间平均每年的能源消费需求为1.42亿tce(图6.1),意味着如果维持目前(1998—2007年)的年均需求(1.19亿tce)水平,到2030年中国的基础设施和民生条件尚达不到21世纪初期韩国的水平。

提前或推迟实现目标年的时间,会改变平均每年的能源消费需求。相对于2030年达到美国一半或日本水平目标的能源消费水平,如果将实现的时间提前到2020年,年均能源消费需求将分别增加37.6%和34.5%;若将其延缓至2050年,年均能源消费需求将分别减少29.1%和28.2%。

3) 以人类发展指数为参照

人类发展指数是一个更全面的衡量人类生活和生存环境的可测量的综合性指标,也是目前进行国际对比研究常用的指标。根据2005年世界175个国家和地区的人均累积碳排放量与人类发展指数数据(图2.14),可建立人均累积碳排放量与人类发展指数(HDI)之间的拟合方程,在给定我国未来人类发展指数(HDI)的情景下,可以估算我国相应的人均累积碳排放需求量。

2005年,中国的富裕指数0.756,属于中等人类发展水平。根据中国未来的经济社会发展目标,假设2007—2020年我国的国内生产总值维持7.2%的增速。到了2020年后,由于可能出现的老龄化问题和劳动力短缺问题,预计2020—2050年我国年均经济增长率将保持4.7%左右的增长水平,在此基础上预测我国未来的国内生产总值。结果显示,到了2050年,我国的人均GDP将达到5823美元,约为2007年美国人均GDP(45609美元)的1/8;到2050年我国人均GDP达到25055美元,迈入中等发达国家的行列。计算2007年在同一GDP水平的各个国家人类发展指数的平均值,作为我国2020年和2050年的人类发展指数的预计,结果显示,在2020年中国接近高人类发展水平的平均位置($H=0.84$),2050年达到极高人类发展水平的中偏下位置($H=0.92$)(表6.5)。

2005年,中国的人均累积碳排放量约为19.58 tC低于世界平均水平(35.38 tC/人)。依照中国2005年人均累积碳排放量与人类发展指数(HDI)散点图中位置,我国未来的发展的累计碳排放需求将进入快速增加的阶段,其发展路径更加靠近中等累计碳排放量的曲线,因此,我国未来最可能的发展模式是中等累计碳排放量的人类发展指数(HDI)关系模式发展,以此模型来计算我国在2020年和2050年预期的人均累积碳排放,结果显示,我国的人均累积碳排放在2020将达到44.3 tC左右,较2005年增加1.26倍;至2050年则达到112.3 tC左右,比2005年增加4.73倍(表6.5)。2006—2020年人均累积碳排放量24.72 tC,平均每年人均碳排放1.65 tC;2006—2050年人均累积碳排放量92.72 tC,平均每年人均碳排放2.06 tC。

表6.5 我国未来HDI和人均累计碳排放需求预测

年份	人口数(亿人)	GDP(亿美元)	人均GDP(美元)	HDI	人均累积碳排放(tC)
2007年	13.18	33822.6	2566	0.77	22.4
2020年	14.34	83510.1	5823	0.84	44.3
2050年	13.22	331237.6	25055	0.92	112.3

6.1.3 我国未来碳排放需求与排放空间的对比

根据以上讨论,2005—2020年间我国累计的碳排放需求应在25～30 GtC以上,2005—2030年间我国累计的碳排放需求在45～50 GtC甚至更多,2005—2050年间我国累计的碳排放需求至少在90～130 GtC左右(表6.6)。

表6.6 中国未来碳排放需求估算

目标年	发展需求	累计排放需求(2006—目标年)	
		累计排放量(GtC)	备注
2020	GDP达51.9万亿(李善同,2003),单位GDP减排40%～45%	28.43～26.93	2020年2.38～2.18 GtC
2020	基准排放情景(姜克隽,2009)	31.43	2020年2.78 GtC
2020	低排放情景(姜克隽,2009)	29.41	2020年2.26 GtC
2020	高人类发展水平平均(HDI=0.84)	24.72	
2030	基础设施和民生条件达到日本或美国一半水平	83.0 GtC 或 92.5 GtC	
2030	基础设施和民生条件达到2/3日本或1/3美国水平	45.62 GtC 或 51.78 GtC	
2050	基准情景(姜克隽,2009)	131.68 GtC	2050年3.47 GtC
2050	低碳情景(姜克隽,2009)	100.18 GtC	2050年2.41 GtC
2050	强化低碳情景(姜克隽,2009)	89.43 GtC	2030年峰值2.23 GtC,2050年1.40 GtC
2050	发达国家日本和法国2005年的人均排放量(丁仲礼,2009a);	130	2035年达日本人均水平2.62 tC,2050年达法国人均水平1.86 tC
2050	极高人类发展的中下水平(HDI=0.92)	92.72	

但是,如果从维持气候系统稳定为减排目标(450 ppmv)的角度看,按照 G8 方案,如果中国保持在发展中国家的平均水平,到 2050 年可拥有的排放空间为 34.73 GtC(丁仲礼等,2009b),相当于 2005—2050 年我国排放需求的 1/3~1/4,只能满足我国到 2020 年前后的排放需求,即使按目前 7 个国际减排方案对中国最有利的方案,中国最晚也将在 2030 年前后用完所得到的排放权。而 450 ppmv 目标下 2006—2050 年我国按人均历史累计排放指标计算的排放限额(70.97 GtC),尽管可占全球同期总排放限额的 30%以上,但相当于我国的排放需求仍有 1/3 以上的缺口,需要加上 1900—2005 年我国历史累计排放的盈余才有可能弥补缺口(丁仲礼等,2009b)。为在维持气候系统稳定的限定目标下保障我国的经济发展,我国需要在国际上积极争取更大的排放空间,同时在国内采取积极的减排行动。

而如果以第 1 章提出的社会可接受的未来基本生存排放水平(人均 8.1 tCO_2e/年)为基准,且假设全部为 CO_2 排放,按 2005 年人口计算,2005—2050 年我国累计可排放的空间为 130 GtC,相当于表 6.6 中各情景下至 2050 年我国对碳排放的需求上限值,因此,社会可接受的生存排放的角度看,中国至 2050 年排放需求属社会发展的正常范畴,并未超出中国在此期间发展所应有的排放权利,碳排放需求应该得到保障,如果考虑中国在国际贸易中为净出口国,则应该获得更大的排放空间。但如丁仲礼等(2009b)所指出的,实现在 2005—2050 年累计排放控制在 130 GtC 的目标仍是存在相当难度的。

6.2 影响减排的各个方面[①]

社会经济系统是一个庞大而复杂的系统,能源则是这个系统运转的基础,其消耗及引起的污染物排放已牵涉到这个系统的每一个环节。因此,从理论上讲,节能减排所涉及的环节应该是不计其数的。但从投入—产出宏观的角度看,决定一个地区能源消耗量的基本因素是消费、出口和投资。其中,消费是最终使用,与收入水平密切相关;出口对于生产国而言也是最终使用,与国际竞争力有关;投资既与发展水平相关,也与国民收入的分配结构有关。消费、出口和投资"三驾马车"组合在一起,实际上反映了一个国家或地区的发展模式。也就是说,发展模式与碳排放总量和强度都有着直接关系。此外,与耗能相关的技术、管理水平和节约意识等,也存在一定程度的相关性。当然,从产生碳排放的角度,一次能源结构(非化石能源比例)决定着单位能源消耗的碳排放强度。因此,本节主要研究那些在宏观上可以调控的减排各方面途径,包括产业结构方面、能源结构方面、工业技术方面、建筑方面、交通方面等。在这些方面,国家可以出台硬指标或约束性指标来推动节能减排。而对于个人低碳消费意识(如适度消费)等途径,不宜设立硬指标,只能采取鼓励和引导的措施。

6.2.1 产业结构方面

从长期历史进程看,产业结构变化是能源消耗变化的最大影响因素之一,因此产业结构的调整具有巨大的减排潜力。发达国家正是通过产业结构的不断升级并将大量低端和高能耗产

[①] 本节部分观点和内容出现在刘卫东等(2010a)所著《我国低碳经济发展框架与科学基础—实现 2020 年单位 GDP 碳排放降低 40%~45%的路径研究》(商务印书馆,2010 年)中,并经出版社同意用于此节中。

业转移到发展中国家和地区,才实现能源消费进入平稳期的。在我国产业部门中,电力、化工、采掘、金属、建材等高能耗行业是产业结构调整的主要对象。根据 2007 年从非竞争型表计算结果(刘红光等,2010),从直接排放来看,电力热力、金属冶炼两大行业是最大的直接排放部门,其直接排放量分别占当年碳排放总量的 48.5% 和 17.1%。从完全排放来看,建筑业、机械交通电器设备制造业以及其他部门(金融保险、房地产、文教体卫、科研机关、公共管理等其他服务业)是主要的完全排放部门,其完全排放量分别占当年排放总量的 26.5%、24.7% 以及 11.0%。

但是,需要指出的是,在现今经济全球化背景下,一个国家产业结构的形成受到全球产业分工的深刻影响,其调整并非一朝一夕可以实现的。我国目前外贸依存度较高,其产业结构在很大程度上是服务于全球产业体系和产业分工的,若盲目调整产业结构会有丧失当前竞争优势的危险。因此,通过调整产业结构减排虽然潜力巨大,但是一个长期的过程。

6.2.2 工业技术方面

技术进步可以提高能源使用效率,从而在能源结构不变的情况下降低碳排放强度。尽管技术进步成果明显,但我国能源使用效率、耗能指标等仍与国际先进水平有一定差距,仍可挖掘节能潜力。例如,在电力生产方面,目前我国输电平均线损超过 8%,而国际先进水平仅为 3%,差距仍然很大;在钢铁工业方面,我国吨钢能耗仍有 10% 以上的节能潜力;在有色冶金工业方面,综合能耗仍有 25% 以上的节约潜力;在建材工业方面,水泥综合能耗节能潜力在 30% 左右,其他如平板玻璃、建筑陶瓷,与国际先进水平差距在 1/3 以上,也还具有一定的节能减排空间;在石油和化工产业方面,炼油、乙烯、大型合成氨、烧碱等的综合能耗与国际先进水平尚有 20% 左右的差距,具有较大的节能减排空间。

目前我国的技术水平已较 2000 年有大幅提高,根据技术经济发展规律,虽然 2010 年以后我国主要行业单位产品能耗水平降低的潜力始终有限,并且边际成本会越来越高。但是通过新产品的研发和初级产品的深加工,优化产品结构,提高产品附加值,还是可以大幅度降低单位产值的能耗水平。发达国家一些产业的单位产值能耗之所以低于我国,主要就在于其生产的产品附加值高。因此,除了继续推进技术进步外,通过技术创新加快研发新产品,提高产品附加值,也将对于单位产值能耗的降低有很大的作用。

6.2.3 建筑方面

2005 年,我国单位建筑面积耗能为 218 tce/m^2。据建设部统计,目前我国单位建筑面积能耗是发达国家的 2~3 倍以上。若采用国际先进技术水平,可以使相关产品的能耗下降 30%~80%。具体来说,建筑节能的重大技术发展方向一是配套的电器采用超高效电器,如高效的空调系统、半导体照明等;也可以应用先进的采暖和制冷技术;鼓励采用蓄冷、蓄热空调及普及冷热电联供技术;采用节能节水电器,如热泵、太阳能热水器;对各种电器设备全面实施能效标准和标识制度;制定家用电器标准、使用节能灯等。综合建筑设计是建筑节能的另一个重要措施,也就是将建筑本身设计综合起来节能,如设计节能门窗、地热采暖以及通风等。对大型商用建筑来说,这样的系统具有非常大的节能潜力。参照国外先进指标,可以节能 65% 以上。

6.2.4 交通方面

目前我国交通运输部门 CO_2 排放量所占比重虽然较其他国家低,但排放基数较大,增长速度较快,使其仍然成为制约 CO_2 减排的一个重要因素。为进一步降低交通方面的排放水平,可通过发展公共交通、严格排放物标准、鼓励发展小排量汽车、降低机动车单耗等途径进一步深度挖潜减排潜力,实现减排目标。

降低机动车油耗技术的发展主要体现在四个方面:(1)加快混合电动汽车的研发。该技术将内燃发动机和电力驱动系统及电池结合起来,主要通过回收制动能量、减小发动机体积、关闭发动机以节省怠速运行能耗,以及利用电驱动替代内燃发动机低效运行状态来提高效率,降低单耗。目前,欧美、日本等国家已经推出了多款混合电动汽车,其耗能在低速起停阶段仅为传统汽车的一半,城市路况下中型卡车单耗可降低 23%～63%。(2)材料轻质化的投入。即通过减轻车身重量以降低车辆燃油消耗。美国福特公司已经展示了重量仅有 900 kg 的中型小汽车原型,车身重量比普通小汽车减少 550 kg,可有效降低能耗 20%。(3)直喷汽油和柴油发动机的使用。直喷汽油发动机已经在日本和欧洲投入使用,这种新型发动机比传统汽油发动机的燃料经济性提高大约 35%,减排 25%。(4)车用燃料电池的使用。燃料电池可以达到比现有发动机高 1 倍的效率,并且使用过程中排放基本为零。

通过实施严格的排放物标准,也能够有效降低碳排放量。虽然我国目前已经发布了四个机动车污染物排放标准,并分别于 2000、2004 和 2008 年开始实行欧Ⅰ、欧Ⅱ和欧Ⅲ标准,但欧盟国家已于 2008 年开始实施欧Ⅴ标准。按照欧Ⅴ标准,轻型汽油汽车的一氧化碳排放率将比欧Ⅲ标准减少 54.5%,碳氢化合物减少 62.5%。未来 10 年内,如果我国能够进一步严格排放物限定标准,逐步实施欧Ⅳ、欧Ⅴ限制,辅以车载诊断系统(OBD)实时监测,将有效控制机动车碳排放量。

6.2.5 能源结构方面

由于不同的能源结构所产生的碳排放有很大的不同,适度降低常规低效能源的比重也有助于减少 CO_2 排放。例如,由于热值和燃烧效率不同,同样消耗 1 tce,如果使用煤炭将排放 0.775 tC,石油将排放 0.585 tC,而天然气只排放 0.448 tC。因此,优化能源结构,改变煤炭比例过高的现状,积极发展非化石能源,是降低碳排放强度的重要途径。

与世界主要能源消费大国比较,我国以煤炭消费为主的特点十分突出。近年来,我国的煤炭一直高达一次能源生产量的 75% 以上,占一次能源消费量的 68%～69% 左右(表 6.7)。我国 50% 左右的煤炭消费用于发电。目前,火电占我国发电量的 83%(表 6.8)。可以说,对电力的需求不断上升和电力高度依赖煤炭成为我国煤炭消费迅速增长的主要原因。来自 IEA 的数据表明,2007 年我国电力生产量占世界总量 16.59%,居世界第二位,但煤电生产量占世界的比重却高达 32.28%,比美国煤电产量的比重高 6.54 个百分点(表 6.9)。优化能源结构,尽可能降低我国一次能源消费中煤炭过高的比例,是实现 2020 年碳排放强度比 2005 年下降 40%～45% 目标的又一途径。

表 6.7 2001—2008 年我国一次能源生产及消费结构(国家统计局,2009)

生产消费	年份	产量/消费量（万 tce）	占总产、消量比重(%)			
			煤炭	石油	天然气	水和风电等
生产	2001	137445	71.8	17.0	2.9	8.2
	2005	205876	76.5	12.6	3.2	7.7
	2006	221056	76.7	11.9	3.5	7.9
	2007	235415	76.6	11.3	3.9	8.2
	2008	260000	76.7	10.4	3.9	9.0
消费	2001	143199	66.7	22.9	2.6	7.9
	2005	224682	69.1	21.0	2.8	7.1
	2006	246270	69.4	20.4	3.0	7.2
	2007	265583	69.5	19.7	3.5	7.3
	2008	285000	68.7	18.7	3.8	8.9

表 6.8 2009 年我国电力生产基本情况

项目	电力装机容量（10^4 kW）	比重(%)	项目	电力生产量(10^3 kWh，6000 kW 以上机组)	比重(%)
总装机容量	87407	100.00	总装机容量	35964	100.00
火电	65205	74.60	火电	29868	83.05
水电	19679	22.51	水电	5127	14.26
核电	908	1.04	核电	700	1.95
风电	1613	1.85	风电	269	0.75

资料来源:根据 2010 年 1 月 18 日中电联发布 2009 年全国电力工业统计快报整理

表 6.9 2007 年世界电力生产状况

国家	煤电生产量(tWh)	占世界比重(%)	国家	电力生产量(tWh)	占世界比重(%)
中国大陆	2656	32.28	中国大陆	3279	16.59
美国	2118	25.74	美国	4323	21.87
印度	549	6.67	日本	1123	5.68
日本	311	3.78	俄罗斯	1013	5.12
德国	311	3.78	印度	803	4.06
南非	247	3.01	加拿大	640	3.24
世界合计	8228	100.00	世界合计	19771	100.00

资料来源:根据 EIA 世界能源统计-2009 整理

6.2.6 生活方式与节约意识方面

居民的生活消费习惯与节约意识和 CO_2 减排也息息相关。改革开放 30 年来,我国不仅在经济发展取得了长足进展,居民的消费方式上也开始趋同于西方发达国家的模式。生产力发展和生活水平提高使人们对生活质量的关注逐渐由"温饱"的基本需求模式转向高能耗、高污染的超前的消费模式,社会中的奢侈消费倾向开始上升。这种消费模式的转变直接导致了在消费环节扩大了能源需求,也在一定程度上导致了生产企业倾向于生产高耗能、高污染的产品,形成了恶性循环。因此,树立节能减排意识,提倡人们在不降低现有生活水平的前提下,选择科学合理的绿色生活方式,是在生活领域实现节能减排的有效方式。

6.2.7 生态系统的碳汇效应方面

碳汇对于固碳起着重要作用,作为碳汇的生态系统,不管是自然的还是人工的,通过光合作用吸收并固定二氧化碳,在稳定大气温室气体浓度方面发挥着极其重要的作用,因此,发展低碳经济要考虑到各类生态系统的碳汇功能。相关研究显示,1981—2000 年的 20 年间,我国陆地生态系统植被和土壤的年均碳汇分别为 0.96~1.06 亿 tC 和 0.4~0.7 亿 tC;陆地植被和土壤总碳汇相当于同期我国工业 CO_2 排放量的 20.8%~26.8%。从 1980—2000 年,我国森林的平均碳密度由 3.69 kgC/m^2 增加到 4.10 kgC/m^2,年均碳汇为 0.75 亿 tC(方精云等,2007)。此外,草地生态系统、湿地生态系统等也都具有一定的碳汇功能。因此,加强生态系统管理,采取有效的增汇措施,可以提高我国各类生态系统的碳汇功能,也间接降低了我国实际碳排放的强度。

6.3 实现我国 2020 年减排目标的主要路径及其减排潜力[①]

2005 年,我国的单位 GDP 碳排放强度为 1.8 tC/亿元(GDP 为 1990 年不变价,下同)。按照碳排放强度下降 40%~45% 的要求,2020 年单位 GDP 碳排放量为 1.08~0.99 tC/亿元(1990 年不变价)。若"十二五"GDP 增长速度保持 8% 左右、"十三五"保持在 7% 左右,则 2020 年碳排放总量为 27.5~26.2 亿 tC/年。下面将分析主要减排途径及其对降低碳排放强度的潜在贡献程度。

6.3.1 产业结构减排

产业结构的发展模式是客观环境和主观选择共同塑造出来的,由于发展模式具有路径依赖性,不是在短期内可以改变的。目前我国的直接碳排放集中电力、冶金、建材、化工等部门。事实上,能源消费导致的碳排放强度与产业结构(工业化或发展水平)之间存在一条倒 U 字型曲线。通常在工业化初期,工业部门的快速增长导致碳排放(能耗)总量和强度都呈上升趋势;在工业化中期,虽然电力、冶金、化工、建材等原材料部门的快速增长导致碳排放(能耗)总量继续上升,但是由于第三产业比重上升,碳排放(能耗)强度呈现比较稳定状态;在工业化后期,原材料工业达到发展高峰,工业在经济活动中比重下降,第三产业比重继续上升,导致碳排放(能耗)强度呈现下降趋势。从新中国成立以来碳排放(能耗)强度时间变化的趋势来看,我国的单位 GDP 能耗变化趋势基本上符合这个倒 U 字型曲线(图 6.4),相应地碳排放强度变化也呈现这个趋势。1980 年以来,我国单位产出的能耗大体上一直呈现快速下降趋势。只是在 2002—

[①] 本节部分观点和内容出现在刘卫东等(2010a)所著《我国低碳经济发展框架与科学基础 实现 2020 年单位 GDP 碳排放降低 40%~45% 的路径研究》(商务印书馆,2010)和刘卫东等(2010b),"我国低碳经济发展框架初步研究",《地理研究》,29(5)。

2007年之间,我国的碳排放(能耗)强度出现了明显的反弹(图6.4和图6.5)。这与加入世界贸易组织(WTO)后我国经历的新一轮重工业化密切相关。2002年以来,受相关高能耗产品的出口高速增长的带动,电力、冶金、化工、建材等部门迅速扩张,占工业总产值的比重由2002年的22.8%迅速上升到2007年的24.6%。因此,2002年以来我国能源消费量迅速上升以及碳排放强度反弹,从整个长期趋势来看是属于"非正常"的,这与加入WTO后出口大幅度增长对能源原材料的强劲需求有关。2008年国际金融危机爆发后,我国的WTO"红利"期已经结束,产业结构演变将回归到正常趋势。

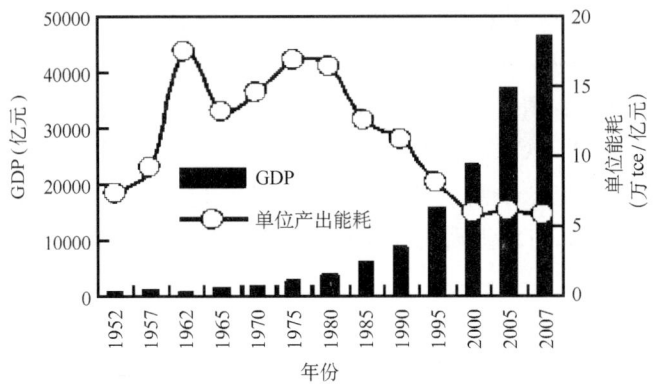

图6.4 我国单位产出能耗的变化

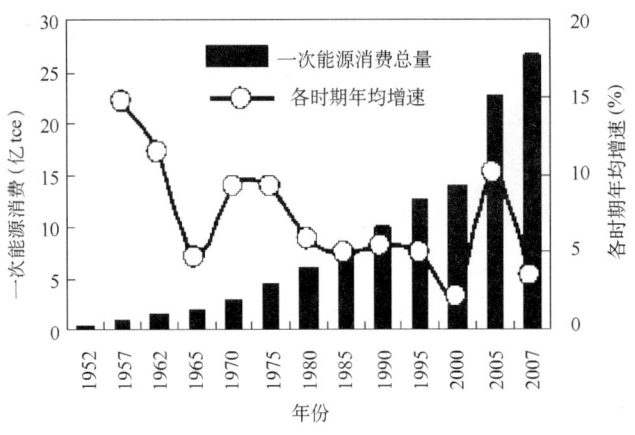

图6.5 我国一次能源消费总量变化

对1995年以来我国单位GDP能耗进行的多元回归拟合分析发现,第三产业比重和高耗能部门(火电、冶金、化工和建材)比重可以很好地解释我国过去15年单位产出能耗的变化趋势(图6.6)。假定一次能源结构不变,则这两个变量也解释了碳排放强度的变化。

根据之前的发展趋势,采用ARIMA模型预测分析能耗强度变化,进而可以得到未来一个时期我国碳排放强度的变化(图6.7)。这样的变化趋势实际上反映的是按照此前产业结构演化趋势顺其自然延伸下去能耗强度的变化,也就是不采取额外措施的变化趋势,相当于基准情景下能耗强度的变化。

第 6 章　中国减排的途径与潜力

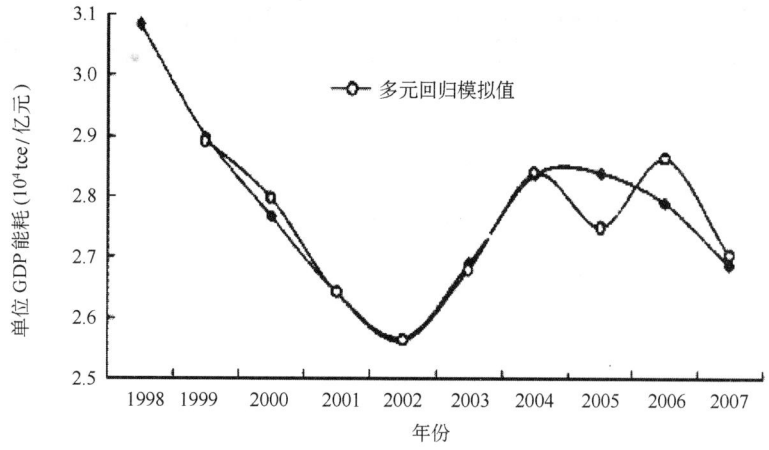

图 6.6　我国单位 GDP 能耗的多元回归拟合值与实际值的对比图

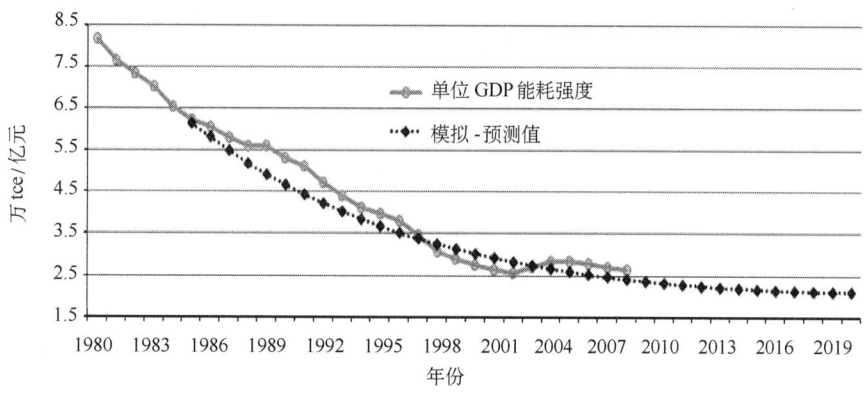

图 6.7　单位 GDP 能耗变化趋势预测图

根据这个趋势，2015 年我国的单位 GDP 能耗为 2.17 tce/亿元，2020 年为 2.11 tce/亿元。若一次能源结构不发生变化，则 2015 年和 2020 年单位 GDP 碳排放强度将分别达到 1.38 tC/亿元和 1.34 tC/亿元。这意味着，自然延伸趋势下产业结构的变化对 2020 年碳排放强度下降 40%～45% 的贡献程度为 63.9%～56.8%。利用拟合函数反推回去实现这个碳排放强度下降情景（表 6.10），2015 年第三产业比重应达到 46.5%（假定高耗能部门比重由 2008 年的 24.5% 下降到 23%，即恢复到 20 世纪 90 年代末的水平），2020 年应达到 47.0%（假定高耗能部门比重下降到 22%）。

表 6.10　单位产出能耗确定情景下第三产业比重测算值

年份	单位产值能耗（万 tce/亿元）	高能耗部门比重	三产比重	三产比重模拟预测	
				情景一	情景二
1998	3.084	0.2331	0.3623		
1999	2.900	0.2331	0.3777	0.3783	0.3783
2000	2.769	0.2316	0.3902	0.3917	0.3917
2001	2.643	0.2334	0.4046	0.4044	0.4044
2002	2.568	0.2283	0.4147	0.4129	0.4129

续表

年份	单位产值能耗(万 tce/亿元)	高能耗部门比重		三产比重	三产比重模拟预测
2003	2.691	0.2300		0.4123	0.4132	0.4132
2004	2.839	0.2439		0.4038	0.4054	0.4054
2005	2.842	0.2428		0.4008	0.3965	0.3965
2006	2.791	0.2454		0.3998	0.3992	0.3992
2007	2.690	0.2457		0.4037	0.4060	0.4060
		情景一	情景二		
2008	2.648	0.2450	0.2450	0.4134	0.4134
2009	2.365	0.2443	0.2428	0.4281	0.4275
2010	2.321	0.2436	0.2406	0.4494	0.4482
2011	2.282	0.2428	0.2385	0.4544	0.4526
2012	2.247	0.2421	0.2363	0.4590	0.4565
2013	2.216	0.2414	0.2342	0.4632	0.4600
2014	2.190	0.2407	0.2321	0.4668	0.4630
2015	2.167	0.2400	0.2300	0.4700	0.4654
2016	2.148	0.2380	0.2280	0.4721	0.4675
2017	2.133	0.2359	0.2259	0.4736	0.4690
2018	2.122	0.2339	0.2239	0.4747	0.4700
2019	2.114	0.2320	0.2220	0.4752	0.4705
2020	2.110	0.2300	0.2200	0.4752	0.4704

注:根据因素分析中产业结构与能耗拟合函数计算。

若2020年第三产业比重达到50%(接近1990年日本的结构水平),而且高耗能工业比重下降到20%,则我国单位GDP能耗将会下降到1.87 tce/亿元。假设一次能源结构不变,2020年碳排放强度将下降为1.19 tC/亿元。按照这个情景,推进产业结构调整对2020年碳排放强度下降40%~45%的贡献程度将会高达86.0%~75.7%。

当然,由于路径依赖的关系,产业结构调整的难度相当大。2001年底加入WTO后,我国的进出口增长异常迅速,年均增速达到26%,同时GDP也获得了两位数的增长。但是,这一方面使高耗能产业比重反弹上升,另一方面使第三产业比重出现小幅下降(2002—2006年下降了1.5个百分点)。如果我国继续保持低端产品"世界工厂"的发展模式,不放弃高度依赖出口带动经济高速增长的发展思路,那么降低高耗能产业的比重和大幅度提升第三产业的比重都是难以实现的任务。

6.3.2 技术减排

技术进步可以提高能源使用效率,从而降低碳排放强度。根据相关测算,2020年我国工业、建筑业和道路交通三大领域可减少碳排放 5.32×10^8 tC,对实现2020年减排目标的贡献率可达20%左右。

对工业来说主要是电力生产方面,我国的发电煤耗、线损率和厂用电率与国外先进水平仍有一定差距。若2020年发电煤耗下降到325 gce/kWh,线损率下降到4.0%,厂用电率下降到 4.5%,则可节煤 2.86×10^8 tce,减少碳排放 1.81×10^8 tC。此外,通过兼并重组、更新改造和推广新工艺,2020 年冶金工业可节能 6.700×10^7 tce,减少碳排放 4.252×10^7 tC。若 2020 年全部落后产能被淘汰,建材工业可节能 8.280×10^7 tce,减少碳排放 5.255×10^7 tC。

我国单位建筑面积能耗是发达国家的 2～3 倍以上,采用国际先进技术水平的话,可以使相关产品能耗下降 30%～80%。若新建建筑均采用节能设计和节能材料,2020 年现有建筑的节能改造率达到 60%,现有用电设备的节能更新率达到 45%,则可节能 2.9×10^8 tce,减少碳排放 2.0×10^8 tC。

我国交通运输部门减少能源消耗,也是降低碳排放强度的重要途径。若 2020 年中国大中城市的公交出行比重达到 40%,小排量汽车市场占有率达到 60%,新增机动车单车百公里平均油耗达到 6.5 升,30% 的汽车保有量尾气排放达到欧 IV 标准,则道路交通领域可节能 8.746×10^7 tce,减少碳排放 5.545×10^7 tC。

6.3.3 能源结构减排

由于碳排放主要是由化石能源消费引致的,以煤为主的能源结构必然导致碳排放量偏高,因而优化能源结构,提高非化石能源在能源消费中的比重是降低碳排放的重要途径。非化石能源主要包括可再生能源和核能,其中可再生能源又以水电、生物物能源、风电和太阳能为主。根据我国各种非化石能源发展现状和发展趋势的分析,在适度低碳情景下,2020 年我国非化石能源规模将达到 6.66×10^8 tce,若 2020 年我国能源消费总量为 3.7×10^9 tce,则非化石能源的比例达到 17.9%,可减少碳排放 2.54×10^8 tC。

6.3.4 我国减排路径的基本框架

根据上面的分析,设定我国的经济增长情景为:"十二五"期间 GDP 年均增长速度为 8%,2015 年 GDP 总量达到 18.9×10^{12} 元(1990 年不变价,下同);"十三五"期间 GDP 增长速度保持在 7%,2020 年 GDP 总量达到 26.5×10^{12} 元。由于减排途径中,产业结构调整起着主要作用,故同时设定如下两种产业结构转变情景。

(1)产业结构基准情景:"十二五"期间第三产业比重每年上升 0.6 个百分点,即 2015 年第三产业比重上升到 44%、"十二五"期间高耗能产业比重每年下降 0.2 个百分点,即 2015 年高耗能产业比重下降到 23%,按照该趋势发展,则 2020 年第三产业比重和高耗能产业比重分别为 47% 和 22%。

(2)加快产业结构调整情景:"十二五"期间第三产业比重每年上升 0.8 个百分点,即 2015 年第三产业比重上升到 45%、"十二五"期间高耗能产业比重每年下降 0.4 个百分点,即 2015 年高耗能产业比重下降到 22%,2020 年第三产业比重和高耗能产业比重分别为 50% 和 20%。

在上述两种情景下的不同减排路径归纳为表 6.11 和表 6.12。

表 6.11 2020年减排40%～45%各种路径的基准情景(刘卫东等,2010a)

减排领域	减排途径	标志性指标	"十二五"或2015年 指标值	2015年减排量 (10^4tC)	"十三五"或2020年 指标值	2020年减排量 (10^4tC)
降低能源消费量	结构调整	第三产业比重	每年上升0.6个百分点	56182	每年上升0.6个百分点	122150
		高耗能产业比重	每年下降0.2个百分点		每年下降0.2个百分点	
	工业技术节能	火电煤耗/kWh	330 gce		325gce	
		输电线损率	5.5%	13207	4.0%	18137
		火电厂用电率	5.0%		4.5%	
		吨钢综合煤耗	610 kgce	4074	600kgce	2475
		吨钢综合能耗	8.8 tce	866	8.5tce	1155
		水泥综合能耗	115 kgce	4744	110kgce	5255
		乙烯综合能耗	900 kgce	924	850kgce	1494
		炼油综合能耗	95kgce		90kgce	
	道路交通节能	公交出行比例	30%		40%	
		小排量汽车比重	50%	1891	60%	5545
		单车百公里油耗	7L		6.5L	
	城镇建筑节能	新增建筑节能	节能50%	8163	节能50%	14004
		既有建筑改造	每年改造4%	1435	每年改造4%	2153
		照明设备节能	每年更新10%		更新完毕	
		用电设备节能	每年更新3%	2659	每年更新3%	3817
		树立节能意识	每年节能2%		每年节能2%	
改善能源结构	非化石能源	水电规模	$2.20×10^8$ kw	增非化石能源消费 $2.05×10^8$ tce 减少碳排放 $1.3×10^8$ tC	$2.70×10^8$ kw	增非化石能源消费 $3.53×10^8$ tce 减少碳排放 $2.24×10^8$ tC
		核电规模	$3500×10^4$ kw		$6210×10^4$ kw	
		风电规模	$4500×10^4$ kw		$8600×10^4$ kw	
		光伏发电规模	$200×10^4$ kw		$874×10^4$ kw	
		太阳能热水器	$2.27×10^8$ m^2		$3.00×10^8$ m^2	
		沼气等	$315×10^8$ m^3		$440×10^8$ m^3	
		燃料乙醇	$600×10^4$ t		$1200×10^4$ t	
总体减排结果		年减排量(10^8tC)		9.42+1.3=10.72		17.62+2.24=19.86
		单位GDP碳排放(10^4tC/亿元)		1.237(比2005年降31.28%)		1.054(比2005年降41.43%)

注:经济增长情景按文中所设。即"十二五"期间增速为8%,2015年GDP达到$18.9×10^{12}$元;"十三五"期间增速为7%,2020年GDP达到$26.5×10^{12}$元。GDP为1990年不变价。碳减排量指与2005年排放强度相比总排放量的减少值。非化石能源新增指当年非化石能源消费量扣除按2005年比例乘7.1%折算量后的增加量。(2020年能源消费总量为$44.1×10^8$ tce,其中非化石能源消费量为$6.66×10^8$ tce,占15.1%)。

表 6.12 2020 年减排 40%～45%各种路径的加快调整情景(刘卫东等,2010a)

减排领域	减排途径	标志性指标	"十二五"或 2015 年		"十三五"或 2020 年	
			指标值	2015 年减排量 (10^4 tC)	指标值	2020 年减排量 (10^4 tC)
降低能源消费量	结构调整	第三产业比重	每年上升 0.8 个百分点	64941	每年上升 1.0 个百分点	162604
		高耗能产业比重	每年下降 0.4 个百分点		每年下降 0.4 个百分点	
	工业技术节能	火电煤耗/kWh	330 gce		325gce	
		输电线损率	5.5%	13207	4.0%	18137
		火电厂用电率	5.0%		4.5%	
		吨钢综合煤耗	610 kgce	4074	600kgce	2475
		吨钢综合能耗	8.8 tce	866	8.5tce	1155
		水泥综合能耗	115 kgce	4744	110kgce	5255
		乙烯综合能耗	900 kgce	924	850kgce	1494
		炼油综合能耗	95kgce		90kgce	
	道路交通节能	公交出行比例	30%		40%	
		小排量汽车比重	50%	1891	60%	5545
		单车百公里油耗	7L		6.5L	
	城镇建筑节能	新增建筑节能	节能 50%	8163	节能 50%	14004
		既有建筑改造	每年改造 4%	1435	每年改造 4%	2153
		照明设备节能	每年更新 10%		更新完毕	
		用电设备节能	每年更新 3%	2659	每年更新 3%	3817
		树立节能意识	每年节能 2%		每年节能 2%	
改善能源结构	非化石能源	水电规模	$2.20×10^8$ kW	增非化石能源消费 $2.05×10^8$ tce 减少碳排放 $1.3×10^8$ tC	$2.70×10^8$ kW	增非化石能源消费 $4.01×10^8$ tce 减少碳排放 $2.54×10^8$ tC
		核电规模	$3500×10^4$ kW		$6210×10^4$ kW	
		风电规模	$4500×10^4$ kW		$8600×10^4$ kW	
		光伏发电规模	$200×10^4$ kW		$874×10^4$ kW	
		太阳能热水器	$2.27×10^8$ m^2		$3.00×10^8$ m^2	
		沼气等	$315×10^8$ m^3		$440×10^8$ m^3	
		燃料乙醇	$600×10^4$ t		$1200×10^4$ t	
总体减排结果		年减排量(10^8 tC)		10.30+1.36=11.66		21.66+2.24=24.20
		单位 GDP 碳排放(10^4tC/亿元)		1.187(比 2005 年降 34.04%)		0.891(比 2005 年降 50.52%)

注:经济增长情景按文中所设。碳减排量指与 2005 年排放强度相比总排放量的减少值。非化石能源新增量指当年非化石能源消费量扣除按 2005 年比例乘 7.1%折算后的增加量。(2020 年能源消费总量为 $37.2×10^8$ tce,其中给化石能源消费量为 $6.66×10^8$ tce,占 17.9%)。

实现 2020 年碳排放强度降低 40%～45%的目标,其重要前提是发展模式转变和产业结构调整取得实质性成效。结构调整对实现 2020 年减排目标的贡献率在 62%～67%之间。工业技术节能对实现 2020 年减排目标的贡献程度在 12%～14%之间。建筑节能、增加非化石能源规模可以起到 10%左右的贡献,道路交通节能可以起到 2%～3%的贡献(表 6.11,表

6.12)。此外,生态系统也可以起到固碳减排的作用,若采取相应增汇措施,我国生态系统的固碳能力可达到当年碳排放量的10%左右。

在过去20多年,我国走过了一条以出口为主带动高速经济增长的发展道路,已经成为"世界工厂",没有出口的增长我们的GDP增速只能维持在7%~8%左右。但是出口带动的高速增长会导致"结构畸型",即第二产业比重和高耗能产业比重偏高、第三产业比重偏低,2002—2008年我国的经济增长就是这样的结果。并且低端产品"世界工厂"的发展模式也使我国付出了巨大的资源和环境的成本代价,这种"结构畸型"恰恰是导致碳排放难以下降的主要原因。就碳排放而言,以2007年为例,出口活动带来的增加值仅占我国GDP的27%,但是产生的完全碳排放量却达到34%。由于产品附加值低,我国出口产品的碳载荷高于我国单位GDP碳排放强度16%。如果不能尽快改变这种发展模式的话,实现2020年的强度减排目标就会面临巨大的困难,各种途径只能是"事倍功半"。

6.4 36项全民节能减排行为及其减排潜力[①]

在工业领域的能源消耗之外,日常生活能耗问题同样不容忽视。实际上,除了生活直接消耗的能源(如照明用电、烹饪用气),工业、农业领域的能耗往往也是在生活领域被间接消费掉的。例如,生产自来水和处理污水的能耗、建筑装修所用材料的生产能耗、农用化肥的生产能耗,都有很大部分是为日常生活服务的。据研究,间接生活能源消费量是直接生活能源消费量的2~3倍。随着我国人民生活水平不断提高,生活消费总量迅速增长。2001年至2005年,城镇居民人均住房面积增长了28.6%,家用空调器数量增长了1.6倍,家用电脑数量增长了3.3倍,家用汽车增长了5.7倍,移动电话增长了10.6倍。与此同时,城市规模迅速扩大,城市人口快速增长。2000年至2005年,全国城市建成区面积由22439 km^{2}增加到32521 km^2,城市人口密度由每平方千米442人增加到870人,住宅建筑面积由44.1亿m^{2}增加到107.7亿m^2。生活水平的提高特别是城市人口的增加,加大了能源资源消耗,增加了二氧化碳(CO_2)、二氧化硫(SO_2)等的排放。2003年至2007年,生活直接能源消费量年均增长8.8%。

我国人口众多,生活中节能减排潜力巨大。2009年8月27日,全国人大常委会通过《关于积极应对气候变化的决议》,并在决议第五条"努力提高全社会应对气候变化的参与意识和能力"中提出,"提高全民对气候变化问题的科学认识,增强企业、公众节约利用资源的自觉意识。坚持勤俭节约,倡导绿色低碳、健康文明的生活方式和消费方式,动员全社会广泛参与到应对气候变化的行动中,营造积极应对气候变化的良好社会氛围,推动整个社会走上生产发展、生活富裕、生态良好的文明发展道路"。

近年来,国外开展了一些关于居民生活碳排放的研究,并公布了相关的指标体系指导居民的节能减排行为。然而,这些研究成果并不完全适合我国的国情。我国作为发展中国家,经济发展水平相对较低,人均收入只有3000多美元,还有大量的贫困人口,发展仍然是第一要务。

[①] 本部分成果被收录于:科学技术部社会发展司,中国21世纪议程管理中心. 2007. 全民节能减排实用手册. 北京:社会科学文献出版社. 本节对内容重新进行了组织。

在我国目前的发展阶段,能源结构以煤为主,经济结构性矛盾仍然突出,增长方式依然粗放,能源资源利用效率较低,能源需求还将继续增长,节能减排面临巨大压力和特殊困难。当前我国是在居民生活日渐改善的过程中推行全民节能减排,与部分发达国家在生活已经相当富裕、生活能耗和碳排放已经较高的时候提倡低碳生活相比,所处的历史阶段和行动背景都不完全相同。此外,我国有广大的农村地区和庞大的农村人口,也是参与节能减排的重要力量,这也与高度城市化的部分发达国家有所不同。

6.4.1 全民节能减排指标选取的原则

国内外关于居民生活碳排放的研究,大部分是从排放的角度着眼,通过高排放的警示提醒居民减少排放量。与国外的角度不同,本研究从节约实现减排的角度着眼,给出多种基本生产生活资料(或行为)与能源消耗、CO_2 排放的关系。如,生产 1 度电、1 吨水、1 吨钢、1 吨粮食等的能源消耗量与 CO_2 排放量,及不同行为的能源节约和 CO_2 减排量,如,每人每年少浪费 500 克粮食、每户每年种植 1 棵树、夏天每台空调温度调高 1 摄氏度等行为产生的能源节约量和 CO_2 减排量,在此基础上估算全民节能减排的全国效益值。

根据我国现阶段人民生活水平,节能减排行为的选取依据以下原则:

(1)量大面广:即涉及较多人的生活,并且从全国范围估算具有较大的节能减排潜力。

(2)贴近百姓生活:即涉及普通大众经常使用的物品或经常从事的活动。

(3)具有可操作性:即对单体(个人、单个家庭等)而言简单易行,在全国范围而言通过努力能够实现。

(4)不降低现有生活水平:即在满足与我国经济发展阶段相适应的正常生活需求的同时,开展生活节能减排活动。

按照节能减排行为的特点,将其分为两类:

(1)约束型节能减排行为:即通过不从事耗能排碳活动而产生绝对节能减排量的行为,如少买一件不必要的衣服、少抽一支烟、不使用一次性筷子。

(2)替代型节能减排行为:即通过更换耗能排碳活动方式而产生相对节能减排量的行为,如用手洗衣服代替机洗、用节能灯代替白炽灯、以乘公交车代替开私车出行。

6.4.2 基本节能减排指标值

确定基本节能减排指标所用资料来源主要包括三方面:(1)政府机关和研究机构正式发布的文件和研究报告(如科学技术部与国家发展和改革委员会共同编写的《中国节能技术政策大纲》、国家发展和改革委员会组织编制的《中国应对气候变化国家方案》、国家统计局编写的《中国统计年鉴》等);(2)在学术期刊(如《环境科学研究》、《冶金能源》、《农业工程学报》)上发表的研究成果;(3)重要报刊(如《人民日报》、《中国青年报》)报道的日常生活数据。

数据类型主要分为两类,分别为反映我国社会经济发展状况的生活及生产统计数据,以及国内外相关研究中关于生产和消费活动节能减排效益(效率)数据。

本研究具体使用的排放指标值包括:

- 消耗 1 tce,排放 2.57 tCO_2。
- 生产 1 度电(火力发电),消耗 0.374 kgce,排放 0.96 $kgCO_2$。

- 燃烧 1 L 汽油，排放 2.2 kgCO$_2$。
- 生产 1 t 净水耗能 76 gce，排放 195 gCO$_2$。
- 处理 1 t 污水耗能 100 gce，排放 260 gCO$_2$。
- 生产 1 t 钢可比能耗为 0.741 tce，排放 1.9 tCO$_2$。
- 生产 1 t 铝综合能耗为 9.6 tce，排放 24.7 tCO$_2$。
- 生产 1 t 标准氮肥耗能 0.82 tce，排放 2.1 tCO$_2$。
- 生产 1 t 磷肥耗能 0.29 tce，排放 0.75 tCO$_2$。
- 生产 1 t 农药耗能 3.4 tce，排放 8.7 tCO$_2$。
- 生产 1 t 粮食（以水稻为例），耗能 0.36 tce，排放 0.94 tCO$_2$。
- 生产 1 kg 猪肉耗能 0.55 kgce，排放 1.41 kgCO$_2$。
- 生产 1 t 棉布耗能约 233.2 kgce，排放 599.3 kgCO$_2$。
- 生产 1 t 纸和纸板耗能 1.275 tce，排放 3.3 tCO$_2$。
- 生产 1 t 再生纸耗能 0.91 tce，排放 2.3 tCO$_2$。
- 生产 1 t 日用玻璃制品耗能 0.51 tce，排放 1.31 tCO$_2$。
- 生产 1 t 洗衣粉综合能耗为 280 kgce，排放 720 kgCO$_2$。
- 生产 1 t 啤酒综合能耗为 154 kgce，排放 396 kgCO$_2$。
- 生产 1 t 二级白酒综合能耗为 0.8 tce，排放 2063 kgCO$_2$。
- 生产 1 万支香烟综合能耗约 4 kgce，排放 10 kgCO$_2$。
- 生产 1 m^2 建筑陶瓷耗能 6 kgce，排放 15.4 kgCO$_2$。
- 生产 1 件卫生陶瓷耗能 12 kgce，排放 30.8 kgCO$_2$。
- 森林每生长 1 m^2 木材约可吸收 1.83 tCO$_2$。
- 加工 1 m^2 木材耗能约 250 kgce，排放 643 kgCO$_2$。

6.4.3 单体节能减排效益与全国总体减排效益

单体节能减排效益估算依据以下原则：

(1)对于约束型节能减排行为，其节能减排效益具有深远的上游延伸性，计算时需要根据详尽的投入产出模型计算每一种产品（或行为）在生产、运输、销售诸多环节中的能源消耗，及其全部原材料的投入数量、比例与全生命周期的资源消耗情况。然而，由于完整采集以上资料尚需全社会各个部门的共同努力，因此主要根据现有资料估算其中主要耗能环节的节能减排量。

(2)对于替代型节能减排行为，鉴于在经济全球化、生产社会化、分工日益细化和产品规格用途多元化的背景下，日常消费品涉及生产环节众多、工艺复杂、所用材料极为广泛，尚难以对替代品（行为）与被替代品（行为）在各自所涉及的全生命周期中的耗能情况进行比较和估算，本研究估算的是替代品（行为）在终端环节产生的直接节能减排效益。

根据基本指标值和以上估算原则估算得到单体效益值后，在估计节能减排行为的全国规模，继而估算得到节能减排行为的全国效益值。

此次研究对象为日常生活中的 36 项节能减排行为，涉及衣、食、住、行、用、其他六个领域。

其中,日用领域为数最多,居住领域次之,出行与其他领域行为项目数相当,衣、食领域最少(表6.13)。根据估算结果,36 项行为在全国范围内每年减少近 2 亿吨 CO_2 排放(表 6.13,附录4),其中日用、居住、其他领域的节能减排效益居于前三位。

表 6.13 36 项节能减排行为及其潜力分析

行为领域	衣	食	住	行	用	其他	总计
行为数量	3	4	8	5	11	5	36
减排量(万 tCO_2/年)	134	263	6560	366	7720	4747	19790

为通过全民节能减排行为将以上潜力变为现实,还需要采取以下措施:

首先,节能减排要改变生活方式和消费模式。消费模式已经成为推动我国居民生活碳排放增长第一重要的因素,不同的消费模式,耗能差异极大,超前消费模式对我国的影响值得重视。房子越住越大,汽车排量越换越大,冬天室内温度过高,夏天空调温度过低,如此生活方式与科学消费、绿色消费的现代生活模式相去甚远。节约型消费是实现碳减排的有效方式,应当提倡选乘公交车、骑自行车和步行等出行方式,购买节能环保型轿车和家用电器,购买适度面积的房子,控制对取暖、采冷、照明等热能和电能的需求等。

其次,节能减排的关键在于节能意识。用能观念和认识上的差距,对居民生活消费方式具有重要的影响。应引导全民深刻认识节能减排工作的紧迫性和必要性,树立资源忧患意识、节约意识和责任意识,积极参与节能减排行动,变"节能意识"为"节能习惯"、"节能责任"。通过电视、广播加强宣传教育,指导居民了解节能知识、培养节能习惯。

最后,政府部门应为节能减排消费模式提供基础保障和正确引导。例如,为鼓励公共交通出行,政府应当重视和改善行人交通设施,科学规划和加强步行交通系统的建设;推进城市公共交通,尤其是轨道交通的建设,发展大运量的快速公交系统;实施紧凑型城市空间规划,减少交通需求量;发展网络化、集约化、节约化的综合交通运输模式,提高城市公共交通的出行分担率。

6.5 主要经济体减排温室气体途径及其启示

6.5.1 温室气体排放总量减排状况概述

1990—2007 年,非经济转型期附件Ⅰ缔约方未计入土地利用、土地利用的变化和林业(LULUCF)的温室气体排放总量增加了 10.8%;计入土地利用、土地利用的变化和林业则增加了 14.9%。

温室气体合计排放总量的变化在各国间有很大差异(图6.8)。不计入 LULUCF 时,欧共体 27 国平均减排 4.3%。原欧盟 15 国中,减排幅度超过此平均水平的国家依次为德国(−21.3%)、英国(−17.3%)、瑞典(−9.1%)、比利时(−8.3%)、法国(−5.3%),这五个国家都实现了其承诺的京都减排目标。从完成京都目标角度看,除了这五个国家,以及排放状况符合京都分解目标要求(排放增速在 1990 年基础上控制在 25%以内)的希腊以外,其余原欧盟国家都未完成减排承诺。尽管丹麦(−3.3%)、荷兰(−2.1%)和卢森堡(−1.6%)排放量有所下降,但与其京都分解目标还存在一定差距①。

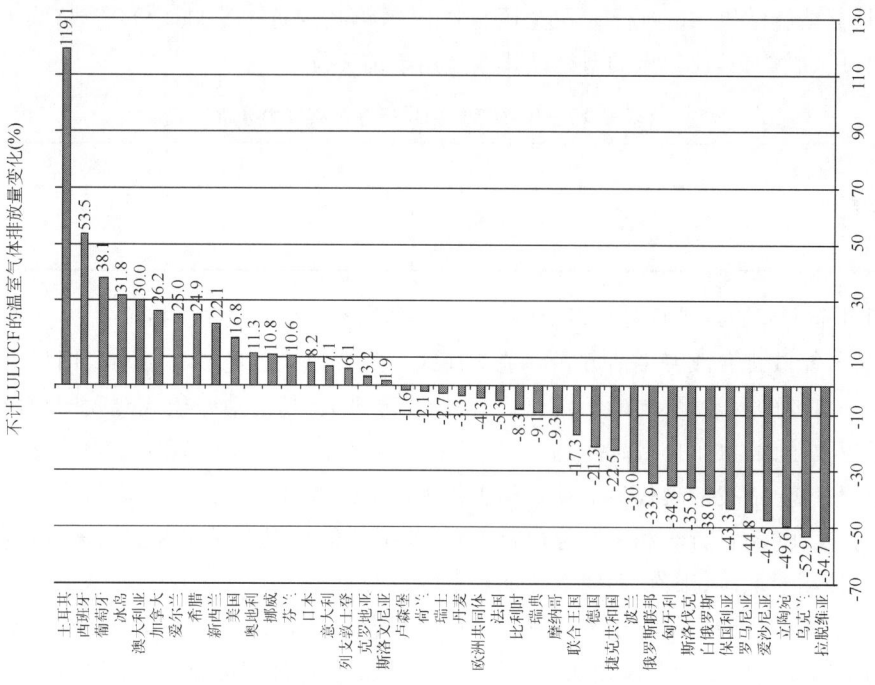

图 6.8　1990—2007 年各附件一缔约方合计排放总量的变化②

欧洲以外附件Ⅰ缔约方中,美国(排放增加 16.8%)、日本(排放增加 8.2%)、澳大利亚(排放增加 30.0%)、加拿大(排放增加 26.2%)、新西兰(排放增加 22.1%)等主要工业国均未实现温室气体减排承诺,反而有不同程度的增长。

6.5.2　主要经济体温室气体减排的特点

1) 在温室气体类型方面,主要依靠非二氧化碳温室气体完成减排目标

截至 2007 年统计数据(不计入 LULUCF),德国(－21.3%)、英国(－17.3%)、瑞典(－9.1%)、比利时(－8.3%)、法国(－5.3%)五个国家都提前实现了其承诺的京都减排分解目标,希腊将其排放速度控制在其承诺的京都分解目标范围内,但是如果仅仅计算 CO_2 的减排率,就只有瑞典一国完成京都分解目标。虽然非 CO_2 类温室气体所占比例很低,但主要国家完成承诺目标主要依靠非 CO_2 类温室气体。例如,英国非 CO_2 温室气体的减排率(－47.6%)比 CO_2 的减排率高 40 个百分点,2007 年英国的非 CO_2 温室气体仅占温室气体总排放量的 15.0%,但却完成了总减排当量的 66.7%;德国非 CO_2 温室气体的减排率比 CO_2 的减排率(－14.7%)高 17 个百分点,仅占温室气体总排放量的 12.9%,但其减排量却占到了总减排量的 26.1%;1990—2007 年,法国则完全依靠非 CO_2 温室气体实现了减排目标(表 6.14)。

---

① 以 1990 年为基准,到 2008—2012 年,欧盟成员国内部京都目标分解方案:丹麦(－21%)、荷兰(－6%)和卢森堡(－26%)。

② 1990—2007 年期间国家温室气体清单数据(秘书处的说明)2009 年 12 月 7 日至 18 日,哥本哈根 http://unfc-cc.int/resource/docs/2009/sbi/chi/12c.pdf。

表 6.14　主要国家温室气体排放变化率(1990—2007 年,不计入 LULUCF)

气体	非 EIT 附件 I	EU(15)	德国	英国	法国	瑞典	日本	美国
CO_2	15.5%	0.7%	−19.6%	−7.4%	0.5%	−7.6%	13.7%	20.0%
CH_4	−11.8%	−30.7%	−53.4%	−52.7%	−17.4%	−20.7%	−31.8%	−10.0%
N_2O	−13.5%	−26.8%	−27.4%	−46.6%	−30.2%	−15.6%	−28.3%	−2.9%
HFCs	155.3%	112.2%	155.0%	−3.3%	292.4%	22525.3%	−26.0%	245.0%
PFCs	−64.1%	−80.0%	−80.5%	−84.2%	−78.6%	−34.3%	13.1%	−64.0%
SF_6	−63.0%	−18.4%	16.3%	−23.0%	−62.3%	40.9%	−88.5%	−50.6%
GHGs	10.8%	−4.7%	−22.3%	−16.9%	−5.5%	−8.7%	7.9%	16.5%
非 CO_2	−9.7%	−25.2%	−36.7%	−47.6%	−19.7%	−12.3%	−45.4%	−0.9%

数据来源:UNFCCC 网站数据库,2010-08-30。

2) 在减排环节方面,工业过程和废弃物领域对实现减排目标作用突出

从温室气体总减排量看,虽然原欧盟 15 国工业过程和废弃物领域仅占 2007 年总排放量的 8.76% 和 2.76%,但是其减排总量却分别占到同年度减排总量的 17.9% 和 29.7%,大大超过了其在总排放量中的比例。1990—2007 年,原欧盟 15 国的温室气体减排总量下降了 4.3%,主要源于废弃物领域甲烷排放持续稳定减少[①]。其中,英国废弃物领域减排总量 (−30.1 $TgCO_2$ eq.)也超过能源工业(−27.0 $TgCO_2$ eq.),工业过程减排量(−26.1 $TgCO_2$ eq.)超过了制造业和建筑部门能耗(−20.1 $TgCO_2$ eq.);德国废弃物领域减排总量(−28.9 $TgCO_2$ eq.)与能源工业(−29.7 $TgCO_2$ eq.)相当,是制造业和建筑部门能耗减排量的 43.7%;法国最大的减排领域是工业过程减排,占净减排总量的 51.0%。1990—2007 年,工业过程是日本最大的减排途径,其减排总量(−53.93 $TgCO_2$ eq.)超过原欧盟 15 国的工业过程减排量,更远远高于英国、法国和德国。

3) 能源领域减排的主要途径是控制燃料散逸性排放和未分类制造业能耗

1990—2007 年,原欧盟 15 国各主要领域都实现了不同程度的减排,但能源领域减排率(−0.9%)最低,能源工业减排效果普遍不理想,减排量列前三位的分别为:其他部门(−89.92 $TgCO_2$ eq.)、制造业和建筑业能耗(−89.91 $TgCO_2$ eq.)和燃料散逸性排放(−46.75 $TgCO_2$ eq.),只有英国和德国等少数几个国家在能源领域实现了减排。

尽管制造业和建筑能耗减排作用突出,但却主要依靠未分类制造业和建筑能耗减排实现制造业和建筑能耗总当量减排,所占比例原欧盟 15 国为 69.3%,其中法国为 47.4%,英国为 72.8%,德国几乎为全部,而钢铁业能耗减排量作用并不突出。德国未分类制造业能耗是钢铁生产能耗总当量减排量的 9.8 倍;英国未分类制造业的总当量减排量是钢铁生产能耗减排的 2.7 倍;法国未分类制造业能耗是钢铁生产能耗总当量减排量的 1.2 倍。

英国燃料散逸性排放减排量相当于燃料消耗减排总量的 49.3%;德国燃料散逸性排放减排相当于能源工业净减排量的 56.8%;法国的能源领域减排量很少,其中燃料散逸性排放是

---

① 欧盟向 UNFCCC 提交的第五次信息通报:第 iii 页。

仅次于制造业和建筑能耗减排的第二大减排途径,相当于制造业和建筑能耗减排的57.3%;美国在能源领域温室气体排放量大幅增长的情况下,燃料散逸性排放却是唯一减少的途径;日本除了能源工业中的固体燃料生产实现少量减排以外,燃料散逸性排放是日本能源领域中唯一且主要的减排途径。

4) 在减排行业方面,国民经济基础性、关键性领域减排贡献不大

主要高碳行业(能源工业、钢铁、水泥等)在部分国家虽有所减排,但在减排总量中作用并不突出。1990—2006年,原欧盟15国CO_2减排前三位分别为:未分类制造业能耗减排($-66.54\ TgCO_2\ eq.$)、居民能源消耗($-52.43\ TgCO_2\ eq.$)和固体燃料生产和其他能源工业($-38.52\ TgCO_2\ eq.$)。甲烷和氧化亚氮等减排效果好,但也主要依靠非国民经济基础性、关键性领域,如原欧盟15国主要通过废弃物管理、控制散逸性排放减少甲烷排放,工业过程主要通过已二酸等化学工业实现氧化亚氮减排。德国、美国金属冶金方面减排量十分有限,其中含氟化烃类气体减排作用十分突出,日本更是有76.6%的工业过程总当量减排通过减少哈龙和SF_6的消费来实现。钢铁、水泥生产减排还与产业转移有一定关系,但其背后原因一方面是其国内需求下降,另一方面也有市场比较优势下降,总之与钢铁、水泥行业在其国民经济地位下降密切相关。

6.5.3 主要经济体温室气体减排策略对我国的启示

1) 利用经济手段让减排成本最低的地区和企业减排,保护国家/企业竞争力

依据经济规律,让减排成本最低者减排,保护国民经济关键企业/行业的竞争力,既是发达国家应对气候变化问题的核心指导思想,也是这些国家在应对气候变化问题中尽量减小对经济的不利影响的重要对策(图6.9)。基于市场原则建立减排政策体系——碳交易,其核心思想也是让减排成本最低者优先减排。同时,欧美国家还设置了减排的"抵消"(offset)机制,对国民经济基础性、关键性产业进行了适度保护。如英国在《电力和天然气指令》中规定,电力和天然气的生产者和供给者可以通过采用交易、或者促进低收入地区家庭用户减排等替代方式

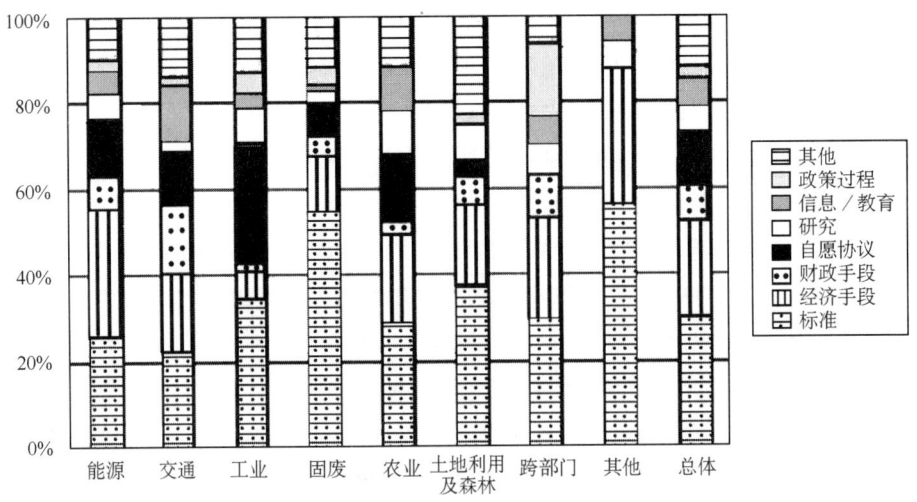

图6.9 附件Ⅰ32个工业化国家不同领域的政策组合(Katia and Harald,2005)

履行义务。虽然欧盟采取了目标管理模式,排放限额分配的办法,但也还是通过京都灵活三机制,为各成员国减轻履约压力。美国俄勒冈州《能源设备二氧化碳排放标准》规定,能源设备的运营者可以通过两种方式达到标准的要求:一是能源设备运营者经委员会批准后,可通过提高能源效率、能源转换、碳捕捉和封存等项目抵消排放;二是可以将抵消基金(offset funds)给付有资质的组织,由其负责抵消二氧化碳排放,能源设备的运营者执行标准的义务通过获得抵消信用的方式来履行。

2003年,欧盟的《排放交易机制指令》(Directive 2003/87/EC)修订了《综合性污染防控指令》,明确禁止就排放交易机制许可证适用范围内的设施规定 CO_2 的排放限值,并授权成员国可不对燃煤电厂等设施规定能效要求。

北欧及荷兰、丹麦等采用碳税政策的国家,主要对不同燃料采用差别税率,对(大型)电力和工业免税或税收优惠(如税收返还、低税率等)。荷兰1996年开征的能源管理税(REB)主要针对家庭和小型能源消费者。芬兰虽然将电力纳入收税范围,却仅以电力部门的矿物燃料计税,对工业原料和国际运输用油免税。挪威虽然对工业用电征收 CO_2 税,但也比其他行业低一半以上。丹麦通过一系列税收减免和税收返还,工业部门的实际税率仅相当于私人家庭税率的35%(苏明等,2009)。1993年,瑞典对 CO_2 税进一步调整,在 CO_2 税总体税收水平提高的前提下,加大了对一些影响瑞典国际竞争力的能源密集型产业进一步减税。对制造业和商业性园艺业的 CO_2 税降低到总水平的25%;同时废除了对这两个行业所用燃料和电力的能源税;对能耗较高的企业,如水泥和石灰制造业,采取进一步减税的做法;对非工业消费所用的电力征收的能源有所增加。

与上述国家的减排政策相比,我国的节能减排政策对企业的减排成本考虑不足,缺乏减少企业减排成本的配套政策设计。

2) 采取避重就轻策略,为我国经济发展腾出排放空间

过去20年,发达国家基本采取了"避重就轻"的减排策略。减排路径上,主要经济体主要依靠非 CO_2 类温室气体,以及非能源温室气体排放完成京都减排任务。管理政策方面,各国温室气体控制标准主要集中在移动源的温室气体排放、与大气污染和臭氧层消耗物质有关的温室气体或温室气体的前体物等。废弃物领域采取的强制性管理手段最多。在市场化的私营企业为主体的工业领域,更多地运用了设备装置标准和自愿协议方法,经济干预和强制手段运用很少。

由于能源的刚性需求,短期内要取得较明显的减排效果不仅成本高,而且能源领域减排与经济发展和社会福利提高的冲突代价大,减排难度大。为此,发达国家在制定相关减排政策时均采取了审慎的态度。虽然各国能源领域出台的政策最多,但集中在非强制手段上,除了对重点企业确定可再生能源配额、燃油性能指标等几项强制性要求外,主要为税收、信息公开手段(环境标志、宣传教育)、鼓励技术创新等,经济手段使用比例最高。多数发达经济体能源领域温室气体排放持续正增长或减排效果不明显。能源领域短期内主要发达经济体以减少固体燃料生产和使用、控制燃料散逸性排放和未分类制造业能耗为主要减排途径,这一经验值得中国借鉴。

在非CO_2类温室气体减排中技术因素起了主要作用。例如,各国普遍采用改进硝酸工艺、在硝酸和己二酸(己二酰二氯)生产加装末端治理设施减少化学工业的温室气体排放,以及欧盟国家推动的垃圾处理生物技术、填埋气回收利用等措施都效果都比较明显。

与发达国家相比,我国减排具有能源利用效率很低、节能减排空间较大的特点。因此,在大幅度减排目标约束下,短期国内减排政策设计在兼顾节能的同时,也要特别关注非能源领域和非CO_2类温室气体的减排,通过非关键领域减排为我国经济高速重化工发展腾出一定的排放空间,减少温室气体减排对经济发展的负面影响。

3) 采取"一体化"的综合控制策略

应对气候变化涉及许多领域,是复杂的系统工程,需要综合系统管理。1993 年,《欧洲共同体第五个环境行动规划》中,欧盟强调将气候变化/环境政策融入工业、农业、能源、交通、城市等社会、经济部门的政策体系中,在污染综合防治过程中控制多种温室气体排放。欧盟的《污染综合防治指令》正是这一综合控制思想的具体体现。

具体实践上,温室气体协同控制的范围不局限于能源领域,而是扩展到污染防治的各个层面。主要经济体向 UNFCCC 提交的信息通报中,主要经济体普遍重视在控制废弃物污染过程中,控制温室气体排放;重视废物减量化、回收和循环利用,从源头削减废弃物,全过程减少温室气体产生量。将机动车尾气污染治理纳入温室气体排放管理的政策和措施中,同时还比较重视从规划交通物流、交通道路设计和交通状况改善等角度综合管理减排行动。

主要经济体还通过立法,将温室气体控制纳入环境管理体系中。欧盟通过 IPPC 的配套文件《实施欧洲污染物排放登记的决定》将 CO_2 作为污染物列入登记范围;美国依据《清洁空气法》对 CO_2 等温室气体实施监测、推行强制性温室气体统计报告制度;加拿大的《环境保护法》将温室气体列入控制之列;日本通过 1999 年的《环境省设置法》赋予环境省对温室气体排放抑制的职责。

4) 关注物质循环过程中的温室气体排放问题

过去 20 年,欧盟在物质循环过程中制定了垃圾填埋指令、焚烧指令以及多项垃圾减量化控制的减排政策/指令等政策取得明显效果,废弃物领域减排为欧盟国家实现京都减排目标做出了突出贡献,其减排量超过或接近能源工业减排量。但是由于欧盟、美、日等国过去没有为污水处理过程的非 CO_2 温室气体减排制定强制性管理政策,1990—2006 年,这些经济体污水处理的非 CO_2 温室气体排放增长在一定程度上抵消了非 CO_2 温室气体的减排效果。这一问题已经引起欧盟国家重视。

目前,欧盟国家的大型污水处理厂已经在为减少污水处理过程中产生的甲烷排放采取措施。1990—2007 年,德国已经在废水处理领域减排了 44.94%,减排总当量超过本国矿产加工减排总量,与有机溶剂类的减排量相当,是化学工业减排量的 41%,金属冶炼的 69.2%。可见,这些领域减排潜力还是比较大的。因此,建议我国在"十二五"规划和审批垃圾处理厂、污水处理厂设计与建设时,要超前考虑温室气体控制问题,特别是要慎重对待垃圾焚烧技术推广过程中的温室气体排放问题,避免"锁定效应"和投资不经济。

主要参考文献

丁仲礼,段晓男,葛全胜等. 2009a. 2050 年大气 CO2 浓度控制:各国排放权计算. 中国科学 D 辑,**39**(8):1009-1027.

丁仲礼,段晓男,葛全胜等. 2009b. 国际温室气体减排方案评估及中国长期排放权讨论. 中国科学 D 辑:地球科学,**39**(12):1659-1671.

方精云,郭兆迪,朴世龙等. 2007. 1981—2000 年中国陆地植被碳汇的估算. 中国科学(D 辑:地球科学),**50**(6):804-812.

国家统计局. 2009. 中国统计年鉴 2008. 北京:中国统计出版社.

科学技术部社会发展司,中国 21 世纪议程管理中心. 2007. 全民节能减排实用手册. 北京:社会科学文献出版社.

姜克隽. 2009. 中国发展低碳经济的成本优势——2050 年能源与排放情景分析. 绿叶,(5):11-19.

李善同,侯永志,翟凡. 2003. 未来 50 年中国经济增长的潜力和预测. 经济研究参考,(2):51-60.

刘红光,刘卫东,唐志鹏. 2010. 中国产业能源消费碳排放结构及其敏感性分析. 地理科学进展,**29**(6):701-707.

刘卫东,陆大道等著. 2010a. 我国低碳经济发展框架与科学基础——实现 2020 年单位 GDP 碳排放降低 40%～45% 的路径研究. 北京:商务印书馆.

刘卫东,张雷,王礼茂等. 2010b. 我国低碳经济发展框架初步研究. 地理研究,**29**(5):778-788.

苏明,傅志华,许文等. 2009. 碳税的国际经验与借鉴. 环境与经济,(9):28-32.

Katia S, Harald D B. 2005. Integrated climate-change strategies of industrialized countries. *Energy*,(30):2537-2557.

附 录

附录1 本书中若干单位和系数的换算

附录1.1 常用单位换算

- 1 单位 CO_2 = 12/44 = 0.2727 单位 C,1 单位 C = 44/12 = 3.6667 单位 CO_2
- 1 Gt = 10^3 Mt = 10^9 t = 10^{15} g
- 1 ppmv = 1000 ppbv = 10^{-6}

附录1.2 主要能源折标准煤(ce)参考系数

能源名称	原煤	焦炭	原油	汽油	柴油	煤油	液化石油气	天然气
折标准煤系数(kgce/kg)	0.7143	0.9714	1.4286	1.4714	1.4571	1.4714	1.7143	1.33

资料来源:国家统计局工业交通统计司,国家发展和改革委员会能源局,2008.中国能源统计年鉴(2007).北京:中国统计出版社.

附录1.3 主要燃料碳排放系数(1)

燃料类型	原煤	无烟煤	焦煤	烟煤	褐煤	焦炭	原油	汽油	柴油	煤油	液化石油气	天然气
C排放系数(kgC/GJ)	25.8	26.8	25.8	25.8	27.6	29.2	20.0	19.1	20.2	19.6	17.2	15.3

资料来源:IPCC,2006. 2006 IPCC guidelines for national greenhouse gas inventories. http://www.ipcc-nggip.iges.or.jp.

附录1.3 主要燃料碳排放系数(2)

燃料类型	固体燃料	液体燃料	气体燃料
碳排放系数(kgC/GJ)	25.54	19.90	15.15

资料来源:国家发展与改革委员会能源研究所,2003.中国可持续发展能源暨碳排放情景分析.

附录1.4 价格转换指数

年份	1985	1990	1991	1992	1993	1994	1995	1996	1997	1998
居民消费价格指数	109.3	103.1	103.4	106.4	114.7	124.1	117.1	108.3	102.8	99.2
工业品出厂价格指数	108.7	104.1	106.2	106.8	124.0	119.5	114.9	102.9	99.7	95.9
年份	1999	2000	2001	2002	2003	2004	2005	2006	2007	
居民消费价格指数	98.6	100.4	100.7	99.2	101.2	103.9	101.8	101.5	104.8	
工业品出厂价格指数	97.6	102.8	98.7	97.8	102.3	106.1	104.9	103.0	103.1	

资料来源:国家统计局,2008.中国统计年鉴2008.北京:中国统计出版社.

附录1.5 人民币汇率

年份	1997	1998	1999	2000	2001	2002	2003	2004	2005	2006	2007
100USD:RMB	828.98	827.91	827.83	827.84	827.70	827.70	827.70	827.68	819.17	797.18	760.40

资料来源:国家统计局,2008.中国统计年鉴2008.北京:中国统计出版社.

附录2 人均累积碳历史排放的两种计算方法[*1]

- **人均历史累积碳排放方法一**

缪旭明(1998)定义的人均累积碳排放(cumulative carbon emission per capita，CCEPC)为是指一国在某一时间区段逐年累积的人均二氧化碳排放量。

用公式表示为

$$CCEPC_i = \sum_{t=s}^{e} \frac{E_i^t}{P_i^t}$$

其中$CCEPC_i$代表国家i的人均累积碳排放，E_i^t代表国家i在年份t的碳排放量，P_i^t国家i在年份t的人口数。

- **人均累积碳排放方法二**

任国玉等(2002)、张志强等(2009)提出了工业化累计人均排放量的概念(industrialized accumulative emission per capita，LAEPC)。其公式为

$$IAEPC_i = \frac{\sum_{t=s}^{e} E_i^t}{P_i^b}$$

其中，$LAEPC_i$为工业化累积排放量，E_i^t代表国家i在年份t的碳排放量，P_i^b国家i在某一特定基准年份t(一般取靠近现代的年份)的人口数。

- **两种方法的原理分析**

用人均累积排放率来对比两种方法作为衡量历史碳排放责任指标的效果。人均累积排放率(潘家华等,2009)定义为一国某一时间区段内人均累积碳排放与全球各国同一时期人均累积碳排放之和的比值。人均累计碳排放率体现的是一国在人均水平上对全球碳排放空间的占用比重。各国人均累计排放差异越大，则人均累积排放率的差异越大，表明碳排放权这种公共产品在全球的分配越不公平。人均历史累计排放率越大，说明一国在人均尺度上所消耗的全球资源越多，其未来的碳预算空间也就越小。附表2.1是几个主要国家1950—2006年两种方法的结果对比。从附表2.1可以看出：

(1)无论何种方法计算，发达国家在人均水平上应该比发展中国家承担更多的历史责任，例如，美国的人均累积碳排放率分别达到2.95%和3.24%，而我国只有0.26%和0.30%，这说明美国在人均水平上对全球碳排放空间的占用比重是我国的十倍以上。

(2)人口增长率决定了两种指标的差异。只有人口增长率高于世界平均水平的国家，方法二中人均累积碳排放率才能比方法一减少，也就意味着责任减少。在上述国家中，巴西,墨西哥的人口增长率高于世界平均水平，因而巴西和墨西哥在方法二中人均累积碳排放率降低了，印度保持不变。由于我国的控制人口政策，人口增长率低于世界平均水平，因而在方法二中人

---

  * 执笔:戴君虎

均累积碳排放率有小幅度的上升。

(3) 方法二对于英国,德国,意大利等人口增长率很低的国家更加不利,他们的人均累积碳排放率相对于方法一分别增加了 29.7%,32.2%,33.3%,而我国只增加了 15.4%,因而相对来说方法二更难以被这些国家接受。

附表 2.1 主要国家 1950—2006 年两种方法人均累积碳排放对比

国家	平均人口增长率	方法一人均累积碳排放(T)	方法一人均累积碳排放率	方法二人均累积碳排放(2006 年为基准年)	方法二人均累积碳排放率
英国	0.317345298	160.94	1.65%	148.7441255	2.14%
美国	1.174191818	288.06	2.95%	224.5912965	3.24%
德国	0.345900557	176.264	1.80%	165.1587	2.38%
俄罗斯	0.617777592	111.03	1.14%	100.349921	1.45%
加拿大	1.566927313	230	2.35%	172.2672976	2.48%
法国	0.688447452	111.24	1.14%	96.26208785	1.39%
日本	0.776436349	107.58	1.10%	98.39541	1.42%
意大利	0.399593763	84.86	0.87%	80.27483319	1.16%
南非	2.306850746	119.2	1.22%	75.47846876	1.09%
墨西哥	2.439615953	47.45	0.49%	33.57438408	0.48%
中国	1.580420125	24.95	0.26%	20.71782048	0.30%
巴西	2.284990577	19.1	0.20%	13.39977642	0.19%
印度	2.048860462	9.34	0.10%	6.91855008	0.10%

归根到底这两种方法在原理上有本质的区别:方法一主要从人际公平、代际公平、区域公平的角度出发,在原则上每年的每个国家的每个人都应该拥有相同的碳排放配额。实际上,历史上的某一年不同国家的人均排放量不同,这有违公平理论,因而历史上人均排放多的国家在现代承担需要更多责任。将历史上的人均碳排放累积起来可以衡量这种责任的大小;方法二从根据社会学原理——每个人都有继承祖辈遗产的权利和义务的角度出发,一方面历史碳排放是祖辈欠下的环境债务,另一方面现代化的生活是祖辈留下的遗产,每个国家的公民在有权利享受这种现代化的生活的同时,也有义务偿还祖辈的环境债务,因此将历史碳排放累积起来除以现在的人口可以衡量某国家人均需要担负的责任。

参考文献

缪旭明. 1998. 人均 CO_2 累积排放和按贡献值履行义务的研究. 中国软科学, **9**:18-23.
潘家华,郑艳. 2009. 基于人际公平的碳排放概念及其理论含义. 世界经济与政治, **10**: 6-16.
任国玉,徐影,罗勇. 2002. 世界各国 CO_2 排放历史和现状. 气象科技, **30**(3):129-134.
张志强,曲建升,曾静静. 2009. 温室气体排放科学评价与减排政策. 北京:科学出版社.

附录3 部门分类的合并对比表

1997/2002/2007年能源消费行业	2007年能源消费行业*	27部门	2007年IO表—42部门	2002年IO表—42部门	1997年IO表—40部门	2005年—29合并部门	2007年—15合并部门
农、林、牧、渔业（木材及竹材采运业）	农、林、牧、渔、水利业	农业	农林牧渔业	农业	农业	农业	农林牧渔业
煤炭采选业	煤炭开采和洗选业	煤炭开采和洗选业	煤炭开采和洗选业	煤炭开采和洗选业	煤炭采选业	煤炭采选业（煤炭）	采掘业
石油和天然气开采业	石油和天然气开采业	石油和天然气开采业	石油和天然气开采业	石油和天然气开采业	石油和天然气开采业	石油开采业（原油）	
						天然气开采业（天然气）	
黑色金属矿采选业	黑色金属矿采选业	金属矿采选业	金属矿采选业	金属矿采选业	金属矿采选业	金属矿及其他非金属矿采选业	
有色金属矿采选业	有色金属矿采选业						
非金属矿采选业	非金属矿采选业	非金属矿采选业	非金属矿及其他矿采选业	非金属矿采选业	非金属矿采选业		
其他矿采选业	其他矿采业						
食品加工业	农副食品加工业	食品烟草加工业	食品制造及烟草加工业	食品制造及烟草加工业	食品制造及烟草加工业	食品加工业及烟草制品业	食品制造及烟草加工业
食品制造业	食品制造业						
饮料制造业	饮料制造业						
烟草加工业	烟草制品业						
纺织业	纺织业	纺织业	纺织业	纺织业	纺织业	纺织服装皮革羽绒制品业	纺织、服装及皮革产品制造业
服装及其他纤维制品制造	纺织服装、鞋、帽制造业	服装皮革羽绒及其制品业	纺织服装鞋帽皮革羽绒及其制品业	服装皮革羽绒及其制品业	服装皮革羽绒及其他纤维品制造业		
皮革毛皮羽绒及其制品业	皮革、毛皮、羽毛（绒）及其制品业						
木材加工及竹藤棕草制品业	木材加工及木、竹、藤、棕、草制品业	木材加工及家具制造业	木材加工及家具制造业	木材加工及家具制造业	木材加工及家具制造业	木材加工及家具制造业	木材加工及文体用品制造业
家具制造业	家具制造业						
造纸及纸制品业	造纸及纸制品业	造纸印刷及文教用品制造业	造纸印刷及文教体育用品制造业	造纸印刷及文教用品制造业	造纸印刷及文教用品制造业	造纸印刷及文教用品业	木材加工及文体用品制造业
印刷业和记录媒介的复制	印刷业和记录媒介的复制业						
文教体育用品制造业	文教体育用品制造业						

续表

1997/2002/2007年能源消费行业	2007年能源消费行业	27部门	2007年IO表—42部门	2002年IO表—42部门	1997年IO表—40部门	2005年—29合并部门	2007年—15合并部门
石油加工及炼焦业	石油加工、炼焦及核燃料加工业	石油加工、炼焦及核燃料加工业	石油加工、炼焦及核燃料加工业	石油加工、炼焦及核燃料加工业	石油加工及炼焦业	石油及核燃料加工业	石油加工、炼焦及燃料加工业
						炼焦业（焦炭）	
化学原料及制品制造业	化学原料及化学制品制造业	化学工业	化学工业	化学工业	化学工业	化学工业	化工及医药制造业
医药制造业	医药制造业						
化学纤维制造业	化学纤维制造业						
橡胶制品业	橡胶制品业						
塑料制品业	塑料制品业						
非金属矿物制品业	非金属矿物制品业	非金属矿物制品业	非金属矿物制品业	非金属矿物制品业	非金属矿物制品业	非金属矿物制品业	建材及非金属矿物制品业
黑色金属冶炼及压延加工业	黑色金属冶炼及压延加工业	金属冶炼及压延加工业	金属冶炼及压延加工业	金属冶炼及压延加工业	金属冶炼及压延加工业	金属冶炼及压延加工业	金属加工及制品业
有色金属冶炼及压延加工业	有色金属冶炼及压延加工业						
金属制品业	金属制品业	金属制品业	金属制品业	金属制品业	金属制品业	金属制品业	
普通机械制造业	通用设备制造业	通用、专用设备制造业	通用、专用设备制造业	通用、专用设备制造业	机械工业	通用、专用设备制造业	
专用设备制造业	专用设备制造业						
交通运输设备制造业	交通运输设备制造业	交通运输设备制造业	交通运输设备制造业	交通运输设备制造业	交通运输设备制造业	交通运输设备制造业	机械、电子设备及其他制造业
电气机械及器材制造业	电气机械及器材制造业	电气机械及通信电子设备制造业	电气机械及器材制造业	电气、机械及器材制造业	电气机械及器材制造业	电气机械及器材制造业	
电子及通信设备制造业	通信设备、计算机及其他电子设备制造业		通信设备、计算机及其他电子设备制造业	通信设备、计算机及其他电子设备制造业	电子及通信设备制造业	电子通信设备制造业	

续表

1997/2002/2007年能源消费行业	2007年能源消费行业	27部门	2007年IO表—42部门	2002年IO表—42部门	1997年IO表—40部门	2005年—29合并部门	2007年—15合并部门
仪器仪表文化办公用机械	仪器仪表及文化、办公用机械制造业	仪器仪表及文化办公用机械制造业	仪器仪表及文化办公用机械制造业	仪器仪表及文化办公用机械制造业	仪器仪表及文化办公用机械制造业		
					机械设备修理业（分解）	仪器仪表办公用具及其他制造业	机械、电子设备及其他制造业
其他制造业	工艺品及其他制造业	其他制造业	工艺品及其他制造业	其他制造业	其他制造业		
	废弃资源和废旧材料回收加工业		废品废料	废品废料	废品及废料		
电力蒸汽热水生产供应业	电力、热力的生产和供应业	电力热力的生产供应业	电力、热力的生产和供应业	电力、热力的生产和供应业	电力及蒸汽热水生产和供应业	蒸汽热水生产业（热力）	电力、热力及水生产和供应业
						水电核电业（水电核电）	
						火电业（火电）	
煤气的生产和供应业	燃气生产和供应业	燃气生产供应业	燃气生产和供应业	燃气生产和供应业	煤气生产和供应业	燃气生产应业	
自来水的生产和供应业	水的生产和供应业	水的生产供应业	水的生产和供应业	水的生产和供应业	自来水的生产和供应业		
建筑业	建筑业	建筑业	建筑业	建筑业	建筑业	建筑业	建筑业
交通运输、仓储及邮电通信业	交通运输、仓储和邮政业	交通运输业	交通运输及仓储业	交通运输及仓储业	货物运输及仓储业	交通运输仓储及邮政	交通运输、仓储及信息服务业
			邮政业	邮政业	邮电业		
批发和零售贸易餐饮业	批发、零售业和住宿、餐饮业	零售餐饮业	批发和零售贸易业	批发和零售贸易业	商业	批发零售贸易及餐饮业	批发零售及住宿餐饮业
			住宿和餐饮业	住宿和餐饮业	饮食业		
其他行业	其他行业	其他服务业	信息软件业；金融；房地产；	信息软件业；金融；房地产；	旅客运输；金融；社服；	其他社会服务业	文教卫生、商务及其他服务
			综合技术；研究试验；水利	租赁；旅游；科教文卫体娱；	房地产业；科教卫文广播		
			教卫体娱等服务业	综合服务等服务业	综合服务等服务业		

附录4 36项全民节能减排行为的单体效益与全国总体效益

	节能减排方式	节能减排方法	单体CO_2减排量（kg/a）	全国参与程度	全国CO_2减排量（万t/a）
一、衣					
1	少买不必要的衣服	少买一件不必要的衣服（包括循环使用校服）	6.4/人	2500万人	16
2	采用节能方法洗衣服	每月用手洗代替机洗一次	3.6/台	1.9亿台洗衣机	68.4
		每人每年少用1 kg洗衣粉	0.72/户	3.9亿户家庭	28.1
		用节能洗衣机洗衣服*	9.36/台	每年有10%的普通洗衣机更新为节能洗衣机	17.8
3	减少住宿宾馆时的床单换洗次数	平均3天更换一次床单（"绿色客房"标准）	0.05/次	8880家星级宾馆	4.0
二、食					
4	减少粮食浪费	少浪费500 g粮食	0.47/人	13亿人	61.2
5	减少畜产品浪费	少浪费500 g猪肉	0.7/人	13亿人	91.1
6	饮酒适量	夏天每月少喝一瓶啤酒	0.60/人	13亿人平均每人每月喝1瓶	78
		每年少喝0.5 kg白酒	1/人	2亿"酒民"	20
7	减少吸烟	每天少抽一支烟	0.37/人	3.5亿"烟民"	13
三、住					
8	使用节能砖	农村每年10%新建房屋使用节能砖替代普通黏土砖*	14800/户	农村每年10%新建房屋使用节能砖替代普通黏土砖	2212
9	太阳能供暖	每年农村10%新建住宅使用被动式太阳房*	2056/户		308.4
10	节能装修	减少1 kg装修铝材使用量	24.7/户		49.4
		减少1 kg装修钢材使用量	1.9/户		3.8
		减少0.1 m³装修木材使用量	64.3/户		129
		减少1 m²建筑陶瓷使用量	15.4/户		30.8
11	合理使用空调	室内空调设置在国家规定的基础上,调高1℃	21/台	1.5亿台空调	317
		使用节能空调*	23/台	每年10%的空调更新为节能空调	35
		出门前几分钟提前关空调	4.8/台	1.5亿台空调出门前3分钟关闭	72
12	合理使用电扇	电扇尽可能用中、慢档	2.3/台	约4.7亿台电风扇设置在慢档	108
13	合理采暖	北方城镇采暖降耗（调整供暖时间、强度,使用分室供暖阀）*	837/户	每年有10%的北方城镇家庭完成供暖改造	770
14	采用节能的家庭照明方式	家庭照明改用节能灯*	68.6/支	每年更换1亿支白炽灯	686
		在家随手关灯	4.7/户	3.9亿户家庭	188

续表

	节能减排方式	节能减排方法	单体 CO_2 减排量（千克/年）	全国参与程度	全国 CO_2 减排量（万吨/年）
15	采用节能的公共照明方式	公共场所增加自然采光*		全国所有的商场、会议中心等公共场所白天全部采用自然光照明	787
		公共照明采用半导体灯*		每年有10%的传统光源被半导体灯代替	864
四、行					
16	使用汽车提倡选择小排量车型	选购小排量汽车	647/辆	每年新售出的轿车排气量平均降低0.1升	35.4
17	选用混合动力汽车*		832/辆	每年新售出轿车的10%	31.8
18	每月少开一天车	每月少开一天车	98/辆	1248万辆私人轿车	122
19	以节能方式出行200 km	以自行车或步行代替100 km小汽车出行	19.8/(100 km)	1248万辆私人轿车	25
		以乘公交代替100 km小汽车出行	17/(100 km)	1248万辆私人轿车	21
20	科学用车	每月检查一次汽车的空气滤清器，并及时更换	238/辆	1248万辆私人轿车	30
		汽车轮胎适当充气	89/辆	1248万辆私人轿车	11
		停车时及时熄火	72/辆	约120万辆私人轿车	90
五、用					
21	尽量少用电梯	建议5层楼以下尽量少用	4806/台	对60万台电梯采取休息时间只部分开启等措施	288
22	合理使用冰箱	使用节能冰箱*	99/台	每年新售出的冰箱都达到节能冰箱标准	141
		合理使用电冰箱（及时除霜、减少开门次数、缩短开门时间、在冷藏室解冻食品、箱内空间保持20%左右的空隙等）	少开门：30/台；除霜：177/台	1.5亿台冰箱每天减少3分钟的冰箱开启时间，并及时给冰箱除霜	708
23	合理使用电脑、打印机	不用电脑时以待机代替屏幕保护	台式机6.0/台 笔记本1.4/台	7700万台电脑	43
		用液晶电脑屏幕代替CRT屏幕	19.22/台	约4000万台CRT屏幕	76.9
		调低电脑屏幕亮度	台式机29/台 笔记本14/台	约7700万台电脑屏幕	220
		打印机不使用时，将其断电	9.6/台	约3000万台打印机	28.8
24	合理使用电视	每天少看半小时电视	19.2/台	10%的电视机	67
		调低电视屏幕亮度	5.26/台	约3.5亿台电视机	184
25	适时将电器断电	饮水机不用时断电	351/台	约4000万台饮水机	1405
		用电后插头断电	城镇家庭：7.89/户；农村家庭：2.63/户	3.9亿户家庭	197
26	合理用水	给电热水器包裹上一层隔热材料	92.5/台	改造1000万台热水器	92.5
		淋浴代替盆浴并控制时间	8.1/人·次	1千万只浴盆	1475
		淋浴温度调低1度	35 g/人·次	20%的人	165
		洗澡用水及时关闭	98 g/人·次	3亿人	536

续表

	节能减排方式	节能减排方法	单体 CO_2 减排量（千克/年）	全国参与程度	全国 CO_2 减排量（万吨/年）
26	合理用水	使用节水龙头*	24.8/户	每年200万户家庭更换水龙头时选用节水龙头	5.0
		避免家庭用水跑、冒、滴、漏现象	10.9/个	3.9亿户家庭	868
		用盆接水洗菜	0.74/户	1.8亿户城镇家庭	13.4
27	用太阳能热水器代替部分电热水器*		308/平方米	太阳能热水器面积每年新增20%	555
28	使用节能炊具，采用节能做饭方式	煮饭提前淘米，并先浸泡10分钟	4.3/台	1.8亿户城镇家庭	78
		避免抽油烟机长时间空转	11.7/台	8000万台抽油烟机	93.6
		用微波炉代替煤气炉加热食物		5%的烹饪工作用微波炉	154
		改用节能电饭锅*	8.65/台	每年有10%的城镇家庭更换电饭锅时选择节能电饭锅	8.65
29	减少使用一次性筷子	拒绝使用一次性筷子	22.8克/双	减少10%的塑料袋使用量	10.3
30	合理利用纸张	重复使用教科书	0.66/本	每年有1/3的教科书得到循环使用	66
		双面打印、复印	163.8/万张	10%的打印、复印工作	16.38
		用电子图书、讲义代替印刷图书、讲义		5%的出版图书、期刊、报纸用电子书刊代替	85.2
		使用再生纸	46.9/万张	2%的纸张使用改为再生纸	116.4
30	合理利用纸张	用电子邮件代替部分纸质信函	526/万封	1/3的纸质信函用电子邮件代替	12.9
		不用纸巾，改用手帕	0.57/人	每年有10%的纸巾使用改为用手帕代替	7.4
31	用布袋取代塑料袋		1.00/万个	减少10%的塑料袋使用量	3.1
六、其他					
32	减少使用过度包装物		3.47/千克	每年减少10%的过度包装纸用量	312
33	夜间及时熄灭户外景观灯			户外景观灯在午夜至凌晨时段及时熄灭	846
34	农村推广沼气		3.3/立方米	按照2005年达到的推广水平（1700多万口农村户用沼气池，年产沼气约65亿立方米）	2165
35	回收利用城市生活垃圾中的废纸和废玻璃			城市垃圾中的废纸和废玻璃有20%加以回收利用	690
36	推广植树	每户每年种植1棵树	18.3/户	3.9亿户家庭每年各栽种1棵树	734
				总计	1.98亿吨

注：(1) *表示该行为对应的是节能减排效益逐年新增量，未标*号表示对应常年节能减排效益；
(2) 个别节能减排行为不具备明显的单体指向性，故未计算其单体节能减排量。
引自科学技术部社会发展司，中国21世纪议程管理中心．全民节能减排实用手册．社会科学文献出版社．2007．